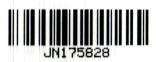

# 人工衛星の軌道
# 概　論

博士（工学）　川瀬成一郎　著

コロナ社

# まえがき

人工衛星が軌道を描いて動く現象を，初学者に向けて平易に，叙述的に語ることを本書はねらいとする。軌道の力学を少し進んで説こうとすると，込み入った数学解析がたくさん現れて読み手の負担になることが多い。そういう負担をできるだけ避けながら現象を語ることを本書は試みる。学部初年級の数学と物理学の用意があれば，たどるのに困難はないであろう。

本書では特に，軌道に関連するいろいろな現象がどういう背景からどういうプロセスで生じるのか，その物理的ないし幾何学的なイメージが浮かぶように語ろうとつとめた。そういうイメージを通じて現象になじむことが，きちんとした理解につながっていくような叙述を目指した。ときに叙述は長くなるが，そういうねらいのためなのでどうか了解を願いたい。もし，続いてもっと高度な理論形式を学ぼうとする場合でも，現象のイメージを得ておくことは助走としておおいに役立つであろう。

全体を通じてケプラーの法則が基調をなしているが，はじめのほうでは法則を解き明かすことが主眼で，先へ進むにつれて法則は前提になり，そこからいろいろな現象を導き出すようになっていく。おもな話題はもちろん地球をまわる衛星にあるが，論じる幅を拡《ひろ》げるためには惑星やそのほかの天体にも登場してもらう。そのときは対応して法則の語句を読みかえることとする。

使用する記号類はそのつど説明するが，記号 $\mu$ は一貫して「万有引力定数」×「地球の質量」を表す。この記号は至るところに現れるので，いちいち説明する煩わしさがないようにした。

本書を通読することで，軌道に関するおもな事象や概念が一通りカバーされよう。はじめに一読するとき，＊をつけた節は各論的なので素通りしても支障はない。おわりの二章では静止軌道を取り上げるが，これは特定の軌道を掘り下げる例と見てもよいし，あるいは実用上の重要性から取り上げたと見てもよい。

軌道を描く衛星の動きについて，いろいろと想像をめぐらせることを，本書において楽しんでいただければと思う。最後に，このような企てを形にする機会を与えていただいたコロナ社に，心からお礼を申し上げたい。

2015年3月

川瀬成一郎

# 目　　　　次

## 1. ケプラーの法則



## 2. ケプラーの法則を導く



## 3. 力学と幾何学

## 4. 軌道を予測する



## 5. 軌道を変える



## 6. 軌道の摂動

## 7. 摂 動 Ⅱ



## 8. 双曲線軌道



## 9. 目標をねらう

## 10.　ラ　ン　デ　ヴ



## 11.　近円軌道と相対運動



## 12.　静　止　軌　道

## 13. 静 止 を 保 つ



## 付　　　録

# 1. ケプラーの法則

古く17世紀にケプラー（Johannes Kepler，1571－1630）は，太陽をまわる惑星の動きを支配する法則を発見した。法則は三つ一組で，あわせてケプラーの法則（Kepler's laws）という。法則は地球をまわる衛星にも成り立つので，今日では衛星の軌道を扱うために欠かせない基本となった。ここでは地球をまわる軌道について法則を記述するが，ほかの天体をまわる軌道でも法則の形は変わらない。

## 1.1 ケプラーの第1法則：Kepler's first law

**「地球をまわる衛星の軌道は楕円を描き，楕円の焦点に地球の中心がある」**

楕円（ellipse）という図形は，以下のように定義される（**図1.1**を参照）。固定点F，Gからそれぞれ距離$r$，$s$のところに動点Pがあって，距離の和が一定値$L$を保つ，すなわち

$$r+s=L \tag{1.1}$$

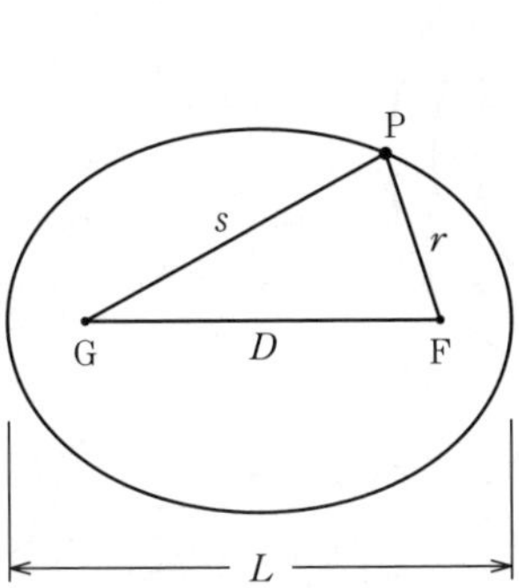


**図1.1**　楕円の定義

という関係を満たすとき，P の軌跡は楕円を描く。固定点 F，G を焦点（focus, 複数なら foci）と呼ぶ。描き方はつぎのように表現してもよい。

長さ $L$ の糸を用意して，両端をそれぞれピンで点 F，G に留める。鉛筆の先を糸に当てて，糸が張った状態を保ちながら鉛筆を動かすと，鉛筆の先は楕円を描く。

楕円の幾何学的な性質をここで確かめておきたい。楕円の直径のなかで最大のものを長軸という。長軸の長さは，上記の糸の長さ $L$ に等しい。楕円のサイズを表すものとして，長軸の半分を考え，それを長半径（semi-major axis）と呼んで $a$ で表す。すると式 (1.1) は

$$r+s=2a=L \tag{1.2}$$

とも書けるが，この関係は後でしばしば用いられる。

もし焦点 F，G が同じところにあれば，軌跡は円になる。そして F と G が離れるに従い，円は伸びて楕円になる。F と G が離れる間隔を $D$ とするとき，$D/L$ という比を離心率（eccentricity）と呼んで $e$ で表す。離心率の値は 0 以上で 1 よりは小さく，もし 0 なら円であることを表す。長半径を一定に保ちながら，離心率 $e$ を変えていくと，楕円は**図 1.2** に示すように変わる。このように離心率は，楕円の形を定める役目をもつ。長半径 $a$ と離心率 $e$ を与えると楕円は一意に定まる。

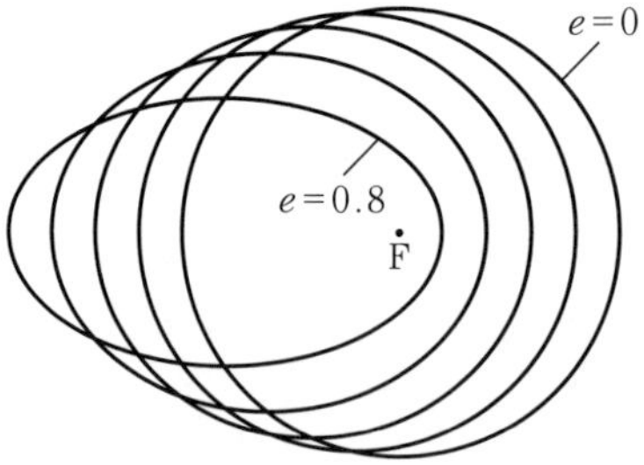


**図 1.2**　楕円の形と離心率（$e$ を 0 から 0.8 まで順に 0.2 おきに変える）

注意として，第 1 法則には明記していないが，楕円のサイズも形も，楕円が置かれる向きも，さらには楕円が横たわる平面の向きも，みな一定不変だということを法則は暗黙にうたっている。

楕円は，長半径のほかに短半径（semi-minor axis）をもつので（**図1.3**を参照），両者の関係を知りたい。それには図1.1において，Pが短軸上に来た場合を考えると，図1.3において直角三角形の斜辺は長半径$a$に等しい。よって短半径$b$は

$$b=a\sqrt{1-e^2} \tag{1.3}$$

として定まる。短半径$b$が，離心率$e$に応じてどう変わるかを，図1.2では例示したことになる。

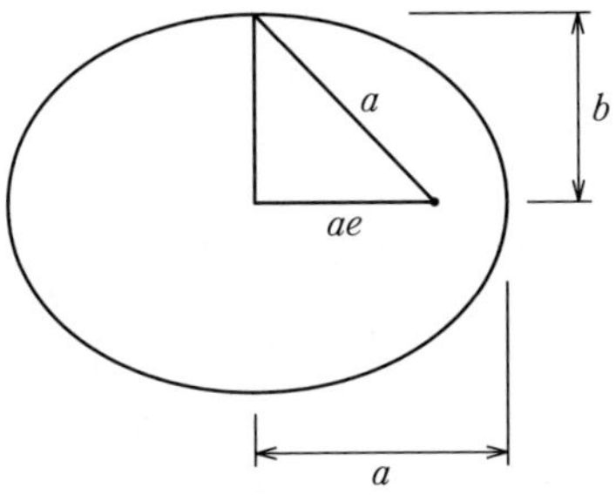


**図1.3**　長半径$a$と短半径$b$

衛星が地球に最も近づく点を近地点（perigee），地球から最も遠くなる点を遠地点（apogee）という。近地点と遠地点における動径$r_p$，$r_a$は，図1.3の関係により，それぞれ

$$r_p=a(1-e)\ ;\ r_a=a(1+e) \tag{1.4}$$

という長さをもつ。

もし離心率が0ではないが小さい，つまりFとGは重なっていないが間隔は小さいとき，楕円の形はどうなるだろうか。**図1.4**において，FとGの中央にある点Cを考えると，楕円のどこにPがあっても，長さCPは$L/2$にほとんど等しい。つまり楕円は，半径$L/2$の円にほとんど重なる。この性質は，後で近円軌道を調べるときに利用されるであろう。

一方，離心率が1に近づいたときはどうなるか。図1.2から推測すれば，楕円は限りなく細長くなって，形がわからなくなってしまう。そこで図1.1において，$L$と$D$は一定の差を保ちながら，$L$と$D$が両方とも限りなく大きくなっ

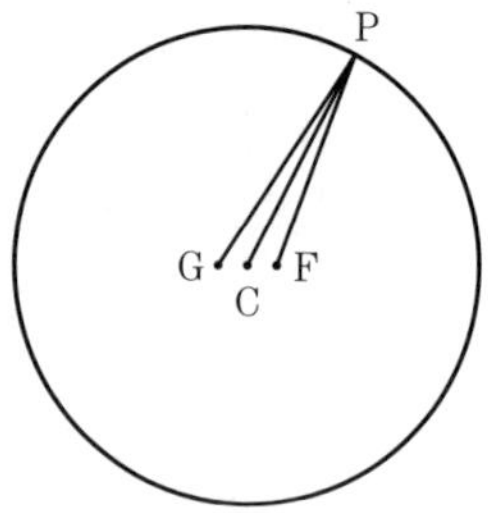


**図 1.4**　円に近い楕円

たとしよう。するとFの近くでは軌跡が**図 1.5**のように現れるであろう。点Gは左手の遠方にあり，PからGに向かう直線はFGにほとんど平行になるから，$r+s=L$ という関係を，$t+s=L$ という関係に置き換えることが許される。ただし直線ABは長軸に垂直で，Fから $L-D$ という距離にあるとした。すると動点Pが従うべき条件は $r=t$ となるから，軌跡は放物線（parabola）を描く。つまりF付近で見ていると，離心率が1に近づくにつれて，楕円は放物線に近づく。こういうケースは太陽系において，非常に遠いところから太陽付近へ飛来する彗星に当てはまる。そのような彗星の軌道を太陽付近で観察すると，放物線とほとんど見分けがつかない。

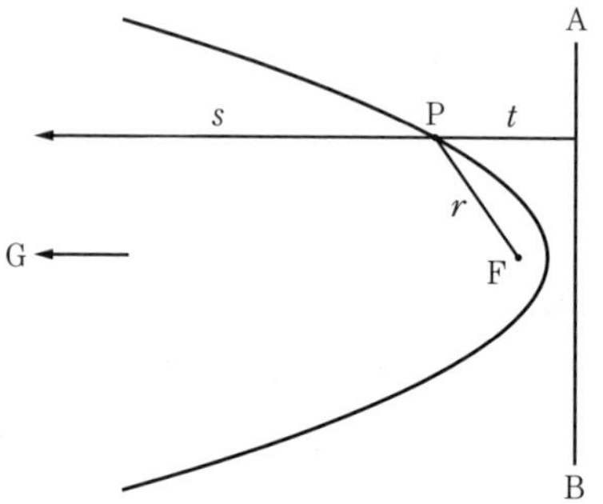


**図 1.5**　放物線に近い楕円

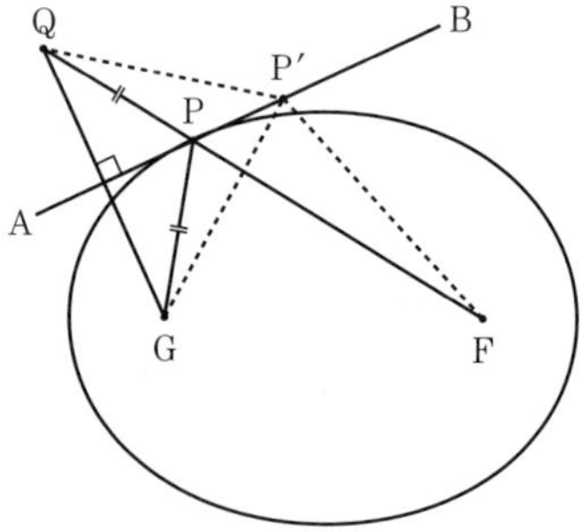


**図 1.6**　楕円の性質：焦点と光線の関係

さて楕円に関して，FとGを焦点と呼ぶのはなぜだろうか。**図 1.6**において，楕円の曲線は鏡面として働くとすると，Gから出発した光線はPで反射した後，必ずFを通る。つまりGから出発する光線はどれもFに集まる。焦点という呼び名はこの性質に基づく。この性質は後で重要になるので，ここで確認しておきたい。直線FPを延長して，長さPGと同じだけ先のところに点Qを置く。線分QGを垂直に2等分する直線ABを引くと，それは楕円の接線になることがつぎのように示される。

AB上でPと異なる点P′を考えると，長さQP′Fは，長さQPFより大きい。よって長さGP′Fは長さGPFより大きい。すると点P′は関係式（1.1）を満たさない。つまり点P′は楕円上にない。AB上の点のなかで，楕円上にあるのはただPだけだから，ABはPで楕円に接する。点Pにおいて，二つの角∠GPAと∠FPBは等しい。ゆえに，光線GPがPで反射すると光線PFになる。

楕円には焦点が二つあるが，幾何学を考えるのなら二つに区別はない。しかし軌道を表す楕円においては，一つの焦点に地球や太陽などの中心天体があり，もう一つの焦点には何もない。本書では，中心天体があるほうの焦点を単に焦点と呼び，何もないほうの焦点を副焦点と呼んで区別することにしたい。

楕円の定義として，図1.1とは別の定義がある。それによれば，円錐と平面が交差してつくる切り口の形を楕円という。その定義をふまえて，楕円のことを円錐曲線（conic section）と呼ぶことがある。切り口が楕円をなすことは，付録A.1に示した。

## 1.2　ケプラーの第2法則：Kepler's second law

**「衛星の動径は同じ時間に同じ面積を塗りつぶす」**

この法則は，衛星が軌道上を動く速度がどう変わるか，ということに関連している。**図1.7**において，ある時間のあいだ，例えば5分間のあいだに，衛星がAからBまで動いたとする。その後，別の5分間に衛星はCからDまで動いたとする。楕円の内部において動径FAとFBが挟む面積を$S_1$と置き，またFCとFDが挟む面積を$S_2$と置く。すると第2法則によれば，$S_1$と$S_2$は必ず等しいのであって，それは弧ABとCDが軌道のどこにあるかによらない。上

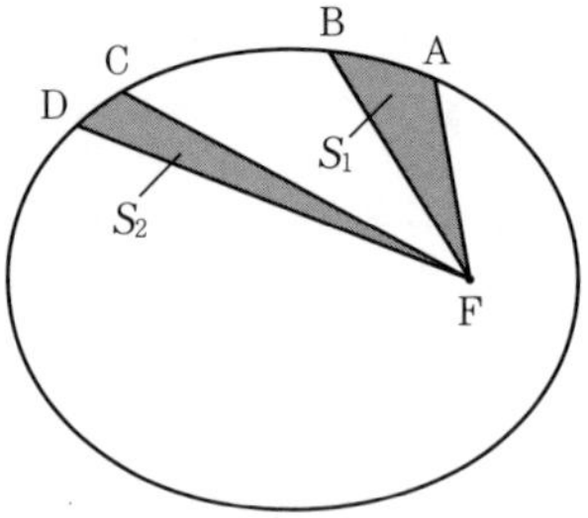


図 1.7　動径が塗りつぶす面積

記の時間を 5 分間のかわりに任意の時間間隔にとったとしても，やはり面積 $S_1$ と $S_2$ は等しい。

もしも動径が，伸び縮みできる細長い刷毛でできていて，インクを染みこませてあったなら，動径は FA から FB まで動くにつれて面積 $S_1$ を塗りつぶすであろう。面積を塗りつぶすとは，このことを意味している。

時間間隔を単位時間 $dt$ にとって，$dt$ のあいだに塗りつぶす面積を $dS$ としたとき，$dS/dt$ を面積速度（areal velocity）という。第 2 法則はつぎのようにいい換えてもよい。「**面積速度は一定に保たれる**」

離心率が 0，つまり円軌道であれば，動径の長さは一定だから，衛星は軌道上を一定速度で進まなければならない。それに対して楕円軌道では，図 1.7 から了解されるように，衛星が地球に近づけば速度が増し，地球から遠ざかれば速度は減る。すると**図 1.8** に描くように，速度は近地点において最大になり，遠地点において最小になる。近地点と遠地点における速度を $v_p$，$v_a$ とすると，その比は式 (1.4) から

$$\frac{v_p}{v_a}=\frac{1+e}{1-e} \tag{1.5}$$

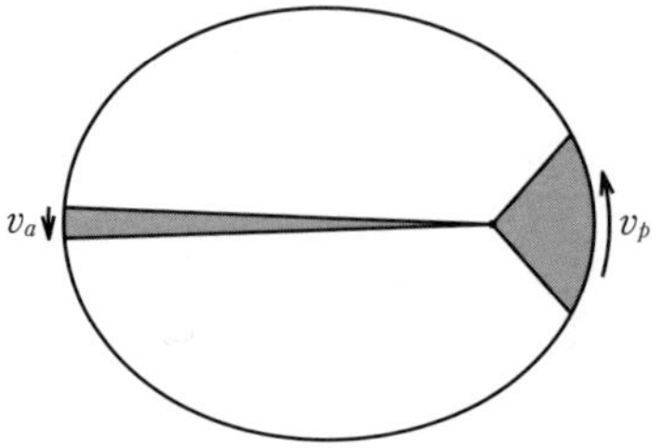


図 1.8　近地点と遠地点での速度関係

となる。速度の大小比は，離心率が 1 に近づけばいくらでも大きくなる。

面積の比率を見ることによって，例えばつぎのような算定ができる。**図 1.9** では，長楕円の軌道において，地球に近い一定の距離範囲（点線）の内側に衛星がある時間を求めようとしている。アミ掛け部分の面積を $S_1$，楕円の全面積を $S$ とすると，衛星が 1 周する時間に対して，範囲内にある時間は $S_1/S$ という比率にある。もし軌道の長径が大きく，離心率が 1 に近ければ，比率は小さい。そういう例は，遠方から飛来する彗星に見られる。軌道を 1 周するのに数百年や数千年かかるような彗星でも，太陽のほうへ飛来したときには数年のうちに木星軌道の内側の範囲を走り抜ける，といったケースがありうる。「彗星のごとく現れる」，「彗星のように駆け抜ける」などの表現を日常の場でも聞くことがあるが，その表現は第 2 法則に支えられたものといえよう。

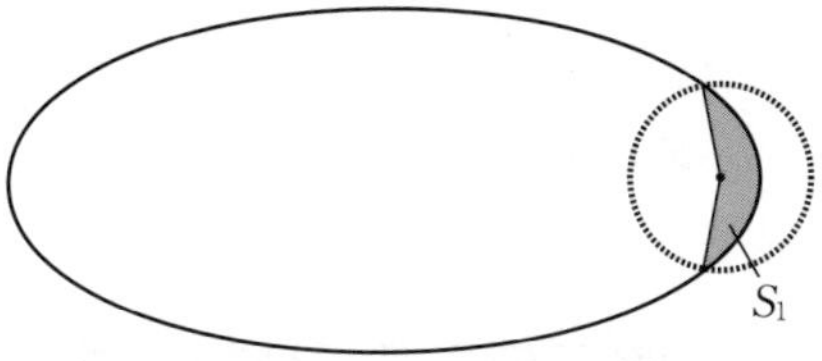


**図 1.9**　長楕円軌道の特徴

## 1.3　ケプラーの第 3 法則：Kepler's third law

**「周期の 2 乗は長半径の 3 乗に比例する」**

周期（period）とは，軌道上の一点を出発した衛星が，1 周して同じ点に戻って来るまでに要する時間をいう。第 1 法則と第 2 法則は，一つの軌道に着目してその性質を述べていた。それに対して第 3 法則は，違うサイズをもつ複数の軌道を比べながら，軌道の周期がどう定まるかを述べている。比例するのなら比例係数があるはずだが，その係数は中心天体の質量によって定まるもので，具体的な値は 2 章で明らかになる。法則をいい換えると，「周期は長半径の2分の3乗に比例する」とも表記できるので，第3法則は「2分の3乗則」ともいう。

第3法則は暗黙のうちに，周期は離心率に依存しない，または同じことだが短半径に依存しない，ということを述べている。**図 1.10** には同じ長半径をもつ軌道を描いているが，どれもみな同じ周期をもつ。離心率が大きくなれば，楕円の周の長さ，つまり1周する道のりは縮んで短くなるが，それでも周期は変わらない。長半径は軌道のサイズを表すと同時に，周期を定めるという重要な役割をもっている。

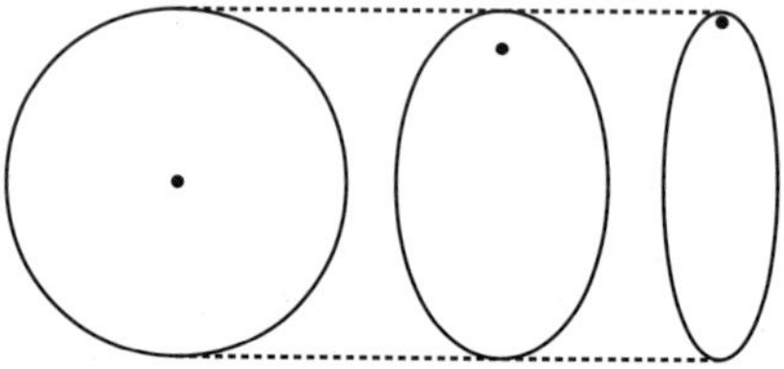

**図 1.10**　周期は長半径で決まる

## 1.4　適用例：月，地球，惑星

ケプラーの法則を適用するとどういうことがいえるか，簡単な例をいくつか見よう。

〔1〕 **月の軌道**　地球をまわる月の軌道は，0.055 という離心率をもつ。すると地球から月までの距離は一定ではなく，月の公転につれて増減をともなう。距離を遠地点と近地点とで比べると，式 (1.4) によれば 1.12 倍の違いがある。さて，月が軌道を1周するあいだに軌道上のどこで満月になるかは，季節が移るにつれて変わっていく。満月になったときの，地球から月までの距離はそのときどきで異なる。距離が異なれば，見かけ上の満月の大きさも異なる。見かけの大きさは，もし近地点で満月になれば最大，そして遠地点で満月になれば最小になる。最大と最小を比べると，視直径では1割以上の違いになるし，見かけの面積では2割以上の違いになる。この違いは，目視でも注意し

て観察すれば認めることができよう。

〔2〕 **地球の軌道** 太陽をまわる地球の軌道は $e=0.0167$ という離心率をもつ。それは地球の公転にどう影響しているだろうか。地球の軌道を**図1.11**に描いた。地球が1周する1年のなかに，春分と名づける瞬間と，秋分と名づける瞬間がある。春分における地球の位置Aと，秋分における位置Bは，図示のように太陽があるFを挟んでたがいに反対側にある[†1]。では地球が点Aを過ぎてから，点Bに着くまでにどれだけ日数がかかるか求めよう。それには，軌道の楕円の全面積のうち，直線ABよりも下側にある部分の面積が占める割合を求めてから，ケプラーの第2法則を適用すればよい。

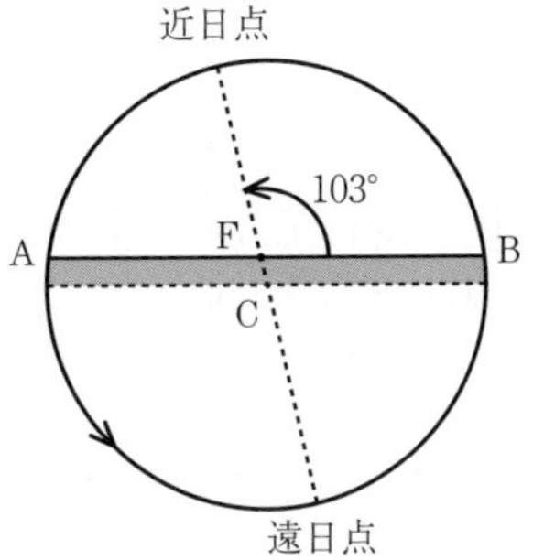


**図1.11** 地球の軌道
（離心率を誇張した）

軌道の長軸，つまり近日点（perihelion）と遠日点（aphelion）[†2]を結ぶ直線は，直線ABに対して図示のような角度関係にある。軌道の離心率は大きくないから，先に図1.4で見たように，近似的に軌道の形は円で，円の中心Cが焦点Fから少し離れていると見てよい。軌道の長半径を1と置けば，円の半径は1で，中心が離れる長さFCは $e$ に等しい。図中でアミ掛けの部分は長方形と見なしてよく，その横幅は2，高さは $e\times\sin 103°$ だから，0.0325という面積をもつ。よってAからBまでの所要日数は，面積の割合に基づく比例配分としてつぎのように勘定できる。

†1 春分と秋分の定義は3章で示されるが，ここではAとBがFを挟んで反対という事実だけを見る。

†2 apohelion とはしない。

$$365.25\times\frac{半円+長方形}{円}=186.4日$$

この日数は，1年の半分の日数に比べて4日ほど多い。つまり地球の軌道の離心率は，ケプラーの第2法則を通じて，われわれが暮らす暦の日どりに影響を与えていることがわかる。

2010年版の『理科年表』によれば，春分は3月21日2時32分，秋分は9月23日12時9分と記されているから，所要日数は186.4日となって，上記の勘定は桁数内で正しく合う。

〔3〕 **系外惑星の軌道**　さて話題を太陽系の外に向けると，太陽とは別の星をまわる惑星，すなわち系外惑星（extrasolar planets）を探し求める観測が盛んに行われている。観測の一つの方法として，星の明るさの測定がある。遠い星のまわりに惑星がもし存在していても，望遠鏡で見れば星と惑星は合わせて1点にしか見えない。その1点の明るさを測定しているとき，もしも惑星が星の手前をよぎったなら，惑星は星の光を部分的に遮るので観測される明るさが少し低下する。明るさの低下は惑星の公転にともなって周期的に起きるから，その周期を測ってケプラーの第3法則を適用すれば，惑星軌道の長半径がわかる。ただし星の質量を知っておく必要があるが，それは別途，天体物理上の観測から見積もる。第3法則を適用するだけなので離心率はわからないが，長半径という肝心な情報を得ることの意味は大きい。まずは系外惑星の存在を知るためのファインダー的な観測として，この方法は重要な役割を担っている[1)] [†]。

† 肩付数字は巻末の参考文献番号を示す。

### 楕円軌道を描く

もし楕円軌道の図をフリーハンドで描くと，なぜか傾向として，近地点と遠地点のあたりを本来よりもとがらせて描いてしまわないだろうか。楕円の形をよく観察すれば，もしくは図 1.1 にならって実際に糸と鉛筆で描いてみれば，楕円の両端はきれいに丸みをおびることがわかるだろう。

コンピュータ画面に楕円を描くときは，長軸と短軸を与える，つまり外接する長方形を与えるのが普通で，焦点の位置はどこにも現れない。もし焦点を後から目分量で書き入れると，正しい位置よりも内側に寄ってしまう傾向がないだろうか。この傾向は，上記のフリーハンドでの状況に通じるものであろう。文献などで楕円軌道の図や挿し絵を見ると，焦点の位置が内寄りになった例がよくある。図や挿し絵は必ずしも厳密なものではないが，焦点の位置と，楕円の端の丸みに注意を払うと，軌道の図が格段によくなることを知っておきたい。

焦点を正しく書き入れるには，図 1.3 を思い起こすとよい。**図 1** のように，半径 $a$ の円が長軸と交わるところに焦点がある。

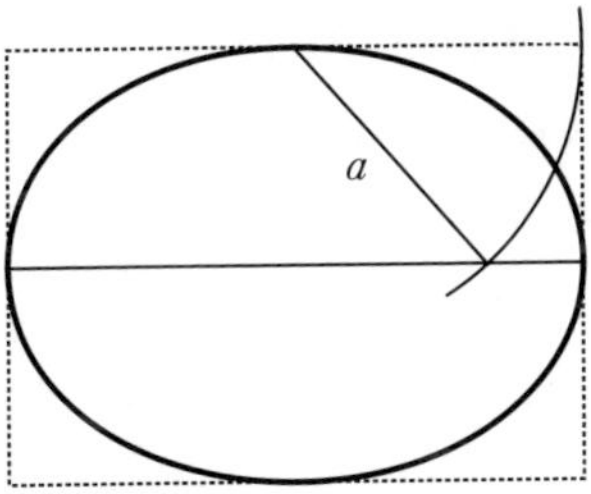


**図 1**　焦点のありか

# 2. ケプラーの法則を導く

ケプラーが見出した法則は，観測される事実を要約して述べたもの，すなわち経験則であった。法則が成り立つ理由は，改めて考えなければならない。ここではその法則を，基本的な力と運動の法則から導き出す。結果としてケプラーの法則は必然的に成り立つものであり，よって軌道を扱う基本原理になることを確かめる。

## 2.1 法則の背景と検証

ケプラーが取り組んだのは，惑星が天空のどこをどのように動いたか記録したデータに向き合って，そこにひそむ法則性を探る作業であった。なかでも火星が見せる動きは複雑でわかりにくいことから，その解明が待たれていた。法則を探す際にケプラーは，惑星が描く軌道の形として，はじめに円，つぎに卵型，そして楕円，というようにつぎつぎと仮定を置いて，記録されていたデータがうまく説明できるか整合性を調べていった。その結果，楕円を仮定するとデータによく整合することを見つけた。これはちょうどわれわれが何かの測定をして，データに曲線を当てはめようとする場面に似ている。データのプロットを見て，当てはまるのは２次曲線か，サインカーブか，などと思案する場面を思い起こしてほしい。結果としてケプラーは，楕円が当てはまるという事実を法則に据えたのだが，なぜ楕円なのか，なぜ面積が…と問うことはしない。当時はまだ，運動の法則という考えが知られていなかったから，たとえ問うても答える術はなかった。

われわれは運動の法則に基づいて，問いに答えたい。それには以下のような道筋をたどる。はじめに，ケプラーの法則が表している衛星の動きを，与えられた観測事実であると見なして，運動方程式に代入する。そうすれば，衛星に作用している力がわかる。その力とはもちろん地球の引力のことだから，われわれは万有引力の法則を再発見することになる。ここから道筋を逆向きにたどれば，引力の法則から出発してケプラーの法則を導いたと考えてよい。以下，このような道筋によって法則の検証を行う。

## 2.2 座標と運動方程式

はじめに準備として，運動方程式を整える。ケプラーの法則では，衛星は一つの平面上を動くと想定していた。そこで**図 2.1** において，平面上の位置 $\boldsymbol{r}$ に衛星があるとして，その位置を，地球の中心である原点 O からの動径 $r$ と，角度 $\theta$ で表す。角度 $\theta$ を測るには基準となる方向が必要だが，それは任意に定めた方向でよく，基準の選び方はここでは問わない。**図 2.2** に示すように，原点 O には単位ベクトル $\boldsymbol{I}$ を置き，ベクトルの向きはつねに衛星を指すものとする。衛星が動くとき，ベクトル $\boldsymbol{I}$ は O のまわりに旋回して衛星を指し続ける。もう一つの単位ベクトル $\boldsymbol{J}$ を O に置き，$\boldsymbol{J}$ はつねに $\boldsymbol{I}$ と垂直を保つようにする。衛星が動けば $\boldsymbol{I}$ も $\boldsymbol{J}$ も旋回するが，いつでも $\boldsymbol{I}$ は衛星を指し，$\boldsymbol{I}$ と $\boldsymbol{J}$ は垂直をなす。

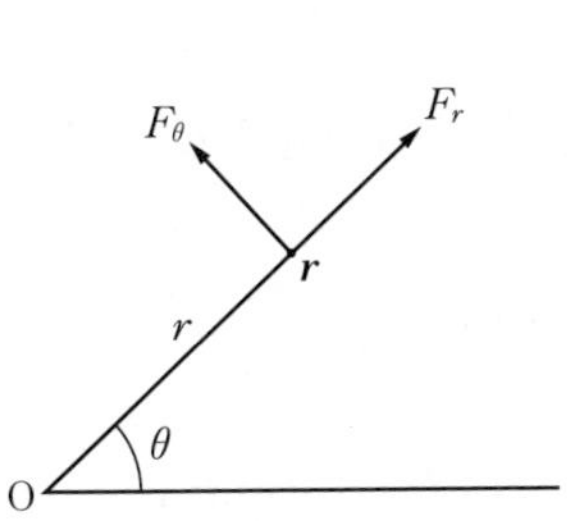


**図 2.1** 座標 $r$，$\theta$ と力の成分

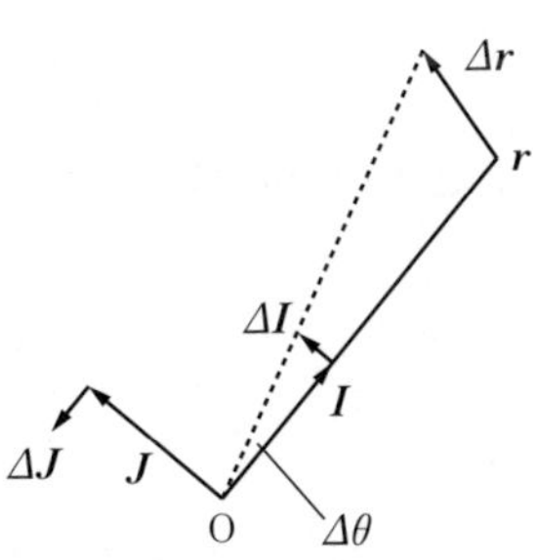


**図 2.2** 運動方程式をつくる

いま，衛星の位置が単位時間のあいだに $\Delta \boldsymbol{r}$ だけ変わり，ともなって動径の角度が $\Delta\theta$ だけ変わったとする。このときベクトル $\boldsymbol{I}$ は $\Delta \boldsymbol{I}$ だけ変化するが，その変化は $\boldsymbol{J}$ に平行に向く。同時にベクトル $\boldsymbol{J}$ は $\Delta \boldsymbol{J}$ だけ変化するが，この変化は $\boldsymbol{I}$ と平行で逆向きにある。以上の考察を，つぎのように書くことができる。

$$\dot{\boldsymbol{I}} = \dot{\theta}\boldsymbol{J}\,;\ \dot{\boldsymbol{J}} = -\dot{\theta}\boldsymbol{I} \tag{2.1}$$

よって

$$\ddot{\boldsymbol{I}} = \ddot{\theta}\boldsymbol{J} + \dot{\theta}\dot{\boldsymbol{J}} = \ddot{\theta}\boldsymbol{J} - \dot{\theta}^2\boldsymbol{I} \tag{2.2}$$

が成り立つ。衛星の位置は $\boldsymbol{r} = r\boldsymbol{I}$ で表せるから，これを時間で微分すれば

$$\ddot{\boldsymbol{r}} = \ddot{r}\boldsymbol{I} + 2\dot{r}\dot{\boldsymbol{I}} + r\ddot{\boldsymbol{I}} \tag{2.3}$$

となり，ここへ式 (2.1) と式 (2.2) を代入すると次式を得る。

$$\ddot{\boldsymbol{r}} = \boldsymbol{I}\left(\ddot{r} - r\dot{\theta}^2\right) + \boldsymbol{J}\left(2\dot{r}\dot{\theta} + r\ddot{\theta}\right) \tag{2.4}$$

質量 $m$ の衛星に，$\boldsymbol{F}$ という力が働くときの運動は，式 (2.4) を参照すれば

$$\begin{aligned}\boldsymbol{F} &= m\ddot{\boldsymbol{r}} \\ &= m\boldsymbol{I}\left(\ddot{r} - r\dot{\theta}^2\right) + m\boldsymbol{J}\left(2\dot{r}\dot{\theta} + r\ddot{\theta}\right)\end{aligned} \tag{2.5}$$

という方程式に従う。力 $\boldsymbol{F}$ を，$\boldsymbol{I}$ と $\boldsymbol{J}$ に沿った成分に分けると，それは図 2.1 に記した成分 $F_r$，$F_\theta$ に相当する。したがって運動方程式 (2.5) は，$\boldsymbol{I}$ と $\boldsymbol{J}$ の成分に分けると

$$F_r = m\left(\ddot{r} - r\dot{\theta}^2\right) \tag{2.6}$$

$$F_\theta = m\left(2\dot{r}\dot{\theta} + r\ddot{\theta}\right) = m\frac{1}{r}\frac{d}{dt}\left(r^2\dot{\theta}\right) \tag{2.7}$$

と書かれる。この二つの運動方程式が，衛星の動きを定める。

## 2.3 衛星に働く力

方程式 (2.6)，(2.7) を用いるためには，ケプラーの法則を $r$ と $\theta$ によって表記しなければならない。まず，面積速度を $r$ と $\theta$ で表そう。**図 2.3** において，単位時間のあいだに衛星が A から B へ動いたとする。動径と角度にはそ

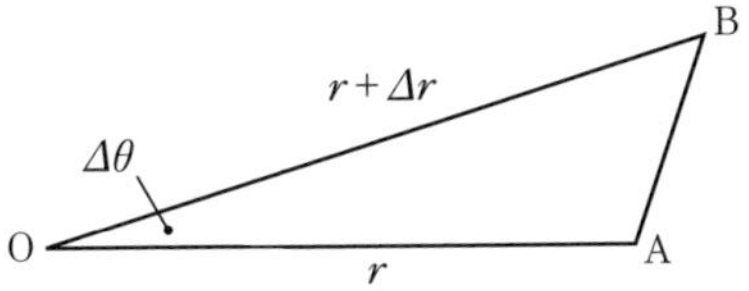


**図 2.3** 面積速度を $r$, $\theta$ で表す

れぞれ，$\Delta r$ と $\Delta\theta$ という変化が起きた。このとき動径が塗りつぶした面積は，三角形 OAB の面積として表せる。底辺 OA から B への高さは $(r+\Delta r)\Delta\theta \approx r\Delta\theta$ だから，面積は $(r^2\Delta\theta)/2$ となる。したがって面積速度は

$$C=\frac{1}{2}r^2\dot{\theta} \tag{2.8}$$

で表される。さて第 2 法則によれば，面積速度は一定に保たれる。すると運動方程式 (2.7) において，$F_\theta=0$ がつねに成り立つ。つまり衛星に働く力の向きは，必ず動径に沿っていることがわかった。

つぎに，楕円の形を $r$ と $\theta$ で表したい。**図 2.4** において，$r+s=L$ によって定める楕円は，焦点を O に，副焦点を Q にもつ。二つの焦点は間隔 $D$ にあり，衛星は P にある。三角形 OPQ に着目すると

$$s^2=r^2+D^2-2rD\cos(\pi-\theta) \tag{2.9}$$

という関係が成り立っている。ここへ $s=L-r$ を代入して整理すれば

$$2Lr+2rD\cos\theta=L^2-D^2 \tag{2.10}$$

となるが，これを

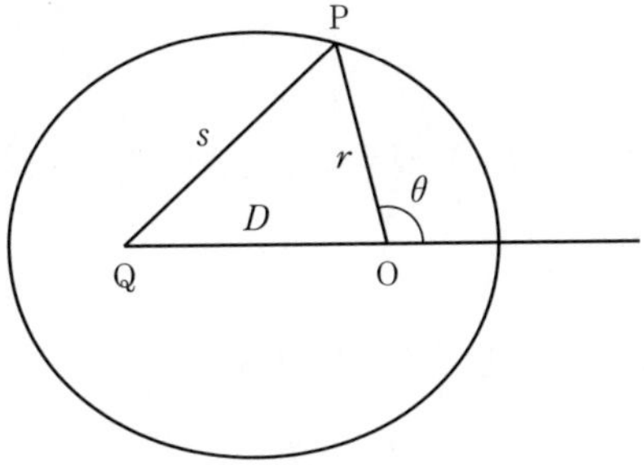


**図 2.4** 楕円を $r$, $\theta$ で表す

$$r=\frac{\dfrac{L}{2}\left(1-\dfrac{D^2}{L^2}\right)}{1+\dfrac{D}{L}\cos\theta} \tag{2.11}$$

という形に書く。ここで長半径と離心率を

$$a=\frac{L}{2}\ ;\ e=\frac{D}{L} \tag{2.12}$$

と書けば，楕円を表す公式として

$$r=\frac{a\left(1-e^2\right)}{1+e\cos\theta} \tag{2.13}$$

を得る。この公式を

$$p=a(1-e^2) \tag{2.14}$$

という置き換えによって

$$r=\frac{p}{1+e\cos\theta} \tag{2.15}$$

と書く。これをさらに

$$1+e\cos\theta=\frac{p}{r} \tag{2.16}$$

という形にして，両辺を時間で微分すると

$$-e\sin\theta\cdot\dot{\theta}=-\frac{p\dot{r}}{r^2} \tag{2.17}$$

となるが，これは

$$\dot{r}=\frac{er^2}{p}\sin\theta\cdot\dot{\theta} \tag{2.18}$$

の形に書ける。ここで式 (2.8) を使って，つぎのように $\dot{\theta}$ を除去する。

$$\dot{r}=\frac{e}{p}2C\sin\theta \tag{2.19}$$

もう一度，両辺を時間で微分して次式を得る。

$$\ddot{r}=\frac{e}{p}2C\cos\theta\cdot\dot{\theta} \tag{2.20}$$

これを運動方程式 (2.6) に代入すると

$$F_r = m\left(\frac{e}{p}2C\cos\theta\cdot\dot{\theta} - r\dot{\theta}^2\right) \tag{2.21}$$

となるが，ここへ，式 (2.15) を変形した $\cos\theta = (p/r-1)/e$ を代入する。そして $\dot{\theta}$ を再び除去してから整理すると，次式を得る。

$$F_r = -m\frac{4C^2}{pr^2} \tag{2.22}$$

衛星に働く力 $F_r$ は，マイナス記号がつくから原点を向き，大きさは距離 $r$ の逆 2 乗に比例することがこれでわかった。衛星がどう動いても力は原点つまり地球中心に向かうのなら，その力は，地球が衛星を引いていると考えるしかない。

ここまではケプラーの第 1 法則と第 2 法則を用いたので，議論の対象は地球をまわる一つの軌道に限られていた。ここでケプラーの第 3 法則を参照すると，周期 $P$ と長半径 $a$ の関係がつぎのように書かれる。

$$P^2 = Ka^3 \tag{2.23}$$

ここで $K$ は比例定数で，この比例関係は地球をまわるどの軌道にも適用される。さて，楕円が長半径 $a$ と短半径 $b$ をもつなら，面積は $\pi ab$ に等しい。短半径は式 (1.3) から定まるが，式 (2.14) を参照すれば $b=\sqrt{ap}$ と表せる。よって面積速度は，式 (2.23) を用いて

$$C = \frac{\pi ab}{P} = \pi\frac{a\sqrt{ap}}{\sqrt{Ka^3}} = \pi\sqrt{\frac{p}{K}} \tag{2.24}$$

と算定される。この $C$ を式 (2.22) に代入すると

$$F_r = -m\frac{4\pi^2}{K}\frac{1}{r^2} \tag{2.25}$$

を得る。ここで

$$\mu = \frac{4\pi^2}{K} \tag{2.26}$$

という定数を導入して，式 (2.25) をつぎのように書く。

$$F_r = -m\frac{\mu}{r^2} \tag{2.27}$$

力 $F_r$ に関する表現式 (2.27) は，地球をまわるどの軌道にある衛星にも成り立つ。

さて運動の法則によれば，地球が衛星を $F_r$ という力で引くなら，衛星も地球を $F_r$ という力で引く。衛星が引く力は，式で表すと式 (2.27) と同じ形になるはずだから

$$F_r = -M\frac{\mu'}{r^2} \tag{2.28}$$

のように書かれるであろう。ただし $M$ は地球の質量，$\mu'$ は別の定数とする。マイナス記号は，反発ではなく引く力であることを単に表す。地球が引く力と，衛星が引く力がこのような関係にある（つまり $m$ と $M$ が入れかわる）ためには，力の発生は

$$F_r = -G\frac{Mm}{r^2} \tag{2.29}$$

の形に表されていなければならない。ただし $G$ は定数であって，$M$ にも $m$ にも依存しない。ここに得た関係式 (2.29) は，万有引力の法則（law of universal gravitation）にほかならない。定数 $G$ は万有引力定数（$6.674\times10^{-11}$ $\mathrm{Nm^2/kg^2}$）を表し，式 (2.26) で導入した定数は $\mu = GM$ であったことになる。こうして衛星に働く力は，地球と衛星のあいだに生じる万有引力であることがわかった。

定数 $\mu$ は，軌道を扱うための基本になるため，その正しい値を知りたい。しかしながら定数 $G$ も，地球質量 $M$ も，値は有効数字で 4 桁までしか知られていない。だから単に $\mu = G\times M$ と算定したのでは精度が足りない。正しい $\mu$ を知るためには何らかの測定を要する。例えば地球をまわる衛星を一つ選んで，軌道の長半径 $a$ と周期 $P$ を詳しく測ると，式 (2.23) と式 (2.26) から $\mu = 398\,600.5\ \mathrm{km^3/s^2}$ という値を得る。そしてこの値を用いて，衛星に働く力を式 (2.27) で表す。

定数 $\mu$ を定めた式 (2.26) により，ケプラーの第 3 法則を表す式（2.23）は具体的に

$$P = 2\pi\sqrt{\frac{a^3}{\mu}} \tag{2.30}$$

という形に書かれる。

本書では，記号 $\mu$ は一貫して上記の $GM$ を表すものとする。

## 2.4 検証と問題点

ここまでの道筋をまとめると，ケプラーの三つの法則を観測事実と見なして運動方程式に代入した結果，衛星に働く力は地球の引力であることがわかった。この道筋は，逆向きにたどることができる。われわれは地球の引力が存在することを知っているから，それを運動方程式 (2.6)，(2.7) に与えて，以下のように置く。

$$m\left(\ddot{r} - r\dot{\theta}^2\right) = -\frac{\mu}{r^2}m \tag{2.31}$$

$$m\frac{1}{r}\frac{d}{dt}\left(r^2\dot{\theta}\right) = 0 \tag{2.32}$$

これが衛星の軌道を定める基本方程式になる。そしてこの方程式の解を定めるものがケプラーの三つの法則にほかならない。こうしてケプラーの法則は，基本方程式から導き出されるものとして必然的に成り立つことがわかった。いい換えると，衛星の軌道を扱うときに，いちいち基本方程式までさかのぼる必要はなく，ケプラーの法則が基本原理だと考えて頼ればよい。

法則の検証はこれでひとまず終わった。ただし，ここで考察を要する問題が残されている。それは検証の道筋では不問にしてきたもので，具体的にはつぎの二つの問題がある。

(1)　中心天体の動き　　検証の道筋では終始，中心天体は原点にあって動かないと仮定していた。もし，この仮定に当てはまらない場合があれば（現実にそれはあるのだが）それはどう扱ったらよいか。

(2)　球体が生み出す引力　　万有引力の法則式 (2.29) は本来，大きさのない質点のあいだに生じる引力を定めている。しかし現実の地球や太陽は，球体としての大きさをもつ。そういう球体が生み出す引力はどう扱ったらよいか。

これら二つの問題は，考察を加えた結果，素通りしても差しつかえないことが判明するであろう。しかしそれらは，検証の道筋において一度は考察しておくべきものだし，考察は最近の話題にもつながるので，以下，2.5～2.6節で述べたい。

## 2.5 中心天体の動き

質点 $m$ と質点 $M$ が，$D$ という隔たりにあるとする（**図 2.5** を参照）。質点はたがいに力 $f$ で引き合うだけで，ほかに力を受けないとすると，二つの質点がつくる共通重心 Q は動かない。座標の原点を Q に置くなら，原点から質点 $m$ までの距離 $R$ は

$$R = \alpha D\ ;\ \alpha = \frac{M}{m+M} \tag{2.33}$$

のように定まる。質点間の引力 $f$ は

$$f = \frac{GMm}{D^2} \tag{2.34}$$

で表されるが，距離 $R$ を用いれば

$$f = \frac{GM\alpha^2 m}{R^2} \tag{2.35}$$

と書ける。力 $f$ は，原点に質量 $M\alpha^2$ の質点を置いたときに，質点 $m$ が受ける引力に等しい。したがって，もし質点 $m$ の軌道を求めたいのなら，$M\alpha^2$ という質点が原点に固定されたと仮定して，そのまわりの軌道を考えればよい。そうして求めた軌道については当然ながら，ケプラーの第 1 法則と第 2 法則が厳密に成り立つ。第 3 法則については，式 (2.30) による表現において $\mu = GM\alpha^2$ と置くなら，厳密に成り立つ。以上の扱い方を前提とするなら，ケプラーの法

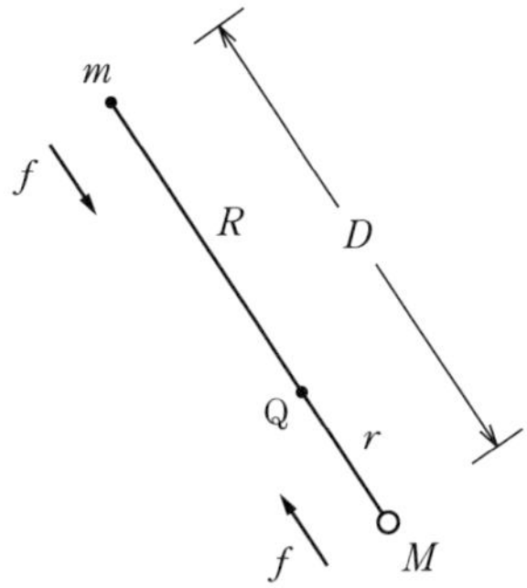


**図 2.5** 共通重心 Q に着目する

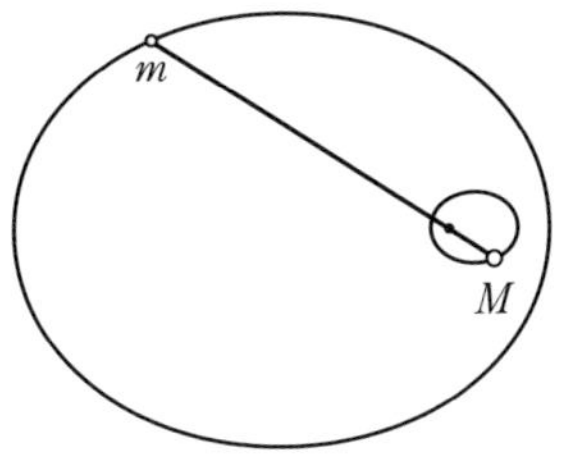


**図 2.6** 共通重心をまわる軌道

則を検証した道筋はそのまま変えなくとも正当さを保つ。

質点 $m$ と $M$ は，**図 2.6** に例示するように，原点すなわち共通重心のまわりにそれぞれ軌道を描く。二つの軌道は相似な関係にあって，サイズの比は $M$: $m$ に等しい。ただし二つの楕円の副焦点は，原点に関してたがいに反対側にある。もし片方の軌道がわかれば，ほかの軌道はサイズ比からただちにわかる。

太陽系を例にとれば，太陽と木星は 1：0.00095 という質量比にある。したがって，木星が描く軌道に比べると，太陽が描く軌道は約 1/1 000 のサイズしかない。ところが，このように小さいサイズの軌道でも意味をもつ場面がある。

もしも太陽系から遠く離れたところから太陽を観測したなら，太陽は小さい軌道をまわるにつれて，近づいたり遠ざかったりの動きを繰り返すように見えるであろう。つまり視線速度に変化が現れて，その大きさは ±13 m/s に達する。この大きさの視線速度なら，太陽光のスペクトルを分析してドプラーシフト（Doppler shift）を検出すれば，困難なく測定できる。その結果，太陽に惑星が存在することがわかる。変化の周期から軌道の長半径がわかり，あわせて変化の時間履歴をケプラーの第 2 法則に照らすことで，離心率もわかるであろう。木星のかわりに地球について考えると，その質量は小さいので，太陽の視線速度の変化は ±10 cm/s にすぎないが，小さくても 0 ではない。このような視線速度の観測は，系外惑星の検出に利用できる。先に1.4節では，星の明るさの変化から系外惑星を検出することを述べた。それに視線速度の測定を加えると，より詳しく惑星の軌道がわかるほか，惑星の質量も割り出せる。明るさと視線速度を合わせた観測は，系外惑星を検出する有効な手段となっている[1)]。

最後に，地球と人工衛星について考えると，その質量比は限りなく小さい。現存する最大の衛星である国際宇宙ステーション（international space station：ISS）は重量が420 tあるが，それでも地球との質量比は$1:7\times10^{-20}$にすぎない。宇宙ステーションが半径6 800 kmの軌道を描くとき，地球の中心が動く軌道の半径は$5\times10^{-10}$ mmだから0と置いてよい。つまり中心天体の位置は原点に固定されているとしても厳密さを失わない。

## 2.6　球体が生み出す引力

地球から十分に遠いところに衛星があって，衛星から眺めると地球は一点にしか見えないなら，引力を算出するために式(2.29)を使うことに疑問はないであろう。しかし衛星が地球の近くにあって，それを**図2.7**のように描けば，状況は違ってくる。衛星に働く引力は，地球のあらゆる部分が引く力をベクトル合成してつくられる。合成された力は，はたして逆2乗の法則に従うものだろうか。

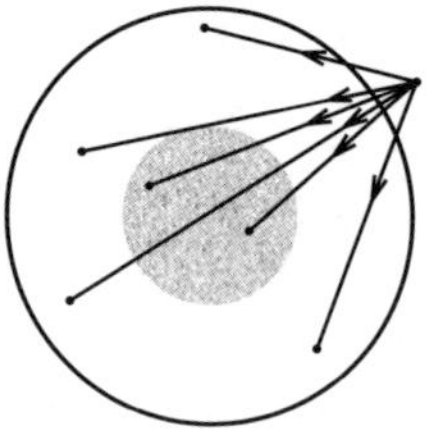

**図2.7**　地球の引力の生じ方

地球の内部では，中心に近いところほど密に質量が分布するはずだが，同じ半径のところでは同じ密度になっているであろう。よって地球の質量分布は球対称であると仮定する。その地球から，ある半径をもつ薄い球殻を取り出す

(球殻とは，なかが空なピンポン玉状の殻をいう)。球殻上には質量が均一に分布する。このような球殻から生じる引力を，はじめに考える。

原点Oを中心とする半径 $a$ の球殻を，**図 2.8** に描いた。球殻の単位面積には質量 $\rho$ があるとする。球殻のうち，平行な2平面に挟まれて細く切り取られたリング状の部分をアミ掛けで示した。リング状部分の幅は，Oから見ると角度 $d\theta$ をなす。リング状部分の面積は，幅 $ad\theta$ に周の長さ $2\pi a\sin\theta$ を掛けたものに等しい。そのリング状部分が，Oから $R$ だけ離れた点Pにつくるポテンシャル（potential）は，［質量］÷［距離 $r$］として

$$dU = -\frac{\rho a d\theta \cdot 2\pi a \sin\theta}{r} \tag{2.36}$$

と表せる。距離 $r$ は，図中の三角形に着目すれば，関係

$$r^2 = a^2 + R^2 - 2aR\cos\theta \tag{2.37}$$

を満たしている。両辺の微分をとれば

$$2rdr = 2aR\sin\theta d\theta \tag{2.38}$$

が成り立つから，これを

$$a\sin\theta d\theta = \frac{r}{R}dr \tag{2.39}$$

に変形して式 (2.36) に代入すると，$dU$ は

$$dU = -\frac{2\pi a}{R}\rho dr \tag{2.40}$$

と表せる。すべてのリング状部分について $dU$ を積算すれば，点Pにおけるポテンシャル $U$ が求められる。その際図 2.8 において，角 $\theta$ が0から $\pi$ まで動

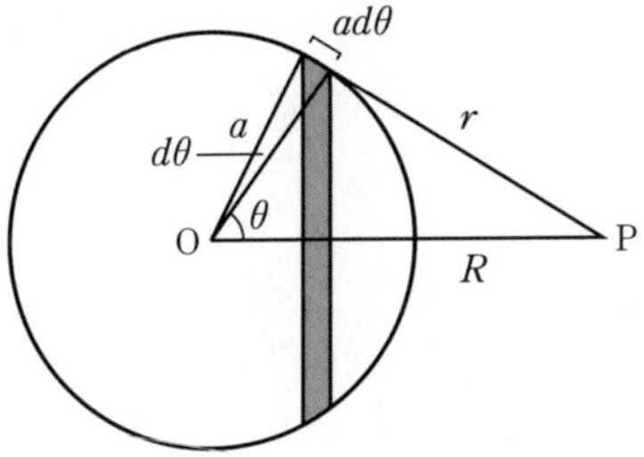


**図 2.8**　球殻のポテンシャルを求める

くようにすると

$$U=-\frac{2\pi a}{R}\rho\int_{R-a}^{R+a}dr=-\frac{2\pi a}{R}\rho(2a)=-\frac{4\pi a^2\rho}{R} \tag{2.41}$$

という結果を得る。最右辺の分子は球殻の質量を表すから，それを $M$ と置けば，球殻が点 P につくるポテンシャルは

$$U=-\frac{M}{R} \tag{2.42}$$

に等しい。いい換えるとポテンシャル $U$ は，球殻の質量 $M$ をすべて原点 O に置いたときにできるポテンシャルに等しい。ゆえに球殻から生じる引力は，球殻の質量をすべて中心に置いたときにできる引力に等しい。

さて，地球の質量分布は球対称としていたから，球殻を玉ねぎのようにどんどん重ねていけば地球を表すことができる。そのとき球殻の質量は，どれもみな中心に置かれて足し合わされる。ゆえに地球が生み出す引力は，地球の全質量を中心に置いたときにできる引力に等しい。

結論として，地球の引力を考える際に，地球の大きさを考慮に入れる必要はないことがわかった。ケプラーの法則を検証した道筋は，それゆえ正当だったことになる。

## 2.7　球体の引力と銀河回転*

球体が生み出す引力についての考察は，興味深い応用につながることを補足として述べたい。球殻の外側にできる引力はすでに見たが，球殻の内側では引力はどうなるだろうか。それを知るには，図 2.8 において $R$ を $a$ より小さくとればよい。すると式 (2.41) によってポテンシャルを積算する際に，$r$ は $a-R$ から $a+R$ まで変わることになるから結果は

$$U=-\frac{2\pi a}{R}\rho\int_{a-R}^{a+R}dr=-\frac{2\pi a}{R}\rho(2R)=-\frac{4\pi a^2\rho}{a}=-\frac{M}{a} \tag{2.43}$$

となる。球殻の内側ではポテンシャルが一定だから，力は働かない。もし

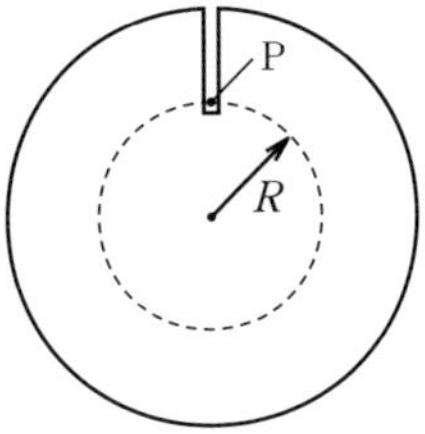


**図 2.9**　地球の内部での引力

**図 2.9** のように，地球に深い井戸を掘って点Pに働く引力を測ったとすると，その引力は，半径 $R$ より内側にある質量だけによってつくられる。図中の点線の外側にある質量は，点Pでの引力に寄与しない。

図 2.9 に描くアイデアはただの空想と思われようが，じつは，重要な適用先がある。それは銀河の回転に関係する。銀河（galaxy）とは，たくさんの星がたがいの引力で束ねられて集団をなすもので，円盤状になって渦巻き模様を見せる姿はだれにもなじみがあるだろう。銀河の中心部には星や物質が密集するのできわめて大きい質量が存在するが，中心部から離れると星はまばらにしかない。すると模式化していえば，銀河の中心部は中心天体のように引力を生じ，中心部から離れた星はそれをまわる惑星のように軌道を描く。その軌道は半径 $r$ の円であるとすると，軌道をまわる速度は，ケプラーの第3法則を表す式 (2.30) が与える周期 $P$ を用いて

$$v=\frac{2\pi r}{P}=\sqrt{\frac{GM}{r}} \tag{2.44}$$

と表せる。ただし $M$ は中心部の質量を表す。したがって軌道速度 $v$ は，中心部に近いところを除けば，半径 $r$ とともに小さくなるように分布すると予想される。ところが分布を実測すると，予想とは違っていた。どの銀河においても速度の分布は，中心部の付近を除けば，$r$ によらずにおおむね平坦であった。

この違いは謎とされていたが，今日ではつぎのように解釈されている。それによれば，銀河をそのなかにすっぽりと包み込むように，未知な何かが存在している。その何かは望遠鏡を向けても見えないが，質量をもつ。質量は球対称に分布していて，その総量は，望遠鏡で見えている星や物質の分量をはるかに上回る。そういう見えない質量が生み出す引力が，銀河の回転を支配している。

では実際に解釈をしてみよう。**図 2.10** において，中心部から半径 $r$ のところに点Pをとれば，Pに働く引力は，半径 $r$ 以内（点線の内側）にある質量か

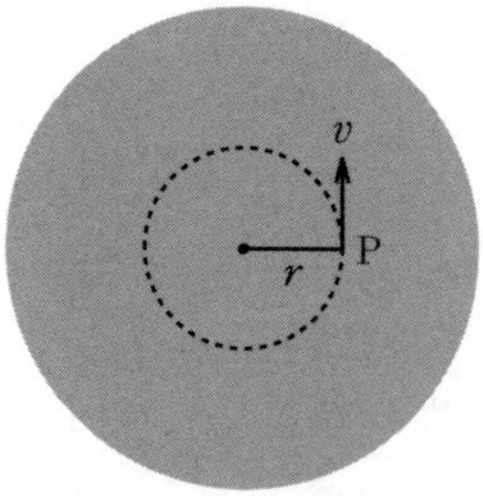


**図 2.10**　軌道速度を求める
（灰色は見えない質量）

ら生じる。もしも見えない質量が，空間密度としてかりに $\rho(r)=k/r^2$ に近い分布をしているとすれば，点線の内側には

$$M=\int_0^r 4\pi r^2\rho(r)dr=4\pi kr \tag{2.45}$$

という質量がある。この質量を式 (2.44) の $M$ に代入すると，P での軌道速度は

$$v=\sqrt{4\pi Gk} \tag{2.46}$$

となって，半径によらず一定になる。これは単純化した議論だけれども，解釈の本質は変わらない。

見えない質量が生み出す引力は，太陽にも働くし，惑星や地球の衛星にも働く。しかし惑星や衛星が描く軌道の拡がりは，見えない質量の分布スケールに比べると限りなく小さい。よって太陽と惑星と衛星には同じ力がいつも共通に働くので，惑星や衛星の軌道に影響が現れることはない。

未知の何かはダークマター（dark matter）と呼ばれ，それが存在することは疑いないが正体はなお不明で，解明が待たれている†[2]。

† 2015 年 2 月現在

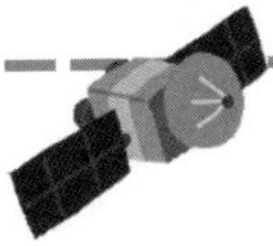

### 火星が促した発見

軌道の法則をケプラーが探し求めたとき，火星の存在は重要な意味をもっていた。地球の軌道は火星の内側にあって，地球のほうが速く公転するから，ときどき火星を追い越す。**図2**のAで追い越すとき，地球Eから見ると火星の位置はMかそれともM′か，よくわかる。つまり火星軌道をクローズアップ観測できる。つぎの追い越しは2.1年後に，49°進んだBで起きる。クローズアップの場所はC，D，…と並んでいって，15年経てば全周に並ぶ。

さて火星の軌道は0.093という大きめの離心率をもつので，軌道を走る速さの増減が大きめに現れる。その増減を，法則は正しく表現していなければならない。もし正しくなければ，クローズアップ観測のどこかで必ず露見する。そういう不備がないように工夫することが，法則の発見を後押しした。

もし金星が対象ならクローズアップ観測は太陽光に妨げられる。木星では遠すぎてクローズアップにならない。火星は観測に好都合で，その軌道に大きめの離心率があったことが法則の発見を強く促した。当時，人々は星占いをまだ重んじていたが，それにならっていうなら，火星の力がケプラーを駆り立てて法則へ導いたといえるかもしれない。

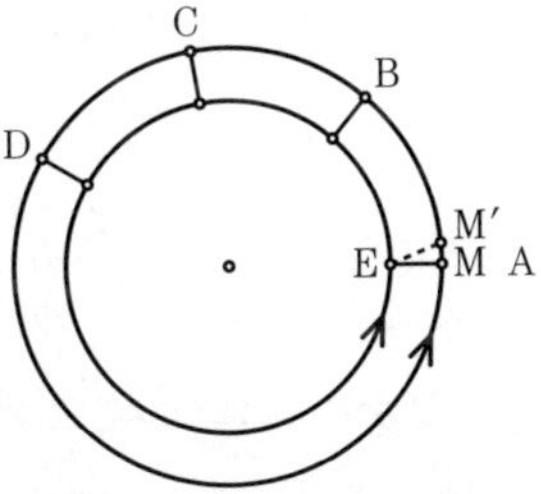


**図2** 地球と火星の軌道
（縮尺不同）

# 3. 力学と幾何学

衛星の軌道は，長半径や離心率といった図形的なパラメータで語られることを見てきた。一方で，力学の対象として衛星の運動を扱うのなら，運動量やエネルギーなどの力学量が多くを語るであろう。では，力学量と図形パラメータのあいだにはどういう関係があるか。それを調べた後，発展として，軌道の空間配置を幾何学的に表すことを考える。

## 3.1 軌道力学に独特な表記

本論に入る前に，基本とされた運動方程式 (2.31), (2.32) をもう一度確かめたい。その方程式から，衛星の質量 $m$ を取り除いても何も変わらない。つまり衛星の軌道は，衛星の質量とは無関係に定まる。50 kg のミニチュア衛星も，500 t の巨大衛星も同じ軌道をまわることができる。よって軌道を扱う力学においては，質量 $m$ を書かずにすませることが多く，その慣例にここでもならう。例えば運動エネルギーは $mv^2/2$ のかわりに $v^2/2$ と表記し，ポテンシャルエネルギーは $m\mu/r$ のかわりに $\mu/r$，衛星に働く引力は $m\mu/r^2$ のかわりに $\mu/r^2$，などと表記する。そういう表記を見たなら，質量 $m$ は書かれていなくても暗黙のうちに単位質量 $m=1$ を掛けてあると見なせばよい。あるいはそういう表記は，衛星の 1 kg 当りに対する値を表すと見てもよい。ちょうど，物の値段を kg 単価で表記する場合があるのと同じ，と考えてよいであろう。

運動方程式 (2.31) において，左辺にある $m$ は，物体の慣性の大きさを表すもので，厳密には慣性質量という。一方，右辺にある $m$ は，物体を重力場のなかに置いたときに受ける力を表すもので，厳密には重力質量という。慣性質量と重力質量は等しい，という等価原理（principle of equivalence）があることによって，上記のように質量 $\boldsymbol{m}$ は運動方程式から取り除かれる。

## 3.2 軌道の角運動量

衛星が軌道をまわる運動を調べるときは，普通の意味での運動量のかわりに角運動量（angular momentum）というものを考える。衛星が動径 $\boldsymbol{r}$ のところにあって，$\boldsymbol{p}$ という運動量をもつとき，衛星の角運動量をつぎのように定義する。

$$\boldsymbol{h}=\boldsymbol{r}\times\boldsymbol{p} \tag{3.1}$$

慣例にならって質量を省けば，運動量は速度 $\boldsymbol{v}$ として表記されるので，定義式 (3.1) は

$$\boldsymbol{h}=\boldsymbol{r}\times\boldsymbol{v} \tag{3.2}$$

の形をとる。

衛星が軌道上を動いても角運動量は変わらないことを確かめよう。式 (3.2) を時間で微分すると

$$\dot{\boldsymbol{h}}=\dot{\boldsymbol{r}}\times\boldsymbol{v}+\boldsymbol{r}\times\dot{\boldsymbol{v}} \tag{3.3}$$

となるが，右辺の第 1 項は同じものどうしの外積だから消える。第 2 項にある $\dot{\boldsymbol{v}}$ は衛星に働いている力，つまり地球の引力に相当するから，原点を向いているので $\boldsymbol{r}$ と平行，したがって第 2 項も消える。ゆえに角運動量は時間が経過しても変わらず一定を保つ。角運動量は保存されることがこれで確かめられた。すると式 (3.2) によれば，$\boldsymbol{r}$ と $\boldsymbol{v}$ はいつでも $\boldsymbol{h}$ に垂直だから，衛星の動きは一つの平面に限定される（**図 3.1** を参照）。その平面を軌道面（orbital plane）という。軌道面は地心を通り，面の向きは時間が経過しても変わらない。

では角運動量の大きさは何を表すか。**図 3.2** において，速度 $\boldsymbol{v}$ の，$\boldsymbol{r}$ に垂直な成分を $v_\perp$ と置けば，$\boldsymbol{h}$ の大きさは

$$h=r\times v_\perp \tag{3.4}$$

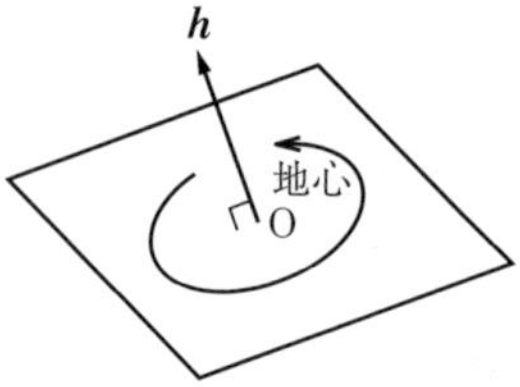


**図 3.1**　軌道の角運動量と軌道面

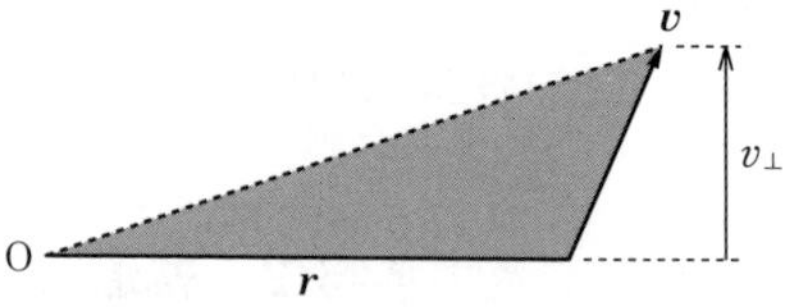


**図 3.2**　角運動量と面積の関係

という値をもつ。さて衛星は単位時間のあいだに $\boldsymbol{v}$ だけ動くから，そのあいだに動径が塗りつぶす面積は，$\boldsymbol{r}$ と $\boldsymbol{v}$ がつくる三角形の面積に等しい。その面積は，式 (3.4) が与える $\boldsymbol{h}$ の半分に等しい。つまり角運動量の大きさ $\boldsymbol{h}$ は，面積速度の 2 倍を表す。ケプラーの第 2 法則は，角運動量が保存されるということを幾何学の言葉で表していたことになる。

では $\boldsymbol{h}$ は具体的に，どういう値をとるだろうか。それを求めるために，まずは半径 $a$ の円軌道を考える。円軌道を走る速度 $v_c$ は，周期を $P$ と置けば

$$v_c = \frac{2\pi a}{P} = \sqrt{\frac{\mu}{a}} \tag{3.5}$$

として定まる。ただしケプラーの第 3 法則を表す式 (2.30) を参照した。これにより円軌道は

$$h_c = av_c = \sqrt{a\mu} \tag{3.6}$$

という角運動量をもつ。ここで**図 3.3** を参照して，同じ長半径 $a$ をもつ円軌道と楕円軌道を比べると，周期は等しいが，面積は楕円のほうが $\sqrt{1-e^2}$ 倍に縮小している（$e$ は離心率）。上記によれば

$$\text{角運動量} = 2 \times \frac{\text{面積}}{\text{周期}}$$

だから，面積が縮小すれば，角運動量も比例して小さくなる。ゆえに楕円軌道の $\boldsymbol{h}$ は

$$h = h_c\sqrt{1-e^2} = \sqrt{a\mu}\sqrt{1-e^2} \tag{3.7}$$

という値をもつ。

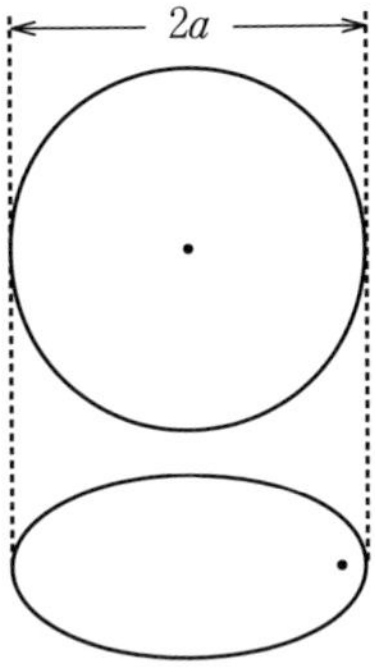


**図 3.3** 円軌道と楕円軌道

角運動量の大きさ $h$ がわかると，ただちに以下のような算出ができる。遠地点において動径は $r_a=a(1+e)$ となるから，遠地点での速度は

$$v_a=\frac{h}{r_a}=\sqrt{\frac{\mu}{a}}\frac{\sqrt{1-e^2}}{1+e}=v_c\sqrt{\frac{1-e}{1+e}} \tag{3.8}$$

となる。近地点では動径が $r_p=a(1-e)$ となるから，近地点での速度は

$$v_p=\frac{h}{r_p}=\sqrt{\frac{\mu}{a}}\frac{\sqrt{1-e^2}}{1-e}=v_c\sqrt{\frac{1+e}{1-e}} \tag{3.9}$$

となる。二つの速度の比は式 (1.5) でわかっていたが，ここでは個別に速度を算出できた。

式 (3.7) による $h$ は，どんな衛星を軌道に置いても必ずもつであろう角運動量を kg 当りで表している。つまり $h$ は，衛星に属するというよりも，軌道に属する値と考えるのがよい。

## 3.3 軌道のエネルギー

軌道に置かれた衛星は，運動エネルギーと位置エネルギーをもっていて，合計したエネルギーは衛星が軌道のどこにあっても変わらない。合計したエネルギーのことを，以下では単にエネルギーということにする。そのエネルギーを求めよう。

**図 3.4** において，近地点と遠地点（A と B）を考え，両点における動径と速

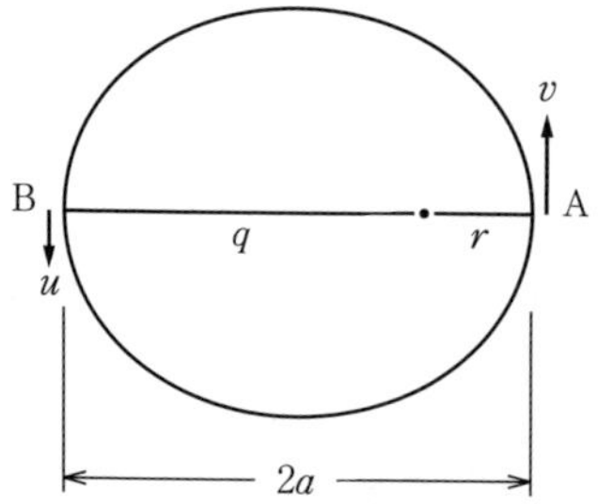


**図 3.4**　軌道のエネルギーを求める

度のセットを $r$ と $v$，および $q$ と $u$ とする。図では B が遠地点のように描いたが，それは仮であって，A と B のどちらが遠地点でもよい。さて近地点と遠地点とでエネルギーは等しいから，それを

$$\frac{v^2}{2}-\frac{\mu}{r}=\frac{u^2}{2}-\frac{\mu}{q} \tag{3.10}$$

のように書く（ここでも質量 $m$ を省くことに注意）。これだけでは，まだエネルギーの値は決まらない。そこでもう一つの保存則を参照して，近地点と遠地点で角運動量は等しいということを

$$rv=qu \tag{3.11}$$

と書く。これを $u=rv/q$ として式 (3.10) に代入すると

$$\frac{v^2}{2}\left(1-\frac{r^2}{q^2}\right)=\frac{\mu}{r}\left(1-\frac{r}{q}\right) \tag{3.12}$$

となるが，両辺から共通因子を除去すれば

$$\frac{v^2}{2}\left(1+\frac{r}{q}\right)=\frac{\mu}{r} \tag{3.13}$$

となる。よって

$$\frac{v^2}{2}=\frac{\mu}{r}\frac{q}{r+q} \tag{3.14}$$

だから，これを使えばエネルギーの値 $E$ をつぎのように算定できる。

$$E=\frac{v^2}{2}-\frac{\mu}{r}=\frac{\mu}{r}\left(\frac{q}{r+q}-1\right)=-\frac{\mu}{r+q} \tag{3.15}$$

ここで $r+q$ は $2a$ に等しいから

$$E=-\frac{\mu}{2a} \tag{3.16}$$

という結果を得る。エネルギー $E$ は長半径 $a$ だけで決まり，離心率には依存しない。

算定したエネルギーは，式 (3.16) が示すように負の値をとる。エネルギー $E$ は運動エネルギー $v^2/2$ と位置エネルギー $-\mu/r$ を足し合わせたものだが，位置エネルギーは衛星が地球から有限の距離にある限り負の値をもつ。もし運動エネルギーが大きいために $E$ が正の値になったなら，衛星は地球の引力を振り切って無限に遠くへ飛び去るであろう。エネルギー $E$ の値が負ということは，衛星が地球の引力にとらえられて有限な距離に留まることを意味している。

式 (3.16) による $E$ は，どんな衛星を軌道に置いても必ずもつであろうエネルギーを kg 当りで表している。つまり $E$ は，衛星に属するというよりも，軌道に属する値と考えるのがよい。そして長半径 $a$ は，軌道の周期だけでなく軌道のエネルギーをも規定するというたいへん重要な役目をもつことがわかった。

長半径とエネルギーの関係は，例えばつぎのような議論にすぐ応用できる。**図 3.5** において，焦点 F から距離 $a$ にある点 P に衛星を置く。半径 $a$ の円軌道の速度 $v_c$ を式 (3.5) から求め，その速度を任意な向きで衛星に与える。すると楕円軌道ができるが，そのエネルギーは，半径 $a$ の円軌道のエネルギーに等しい。よって楕円軌道は $a$ という長半径をもつ。このとき焦点から副焦点 G に至る折れ線 FPG は長さ $2a$ をもつから，PG の長さは $a$ に等しい。ゆえに対称性により，P は必ず楕円の短軸上にある。

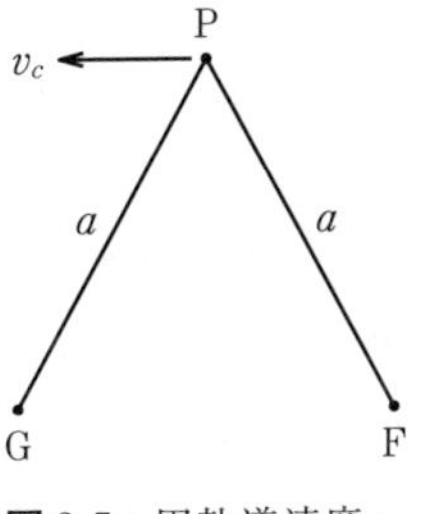


**図 3.5** 円軌道速度 $v_c$ の特質

## 3.4 力学と幾何学の対応

以上で見たとおり，長半径 $a$ と離心率 $e$ が与えられたなら，関係式 (3.16)，(3.7) を用いて，軌道のエネルギー $E$ と角運動量 $h$ を算出できた。つまり図形的なパラメータ（$a$, $e$）を，力学量（$E$, $h$）に対応づけることができた。

同じ関係を逆に使えば，力学量から図形パラメータへの対応づけができる。しかしここでは，別の道筋によって力学から図形への対応づけができることを示そう。

エネルギー $E$ が与えられたとき，それは

$$E=\frac{v^2}{2}+\frac{u^2}{2}-\frac{\mu}{r} \tag{3.17}$$

の形に書くことができる。ただし $v$ と $u$ は，**図 3.6** に示すように，衛星の速度を動径方向と垂直方向の成分にそれぞれ分けて表す。角運動量 $h$ が与えられたなら，それをもとに速度成分 $u$ を

$$u=\frac{h}{r} \tag{3.18}$$

と表せる。これを式 (3.17) に代入すると

$$E=-\frac{\mu}{r}+\frac{h^2}{2r^2}+\frac{v^2}{2} \tag{3.19}$$

となるが，右辺の第 1 項と第 2 項に着目して

$$U(r)=-\frac{\mu}{r}+\frac{h^2}{2r^2} \tag{3.20}$$

と置けば，これは $r$ だけの関数になる。この $U(r)$ は，動径 $r$ に沿った衛星の動きを考える際に，等価的に位置エネルギーを表すと見ることができる。右辺の第 3 項にある $v^2/2$ は，$r$ 方向の運動にともなうエネルギーを表しており，これを $K$ と置けば，式 (3.19) は

$$E=U(r)+K \tag{3.21}$$

という形に表せる。この関係を**図 3.7** に描いた。ここで $K$ の値は 0 または正

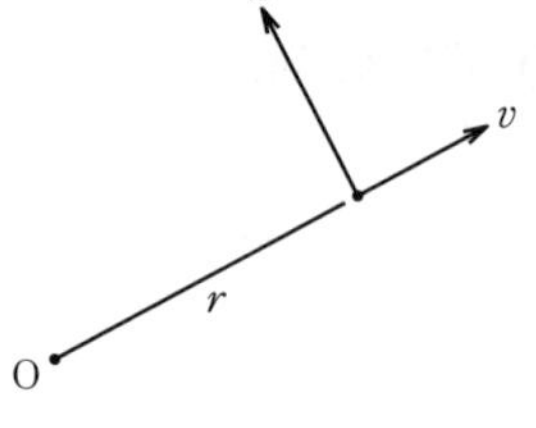


**図 3.6**　速度を直交 2 成分に分ける

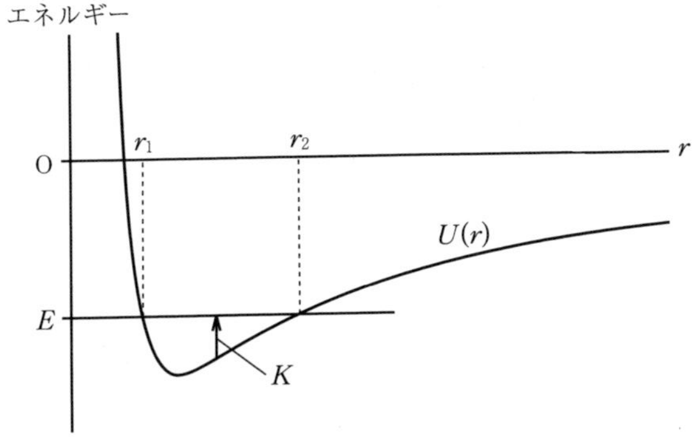


**図 3.7** エネルギー $U(r)$，$E$，$K$ の関係

だから，式 (3.21) が成り立つのなら，$r_1$ と $r_2$ のあいだに $r$ がある。もし $r$ が $r_1$ または $r_2$ に一致すれば $K=0$ になるが，$K=0$ とは $r$ 方向の動きが止まることだから，それは近地点または遠地点に相当する。具体的に $r_1$ と $r_2$ の値を求めるには，$E=U(r)$ すなわち

$$E=-\frac{\mu}{r}+\frac{h^2}{2r^2} \tag{3.22}$$

と置いて $r$ を解く。これは書き換えると 2 次方程式

$$Er^2+\mu r-\frac{h^2}{2}=0 \tag{3.23}$$

になるので，つぎのように解く。

$$r_1,\ r_2=\frac{-\mu\pm\sqrt{\mu^2+2Eh^2}}{2E} \tag{3.24}$$

これから長半径と離心率が，以下のように定まる。

$$a=\frac{r_1+r_2}{2}=-\frac{\mu}{2E} \tag{3.25}$$

$$e=\frac{r_1-r_2}{r_1+r_2}=\frac{2\sqrt{\mu^2+2Eh^2}}{2\mu}=\sqrt{1+2Eh^2/\mu^2} \tag{3.26}$$

こうして得た関係式 (3.25)，(3.26) は，先に得た式 (3.16)，(3.7) の書き換えにすぎない。しかしここでの道筋によれば，$E$ と $h$ を与えたときに図形のパラメータが決まるプロセスが見えた。もし角運動量 $h$ をもっと大きく与

えると，図3.7において $U(r)$ の谷は上にずれる。すると $r_1$ と $r_2$ の隔たりは狭くなって，ついには一点に重なる結果，円軌道ができる。図3.3に即していえば，角運動量を増やすことは楕円の短半径を膨らますことに相当していたので，最大に膨らませた結果，円軌道ができたことになる。

さてケプラーの法則は，図形としての軌道が一定不変に保たれることをうたっていた。具体的には，軌道のサイズと形，軌道面の向き，軌道面内での楕円軸の向きは，みな一定不変を保つ。上記のとおり（$E$，$h$）の組は（$a$，$e$）に対応づけられるから，軌道のサイズと形の不変性は，エネルギーと角運動量の保存則の表れと見ることができる。軌道面の向きの不変性は，角運動量ベクトル $\boldsymbol{h}$ の保存則の表れと見なせる。では，楕円軸の向きの不変性はどうかというと，これは力学上の保存則からくるものではない。**図3.8**において，いま楕円軸はAを向いているとして，軸の向きを仮想的にBやCに変えても軌道のエネルギーは違わないし，角運動量も違わない。軸の向きが不変である理由は結局のところ，**衛星に働く力が動径の逆2乗に比例する引力だから**，ということに尽きる。

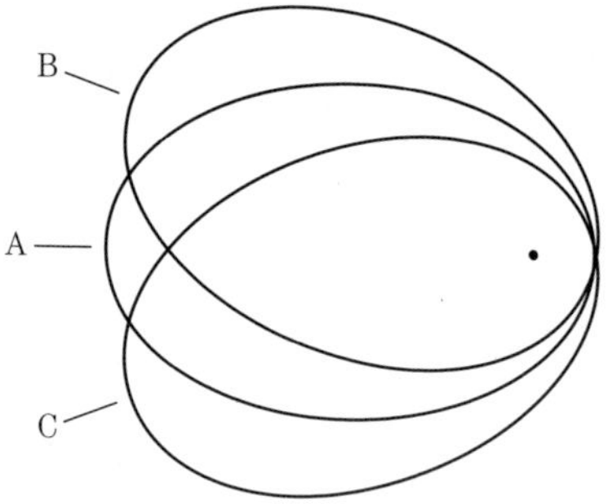


**図3.8**　楕円軸の向きを変えてみる

## 3.5　座標系を定める

図形としての軌道が一定不変に保たれるのなら，その配置を3次元空間のなかで固定されたものとして記述できる。それは幾何学的に意味をもつし，実用上も便利であろう。ただしそれには記述に使う座標系を定める必要がある。座標系は慣性系であってほしいから，座標軸は空間のなかで一定不変な方向を指していなければならない。では一定不変な方向を，どこに見つけたらよいか。

地球が太陽をまわる軌道は，角運動量 $\boldsymbol{H}$ をもつ（**図 3.9** を参照）。ベクトル $\boldsymbol{H}$ が指す方向は空間のなかで一定不変に保たれる。一方，地球は自転することによって角運動量 $\boldsymbol{K}$ をもつ†。ベクトル $\boldsymbol{K}$ は地軸に沿っていて，その北極側の向きを $\boldsymbol{K}$ は指している。地球がどこへ公転しても，$\boldsymbol{K}$ が指す方向は空間のなかで一定不変に保たれる。ここで $\boldsymbol{K}\times\boldsymbol{H}=\boldsymbol{I}$ というベクトル積を考えると，$\boldsymbol{I}$ は空間のなかで一定不変な方向を指す。ベクトルの配置を**図 3.10** に描いてあるが，各ベクトルは始点を地心 O に置き，ベクトルは方向だけ問題にするので長さは気にしない。ベクトル $\boldsymbol{I}$ と $\boldsymbol{K}$ は直交している。そこでベクトル $\boldsymbol{I}$ に沿って $x$ 軸を，$\boldsymbol{K}$ に沿って $z$ 軸をとれば，地心 O を原点とする座標系 $x$-$y$-$z$ が定まる。$z$ 軸は地球の北極を指すので，$x$-$y$ 面は赤道面に相当する。こうして定める $x$-$y$-$z$ 座標系を，地心慣性座標系（earth-centered inertial coordinate frame，ECI 座標系）という。座標系の原点を乗せた地球は太陽のまわりを円運動するから，厳密には慣性系といえないが，運動はゆっくりだからよい近似で慣性系といえる。近似でなく厳密を求めるなら，原点の運動はわかっているのでその影響を補正すればよい。

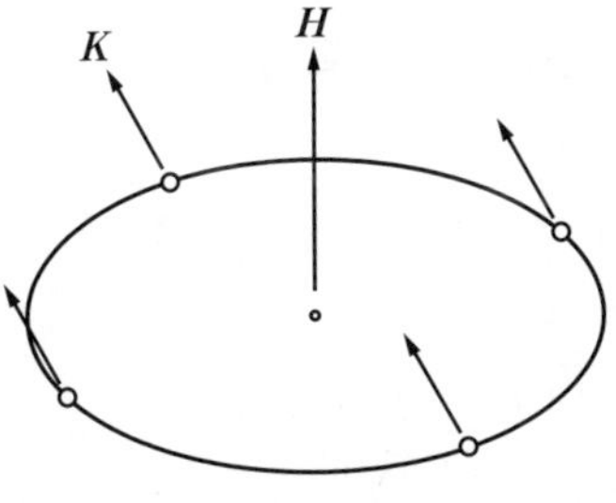


**図 3.9**　軌道の角運動量 $\boldsymbol{H}$ と自転の角運動量 $\boldsymbol{K}$

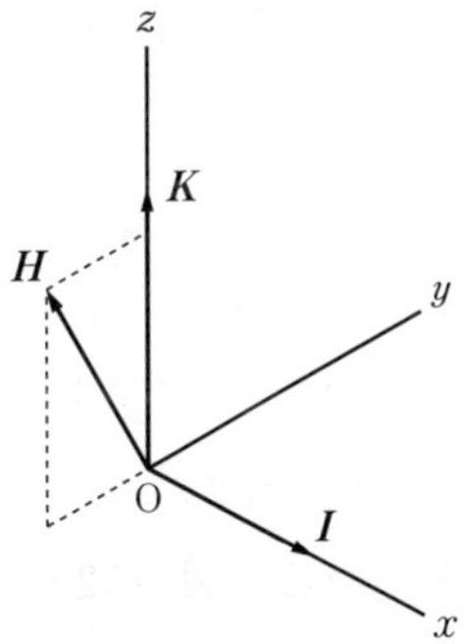


**図 3.10**　地心慣性系 $x$-$y$-$z$ を定める

座標軸の定め方については以下を補足したい。図 3.10 において，$x$ 軸のマイナス側に立ってプラス方向を見たところを**図 3.11** に描いた。地心慣性系に

† 地球の一部分に着目すると，それは地軸のまわりに円運動するので角運動量をもつ。それを地球全体について足し合わせるとベクトル $\boldsymbol{K}$ ができる。

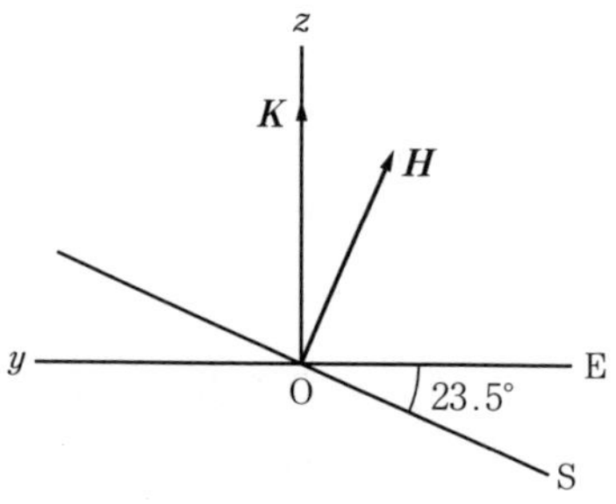


図 3.11　太陽の軌道面 S の配置
（$x$ 軸は紙面の向こう側を向く）

立って見ていると，太陽は日ごとに動いて，1 年で原点 O のまわりに大きい略円の軌道を描く（本当は地球が動くのだが，ここでは O に立って見える動きをいう）。太陽の軌道は，図では平面 S 上にある。平面 S はベクトル $\boldsymbol{H}$ に垂直に定まり，赤道面 E から 23.5° の傾きにある。軌道をまわっていく太陽は，半年のあいだ赤道面 E よりも北側にあり，残りのあいだは南側にある。さて古くからの定義によれば，太陽が赤道面 E を南から北へ通り過ぎる瞬間を，春分（vernal equinox）という。春分の瞬間に太陽は $x$ 軸上にある。対して北から南へ通り過ぎる瞬間は秋分（autumnal equinox）といい，その瞬間に太陽は $-x$ 軸上にある。つまり $x$ 軸を向けた方向とは，春分という瞬間に太陽がある方向のことであった。春分に太陽がある方向のことを，古くからの定義では春分点方向という。よって座標系を定める際に，$x$ 軸は春分点方向にとる，といい表してもよい。

## 3.6　軌道の配置と軌道要素

地心慣性系という座標系を確立したので，軌道の配置を記述する用意ができた。記述の第 1 段階として，まず軌道面の配置を定める。**図 3.12** には軌道面の一部を切り抜いて描いてあり，軌道面には軌道の一部が見えている。軌道面が $x$-$y$ 面すなわち赤道面から傾く角度 $i$ を，傾斜角（inclination）という。傾いた軌道面は $x$-$y$ 面と交線 ON をなす。交線は原点 O の両側に伸

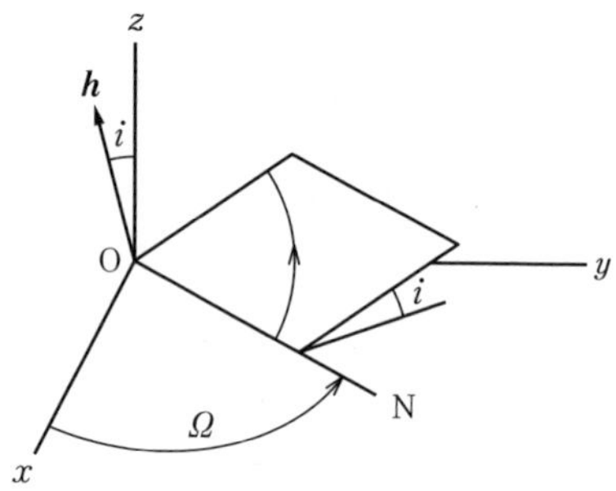


図 3.12　傾斜角 $i$ と交線赤径 $\Omega$

びるが，ここでは片側だけに着目する。片側とは，衛星が $x$–$y$ 面を $-z$ 側から $+z$ 側へ向かって横切るほうの側を指す。交線 ON の向きを，$x$–$y$ 面に沿って $x$ 軸から測った経度 $\Omega$ で表し，これを交線の赤径（right ascension of node）という。衛星が軌道をまわる動きを，$z$ 軸のプラスのほうから観察すると，傾斜角 $i$ が 0° から 90° 未満までなら，動きは反時計回りに見える。もし $i$ が 90° を超えて 180° までなら，時計回りに見える。傾斜角 $i$ は，角運動量ベクトル $\boldsymbol{h}$ が $+z$ 軸から離れる角度といい換えてもよいから，$i$ は 180° を超える値をとらない。二つの角度 $i$，$\Omega$ によって軌道面の配置は一意に定まる。

つぎに記述の第 2 段階として，軌道面のなかでの楕円の配置を定める。**図 3.13** において，近地点の位置を，衛星がまわる向きに沿って交線 ON から測った角度 $\omega$ で表し，これを近地点の引数（argument of perigee）という。そして最後に，楕円のサイズと形を長半径 $a$ と離心率 $e$ で記述する。

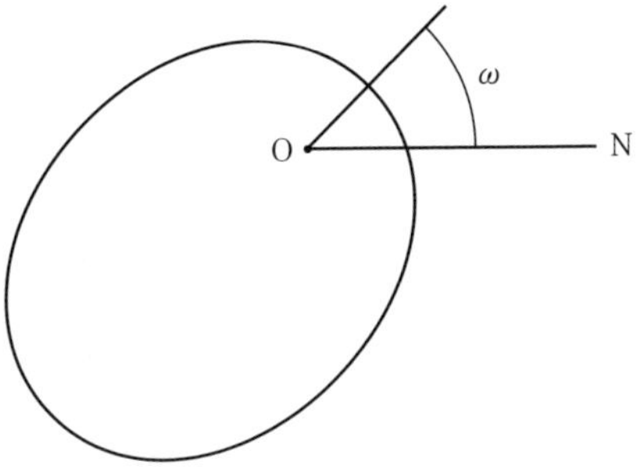

**図 3.13**　近地点の位置 $\omega$ を交線から測る

以上を合わせた $a$，$e$，$i$，$\Omega$，$\omega$ というパラメータによって，図形としての軌道とその配置が記述された。しかしこれだけでは，衛星の動きに関する時間の情報が欠けている。それを補うには，例えば近地点を衛星が通過した時刻 $T_p$ を添えるとよい。こうしてつくるパラメータの組 $a$，$e$，$i$，$\Omega$，$\omega$，$T_p$ を，ケプラーの軌道要素（Keplerian orbital elements）という。軌道要素によって衛星の軌道は一意に定まる。

近地点通過の時刻は，おそらく端数がついた時刻になるであろう。それにかえて，切りのよい時刻（例えば本日の 0 時ちょうどなど）を基準時刻に選んで軌道を記述したいなら，どうすればよいか。それには，近地点通過の時刻から基準時刻までに時間がどれだけ経過したかいえばよい。その時間経過をいうには，つぎのような特別な時計を使う。時計の文字盤は 1 周を 0° から 360° まで等分した目盛をもつ。はじめに針は0°を指していて，衛星が近地点を通過した瞬間に動き出して一定の歩度で進み，衛星が軌道を1周し終える瞬間に360°を指す[†1]。この時計で上記の時間経過を測って$M$とするとき，$M$を平均近点角（mean anomaly）という。これを用いると軌道要素は，ある基準時刻における値として**表3.1**のように表される。傾斜角がとりうる値は0°から180°までであったが，ほかの角度$\Omega$，$\omega$，$M$は0°から360°まで任意の値をとりうる。各要素について，よく使われる略称を記した。

**表3.1**　軌道要素の表記

| 記号 | 軌道要素 | 略称 |
|---|---|---|
| $a$ | 長半径 | SMA または A |
| $e$ | 離心率 | ECC または E |
| $i$ | 傾斜角 | INC または I |
| $\Omega$ | 交線の赤径 | RAN |
| $\omega$ | 近地点の引数 | AP |
| $M$ | 平均近点角 | MA |

基準時刻は普通，協定世界時（coordinated universal time：UTC）で表示する[†2]。日本で用いる標準時（japan standard time：JST）は，協定世界時に対して

$$\mathrm{UTC}+9\mathrm{H}=\mathrm{JST} \tag{3.27}$$

という関係に定められているので，UTC表示を得るにはJST表示から9時間を差し引けばよい。

軌道を一意に定めるには，ケプラーの軌道要素のかわりに，衛星の位置と速度を基準時刻において与えてもよい。これは運動方程式に初期条件を与えることにほかならない。位置と速度の各3成分を並べた6パラメータの組は，軌道要素の別種と見なすことができて，これを直交軌道要素またはカルテシアン軌道要素（Cartesian orbital elements）という[†3]。ケプラー軌道要素には扱いに注意を要する点があって，離心率$e$が小さいときは$\omega$を決めにくいし，傾斜

†1　つまりこの時計は，半径$a$の円軌道をまわる衛星の公転角を表している。
†2　仏語表記での語順にならってUTCと略す。
†3　直交座標を考案したデカルト（Rene Descartes，1596-1650）にちなむ。

角 $i$ が小さいときは $\Omega$ を決めにくい。すなわち $e=0$ と $i=0$ が特異点となる。カルテシアン要素にはそういう特異性がない。ケプラー要素とカルテシアン要素は相互に変換が可能で，その行い方は 4 章で明らかになる。

## 3.7　座標系に生じる変化*

軌道要素の記述も，さらには衛星の運動に関する記述も，すべては座標系があいまいなく定まっていることを前提としている。ところがこの点において，地心慣性系の扱いは注意を要する。

図 3.9 から図 3.11 に現れたベクトル $\boldsymbol{K}$ は，方向が一定不変としていたが，詳しく見ればそうとはいい切れない。時間が経《た》つと $\boldsymbol{K}$ の指す方向は少しずつ動く。その動き方を**図 3.14** に描いた。一定な方向を指すベクトル $\boldsymbol{H}$ を中心軸として，ベクトル $\boldsymbol{K}$ は $\boldsymbol{H}$ と 23.5° の角を保ちながら，一定の歩度でまわっていく。まわる動きはゆっくりで，25800 年で一回りして円錐を描く。連動してベクトル $\boldsymbol{I}$ も，平面上にあって先端が円を描くようにまわっていく（つまり春分点方向はゆっくり動いていく）。そのため座標の 3 軸が指す向きは変わっていくが，$x$ 軸でいえば 1 年間に 0.014° の割合になる。これはゆっくりした変化だが，まったく無視できるほど小さくはない。よって地心慣性系を用いるときは，いつの時点での座標軸なのか示す必要がある。ベクトル $\boldsymbol{K}$ の方向（つまり地軸の指す方向）がこのように変わっていくことを，歳差（precession）という。

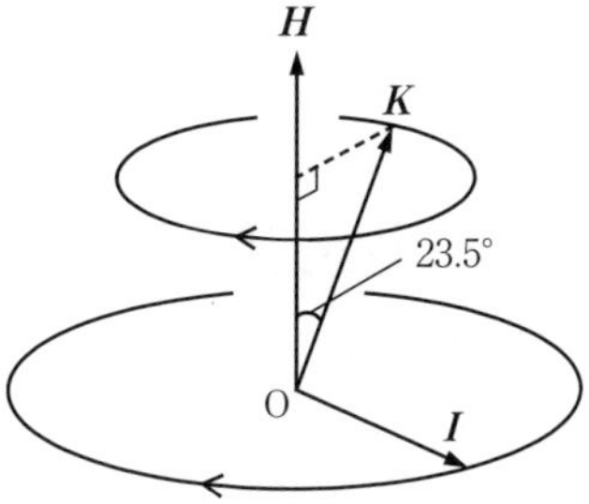

**図 3.14**　ベクトル $\boldsymbol{K}$ の動き

ベクトル $\boldsymbol{K}$ がまわっていく動きは，図 3.14 のように一定の歩度で進む動きのほかに，振動的に動く成分を合わせもつ。振動する動きは，進む歩度がわずかに増減するように生じるほか，$\boldsymbol{H}$ と $\boldsymbol{K}$ のなす角がわずかに増減するようにも生じる。振動の周期は 18.6 年を主要な成分として，ほかに長短さまざまな周期をもつ小さい成分を含む。振動的な動きにともない，座標の各軸が指す方向は揺れ動くことになるが，揺れ動きの程度は $x$ 軸でいえば $\pm 0.005°$ を超えない。このように振動的に動く成分のことを，章動（nutation）という。地軸が指している方向は，歳差と章動の重ね合わせとして表される。

さて座標系を定める際に，本来どおり歳差と章動を両方とも考慮に入れて座標軸を定めたなら，その座標系は真の座標系（true coordinate frame）であるという。それに対し，章動の成分は除外して，歳差だけを考慮に入れて座標軸を定めたなら，その座標系は平均座標系（mean coordinate frame）であるという。振動的な成分である章動は時間軸上で平均化すると消えることから，平均という呼び名がついた。

以上の注意に従うなら，地心慣性系をあいまいなく定めるには

・座標軸はいつの時点のものか

・真の座標系と平均座標系のどちらであるか

を明記しなければならない。衛星の運動を力学現象として記述するには普通，西暦 2000 年 1 月 1 日 12 時 UTC という特定の時点における平均座標系（J2000 mean coordinate frame）を用いる。この J2000 系は，天体の位置を記すための標準的な座標系であって，太陽や惑星や星の位置を地球原点で表すときには J2000 系を用いる。もし衛星の位置も J2000 系で表してあれば，例えば衛星から見る太陽や星の方向を割り出したり，太陽光が地球の影にならずに衛星に当たるかどうか決める，といった処理がしやすい。一方，地球上から観測した衛星の動きを問題にするような場合には，いま現在の地軸の向きを意識する必要があるので，現在日時を時点とした真の座標系（true coordinate frame of date）を用いる。この二つの座標系を，場合によって使い分けながら用いることが多い。二つの座標系は，空間的な回転によって一方から他方へ変換される。歳差と章動の生じ方は詳しくわかっているので，それを参照すれば座標の変換は機械的に行われる。

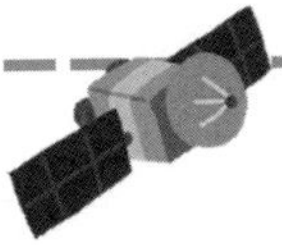

### 春分点とは

春分点というものは元来，天球上で定義されてきた。天球とは，地球を取り囲む仮想的な球面で半径を十分に大きくしたものをいう。地球の中心から宇宙を見渡して，諸天体の位置を見えたとおりに球面上に描き入れる。太陽は天球上を動いていくように見えるので，動く道筋を描き入れて黄道と呼ぶ。地球の赤道も投影して描き入れる。黄道と赤道は，ともに天球上の大円だから，交差するところが天球の2か所にある。そのうち，太陽が南から北へ向かって赤道を交差する点を，春分点という。

春分点の詳しいありかについてはすでに古代ギリシャで議論されていたが，当時の春分点は天球上でおひつじ座の一角にあった。おひつじ座を表した記号♈はギリシャ文字$\gamma$に似ていたので，春分点を$\gamma$と記すようになった。その後，春分点の場所は移動して，今日ではうお座の一角にある。けれども古来の習慣にならっていまも春分点を$\gamma$で記すことが多い。

# 4.　軌道を予測する

衛星の動きを知るためには，衛星が時間とともに軌道をどう進むのか明らかにする必要がある。つまり衛星の位置や速度を，時間の関数として表したい。そうすれば，衛星の動きを未来や過去に向けて予測できるようになる。あわせて，地球局から見た衛星の動きを予測することを考える。

## 4.1　面積則を使う

軌道をまわる衛星が，時刻 0 に近地点を通過したとする。その後，衛星は時刻 $t$ に公転角 $\theta$ に達したとしよう（**図 4.1** を参照）。われわれは $t$ と $\theta$ の関係を知りたい。その手がかりは，ケプラーの第 2 法則にある。経過時間 $t$ のあいだに衛星の動径が塗りつぶした面積を $A_\theta$ と置く。楕円の全面積を $A$，軌道の周期を $P$ とすると，第 2 法則から

$$\frac{t}{P}=\frac{A_\theta}{A} \tag{4.1}$$

という関係が成り立つ。面積 $A_\theta$ を適切に表現できれば，$t$ と $\theta$ の関係がわかるであろう。

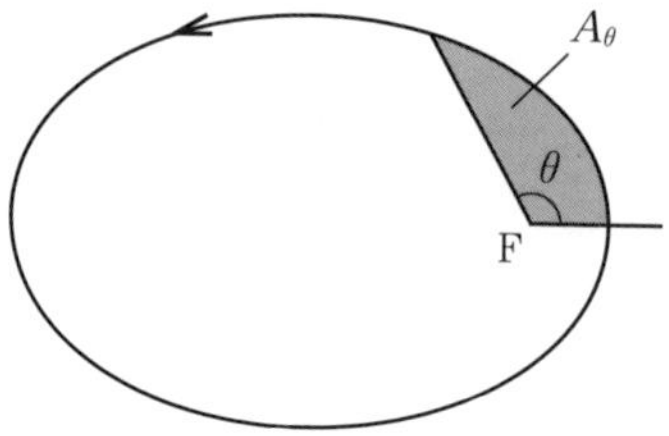


**図 4.1**　第 2 法則を適用する

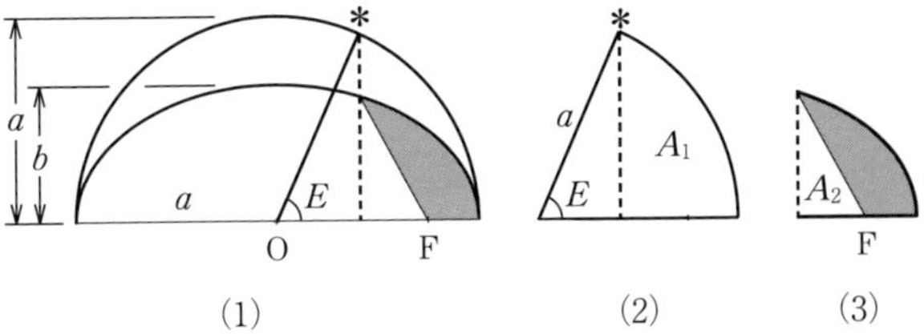


**図 4.2**　アミ掛け部分の面積の算出

面積 $A_\theta$ の表現式を求めるために，図 4.1 の楕円から上半分を切り出して，**図 4.2** の (1) に置いた。楕円は長半径を $a$，短半径を $b$ とする。離心率を $e$ とすると，焦点 F は中心 O から隔たり $ae$ にある。この楕円に対し，上下の方向に倍率 $a/b$ を掛けて拡大すると，半径 $a$ の円ができる。拡大した円の上に来た衛星の位置＊は，円の中心から見ると角度 $E$ のところにある。この円から，中心角 $E$ をもつ扇形の部分を取り出して (2) に描いた。その扇形から，直角三角形の部分を取り去った残りの部分を $A_1$ とすると，それは

$$A_1=\frac{a^2}{2}E-\frac{a\sin E\cdot a\cos E}{2} \tag{4.2}$$

という面積をもつ。この $A_1$ 部分に，上下の方向に倍率 $b/a$ を掛けて縮小したものを (3) に描いた。ここから直角三角形の部分 $A_2$ を取り去った残りが，知りたい面積 $A_\theta$ を表す。部分 $A_2$ は底辺 $ae-a\cos E$，高さ $b\sin E$ をもつから，取り去った後には

$$A_\theta=\frac{b}{a}A_1-\frac{1}{2}(ae-a\cos E)b\sin E=\frac{ab}{2}(E-e\sin E) \tag{4.3}$$

という面積が残る。面積 $A_\theta$ は，できれば角 $\theta$ で表したかったが，かわりに中心角 $E$ で表された。この $A_\theta$ と，楕円の面積 $A=\pi ab$ とを式 (4.1) に代入すれば

$$t=\frac{P}{2\pi}(E-e\sin E) \tag{4.4}$$

となるが，これを

$$2\pi\frac{t}{P}=E-e\sin E \tag{4.5}$$

の形に書く。この式の左辺を

$$M = 2\pi \frac{t}{P} \tag{4.6}$$

という変数で表す。変数 $M$ は，衛星が近地点を通過した瞬間に 0 で，その後の経過時間とともに増していって，軌道を 1 周回した時点で $2\pi$ になる。つまり $M$ とは，先に 3.6 節で導入した平均近点角にほかならない。これを用いると，式 (4.5) は

$$M = E - e \sin E \tag{4.7}$$

という形に書かれる。

これで，$t$ と $\theta$ を関係づけることが可能になった。具体的には，公転角 $\theta$ を与えられたとき，以下の手順 ①, ②, ③ をたどれば経過時間 $t$ がわかる。

① $\theta$ から中心角 $E$ を求める。それにはつぎの関係式を使う。

$$\cos E = \frac{e + \cos\theta}{1 + e\cos\theta} \tag{4.8}$$

$$\sin E = \frac{\sqrt{1 - e^2}}{1 + e\cos\theta} \sin\theta \tag{4.9}$$

二つの関係式 (4.8), (4.9) は，図 4.2 の (1) における幾何学的関係と，楕円を表す関係 $r = a(1 - e^2)/(1 + e\cos\theta)$ に基づく。$\cos E$ と $\sin E$ から $E$ を求めることで，角度 $E$ の象限を正しく定める。

② $E$ から式 (4.7) により平均近点角 $M$ を求める。

③ $M$ から式 (4.6) により経過時間 $t$ を求める。

さて普通の意味でいうなら，運動を知るとは，与えられた時間における位置を知ることであろう。上記の手順はそれと逆の関係にあった。もし時間 $t$ を与えられて，そのときの位置 $\theta$ を知りたいなら，以下の手順 ④, ⑤, ⑥ をたどる。

④ $t$ から式 (4.6) により $M$ を求める。

⑤ $M$ から式 (4.7) により $E$ を求める。

⑥ $E$ から公転角 $\theta$ を求める。それにはつぎの関係を使う。

$$\cos\theta = \frac{e - \cos E}{e\cos E - 1} \tag{4.10}$$

$$\sin\theta = \frac{\sqrt{1-e^2}}{1-e\cos E}\sin E \tag{4.11}$$

ここで式 (4.10) は式 (4.8) の書き直しだが，式 (4.11) は式 (4.9) の書き直しと式 (4.10) に基づく。

上記の手順のうち ⑤ は注意を要する。方程式として式 (4.7) が与えられ，それを解いて $E$ を求めたいのだが，解の公式のようなものは存在しない。よって $E$ を求めるには数値演算に頼るしかない。左辺 $M$ が与えられたなら，右辺の値がそれに近くなるように試行錯誤で $E$ の値を決めていく。具体的には，$E$ の値を少しずつ修正しながら正しい値に追い込んでいくような演算プログラムを用いる。修正を十分な回数行えば，任意に高い精度で $E$ を見つけ出すことができる。注意を要する方程式 (4.7) を，ケプラーの方程式（Kepler's equation）と呼ぶ。

## 4.2 軌道の予測

衛星が時間とともに軌道上をどう進むか，われわれは知ることができた。それは運動を未来へ向かって予測することに相当する。予測において関心があるのは衛星の位置と速度であった。ならば，運動の予測ということを一般的な問題として立てるとつぎのようになろう。

「時刻 0 において衛星が位置 $\boldsymbol{r}_0$，速度 $\boldsymbol{v}_0$ にあるとき，時刻 $t$ における位置 $\boldsymbol{r}_1$，速度 $\boldsymbol{v}_1$ はどうなるか。」

ここで位置と速度は地心慣性系で表している。

これまで調べたことを総合すると，問題の答は，以下の作業 A)，B)，C) を順に行うことで得られる。各作業については原理上の道筋を示す。

A) $\boldsymbol{r}_0$，$\boldsymbol{v}_0$ からケプラー要素を求める。

それには

A-1. $\boldsymbol{r}_0$ と $\boldsymbol{v}_0$ から角運動量 $\boldsymbol{h}$ を求める。

A-2. ベクトル $\boldsymbol{h}$ の方向から，軌道面の配置 $i$，$\Omega$ を求める。

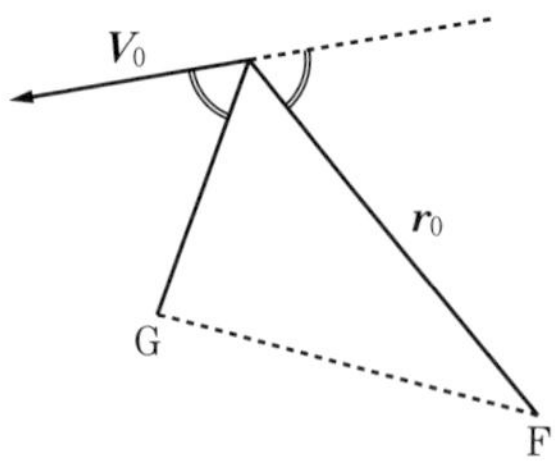


**図 4.3**　副焦点 G の位置を割り出す

A–3. $\boldsymbol{r}_0$ と $\boldsymbol{v}_0$ から軌道のエネルギー $E$ を求め，よって長半径 $a$ を求める。

A–4. 軌道面のなかで楕円を定めるために，**図 4.3** にて，光線の反射に関する性質（図 1.6 を参照）を用いることで副焦点 G の場所を割り出す。その際，F から衛星を経て G に至る長さが $2a$ に等しいことを使う。そして長さ FG から離心率 $e$ を求める。F と G を結ぶ楕円軸の向きから近地点引数 $\omega$ がわかり，さらに近地点から測った $\boldsymbol{r}_0$ の公転角 $\theta$ がわかる。$\theta$ から 4.1 節で示した手順 ①, ② により平均近点角 $M$ を求める。

これで時刻 0 におけるケプラー要素（$a$, $e$, $i$, $\Omega$, $\omega$, $M$）が求められた。

B）平均近点角 $M$ を進める。

それには

B–1. 長半径 $a$ から周期 $P$ を求める。

B–2. 上記 A–4 で得た $M$ に，増分として $2\pi t/P$ を加える。これが時間を未来へ進めることに相当する。もし $t$ が負なら過去へさかのぼることを意味する。

B–3. $M$ は角度変数だから，必要なら $2\pi$ を足し引きすることによって，$M$ が 0 から $2\pi$ の範囲にあるようにする。

これで時刻 $t$ におけるケプラー要素（$a$, $e$, $i$, $\Omega$, $\omega$, $M$）が求められた。

C）時刻 $t$ におけるケプラー要素から $\boldsymbol{r}_1$, $\boldsymbol{v}_1$ を求める。

それには

C–1. $M$ から手順 ⑤, ⑥ により公転角 $\theta$ を求める。すると**図 4.4** に描くように，軌道面のなかで動径 $\boldsymbol{r}$ がわかる。ただし座標系 $x'$–$y'$ は，$x'$ 軸が近地点を指すように設けている。

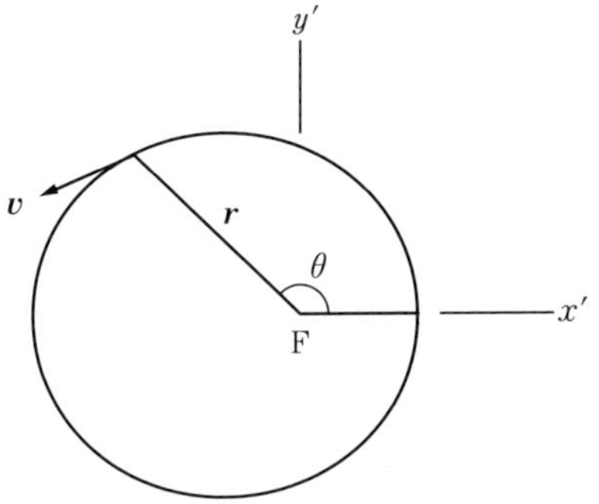


**図 4.4**　時刻 $t$ における動径 $\boldsymbol{r}$ と速度 $\boldsymbol{v}$

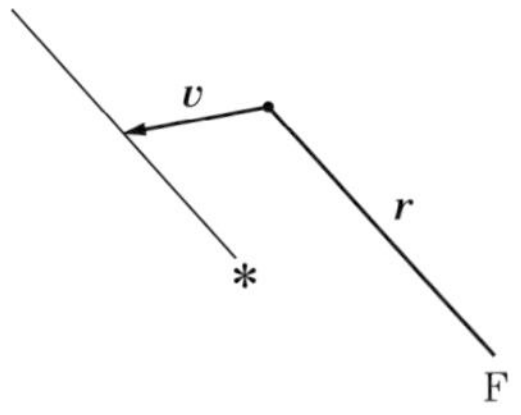


**図 4.5**　速度ベクトル $\boldsymbol{v}$ を定める

C-2. 図 4.4 において速度ベクトル $\boldsymbol{v}$ はどう求めるか。角運動量の大きさ $h$ は決まっているから，**図 4.5** にてベクトル $\boldsymbol{v}$ の先端は，一つの直線 * のどこかにある。エネルギー $E$ は決まっているから，$\boldsymbol{v}$ の長さは一つに規定される。これで $\boldsymbol{v}$ が定まった。

C-3. 動径 $\boldsymbol{r}$ と速度 $\boldsymbol{v}$ を，座標系 $x'$–$y'$ での表示から地心慣性系 $x$–$y$–$z$ での表示に変える。これは座標系を回転する変換であって，回転は $\omega$，$\Omega$，$i$ によって規定される。変換した動径と速度を $\boldsymbol{r}_1$，$\boldsymbol{v}_1$ とする。

これで時刻 $t$ における $\boldsymbol{r}_1$，$\boldsymbol{v}_1$ が求められた。

上記の A) と C) は要するに，軌道要素をカルテシアンからケプラーへ，またケプラーからカルテシアンへ，それぞれ変換する作業を述べている。

さて A)，B)，C) を合わせた作業は，能率が悪い。座標系についていえば，はじめに地心慣性系 $x$–$y$–$z$ であったのが，軌道面上での座標系 $x'$–$y'$ に移り，再び地心慣性系に戻るという迂遠さがある。衛星の運動は一定な軌道面のなかで起きることがわかっているのだから，それに即した扱い方があってもよいであろう。具体的にはつぎのように考える。

衛星の位置と速度を表す $\boldsymbol{r}_0$，$\boldsymbol{v}_0$，$\boldsymbol{r}_1$，$\boldsymbol{v}_1$ は，すべて同じ軌道面上にある。したがって，あるスカラー量 $f$，$g$ が存在して

$$\boldsymbol{r}_1 = f\boldsymbol{r}_0 + g\boldsymbol{v}_0 \tag{4.12}$$

という関係が成り立つ。スカラー $f$, $g$ は，時間 $t$ の関数であるとともに，$\boldsymbol{r}_0$ と $\boldsymbol{v}_0$ にも依存する。この関係式の両辺を時間で微分すると

$$\boldsymbol{v}_1 = \dot{f}\boldsymbol{r}_0 + \dot{g}\boldsymbol{v}_0 \tag{4.13}$$

という関係も合わせて成り立つ。このような形式で $\boldsymbol{r}_1$ と $\boldsymbol{v}_1$ を算出できれば，座標系をそのつど変える無駄が省かれて能率がよいであろう。実際にそういう軌道予測の演算手法が開発されていて，その演算プログラムを付録Bに掲げた[3)]。演算プログラムは数学上の技巧を用いているが，軌道を予測することの原理は上記のA)，B)，C）を合わせた原理と変わらない。だからA)，B)，C）を了解すれば演算プログラムはわかったものとして利用すればよい。

プログラムの利用について注記しておく。予測ではよくある要求として，時刻0での位置と速度から出発し，時刻 $t_1$, $t_2$, $t_3$, …と並んだ時刻での位置と速度をつぎつぎに算出したい（**図4.6**を参照）。このときは (1) のように，時刻0から $t_1$, 0から $t_2$, 0から $t_3$, …というように予測をしてもよい。あるいは (2) のように，0から出発して $t_1$ を予測，$t_1$ から出発して $t_2-t_1$ 後の $t_2$ を予測，$t_2$ から出発して $t_3-t_2$ 後の $t_3$ を予測，などとしてもよい。予測の結果はどちらでも変わらない。

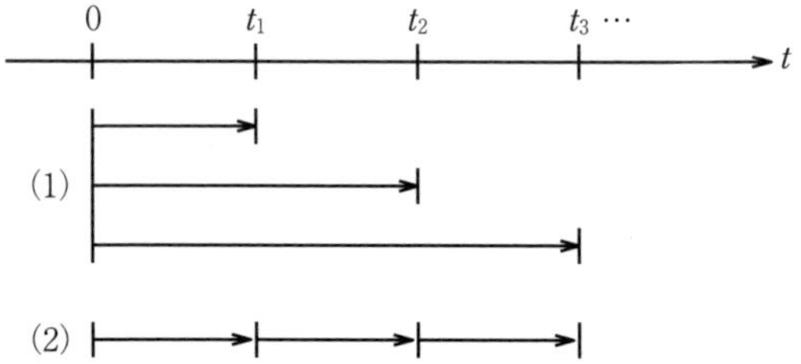


**図4.6**　軌道予測の時刻関係

以上をまとめると，軌道要素が与えられたなら，任意の時刻における衛星の位置と速度を予測できる。カルテシアン要素が与えられたときは，ただちに付録Bに示された演算プログラムに入力すればよい。ケプラー要素が与えられたときは，それをカルテシアン要素に変換してから演算プログラムに入力する。

## 4.3 地球局での予測

軌道の予測によって，ある時刻における衛星の位置や速度を知ることが可能になった。ではそのとき，地球局から見た衛星の距離や方向はどうなるか予測することを考えよう。

地球局を乗せた地球は自転するから，まずは自転というものを記述しなければならない。地球の表面に目印をつけて，その動きを地心慣性系で記述することで自転を表す。目印は，英国のグリニジ（Greenwich）という場所につける。その目印 G がついた地球を，地心慣性系の $x$-$y$ 面に投影したところを**図 4.7** に描いた。原点 O を中心として，目印 G は反時計方向にまわっていく。まわった角度を $x$ 軸から測って $\theta_G$ と置けば，これが地球の自転の角度を表す。自転角 $\theta_G$ のことを，グリニジ恒星時（Greenwich sidereal time）またはグリニジ時角（Greenwich hour angle）という。目印がまわっていく動きは時計に似るので「時」という呼び名がつく。予測をしたい時刻における $\theta_G$ の値をわれわれは知る必要があるが，それは後にまわして，まずは $\theta_G$ がわかっているものとする。

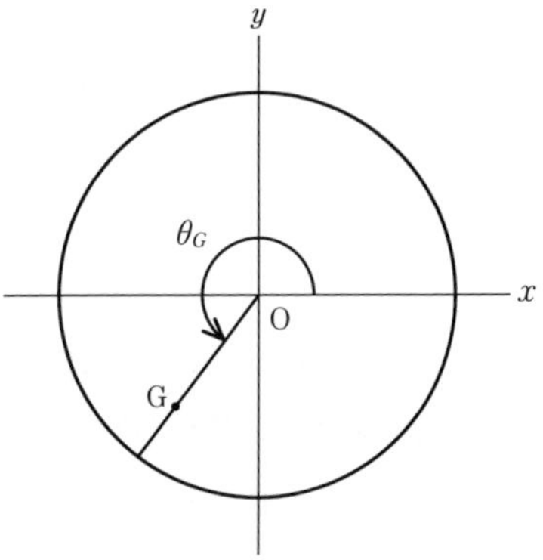


**図 4.7**　地球の自転角

地球局の地理的な位置は，緯度 $\phi$，経度 $\lambda$，高さ $h$ で表される。経度を測る起点は上記の目印 G とされているので，地球局の経度は**図 4.8** のように測る。ここで

$$\tilde{\lambda} = \theta_G + \lambda \tag{4.14}$$

と置けば，これは予測をしたい時刻における地球局の経度を，$x$ 軸から測ったものとして表している。

地球局の緯度と高さを扱うときは，地球の形に注意する。地球は理想的な球

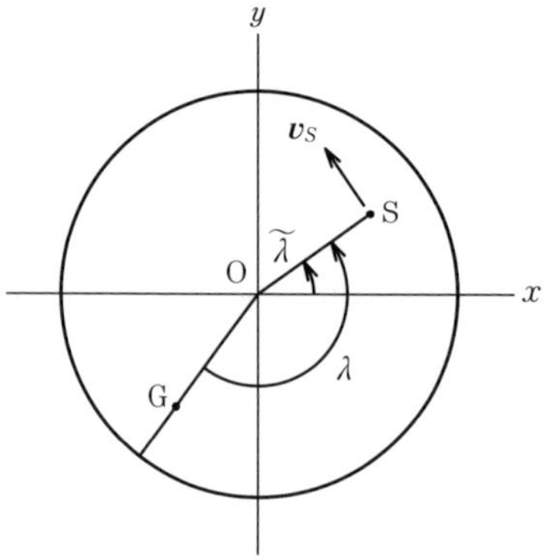


図 4.8　地球局 S の経度を G から測る（$x$-$y$ は地心慣性座標）

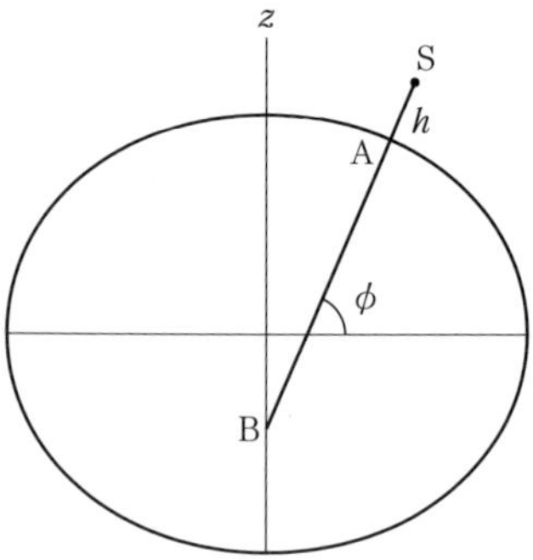


図 4.9　地球局 S の緯度 $\phi$ と高さ $h$

ではなく，南北に少しつぶれて扁平になった楕円体（ellipsoid）の形をもつ。楕円体を基準として，緯度と高さは**図 4.9** のように表される（楕円を誇張した）。地球局 S から楕円体の表面に下した垂線の足を A として，長さ AS を高さ $h$ と定める。垂線が赤道面となす角を，緯度 $\phi$ と定める。垂線と地軸の交点を B とすると，長さ AB は

$$N = \frac{a_E}{\sqrt{1 - e^2 \sin^2 \phi}} \tag{4.15}$$

という値をもつ。ただし $a_E = 6\,378.137$ km は楕円体の赤道半径，$e^2 = 6.694385 \times 10^{-3}$ は楕円の離心率の 2 乗を表す。すると（$\phi$，$\tilde{\lambda}$，$h$）にある地球局の位置は，地心慣性系において

$$x = (N + h)\cos\phi\cos\tilde{\lambda} \tag{4.16}$$

$$y = (N + h)\cos\phi\sin\tilde{\lambda} \tag{4.17}$$

$$z = \{N(1 - e^2) + h\}\sin\phi \tag{4.18}$$

のように表される。こうして表した地球局の位置（$x$，$y$，$z$）を $\boldsymbol{s}$ と置く。

予測をしたい時刻に衛星は，地心慣性系において位置 $\boldsymbol{r}$ にあるとする。地球局から衛星に至る視線を $\boldsymbol{\rho} = \boldsymbol{r} - \boldsymbol{s}$ と置けば，衛星への距離（range）が $\rho = |\boldsymbol{\rho}|$ として予測される。距離の変化率（range rate）を求めるには，あらかじめ地

球局の速度を割り出しておく。図 4.8 において，地球局 S の $z$ 軸からの隔たり，すなわち回転半径を求めてから，地球の自転角速度

$$\omega_E = 0.00417807 \quad \mathrm{deg/s} \tag{4.19}$$

を用いると，地球局の速度 $\boldsymbol{v}_s$ が定まる。すると距離変化率は $\dot{\rho} = (\boldsymbol{v} - \boldsymbol{v}_s) \cdot \boldsymbol{\rho} / \rho$ と予測される。距離変化率は，衛星の電波を受信する際にドプラー効果（Doppler effect）を予測するために用いられるであろう。衛星の方向を知るためには，地球局の地点において東，北，真上をそれぞれ指す単位ベクトル $\boldsymbol{e}$, $\boldsymbol{n}$, $\boldsymbol{u}$ をつくる（**図 4.10** を参照）。単位ベクトルは $\phi$ と $\tilde{\lambda}$ からつぎのように定まる。

$$\boldsymbol{e} = \begin{pmatrix} -\sin\tilde{\lambda} \\ \cos\tilde{\lambda} \\ 0 \end{pmatrix};\ \boldsymbol{n} = \begin{pmatrix} -\sin\phi\cos\tilde{\lambda} \\ -\sin\phi\sin\tilde{\lambda} \\ \cos\phi \end{pmatrix};\ \boldsymbol{u} = \begin{pmatrix} \cos\phi\cos\tilde{\lambda} \\ \cos\phi\sin\tilde{\lambda} \\ \sin\phi \end{pmatrix} \tag{4.20}$$

衛星に至る視線の 3 成分を $l_e = \boldsymbol{\rho} \cdot \boldsymbol{e}$, $l_n = \boldsymbol{\rho} \cdot \boldsymbol{n}$, $l_u = \boldsymbol{\rho} \cdot \boldsymbol{u}$ として求め，さらに水平面成分 $l_h = \sqrt{l_e^2 + l_n^2}$ を求めると，地球局から衛星を見る方位角（azimuth）と仰角（elevation）が，**図 4.11** の関係に従って予測される。

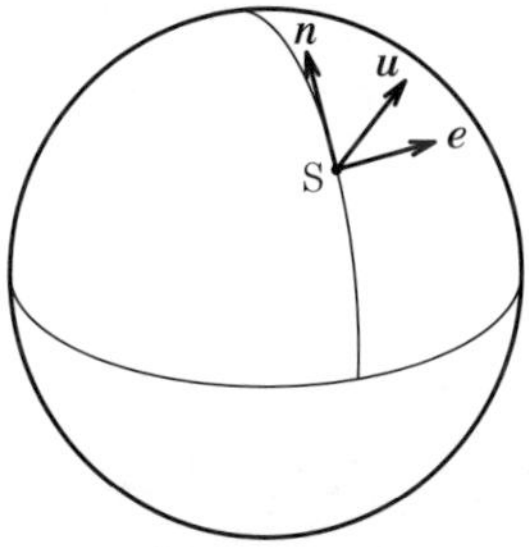


**図 4.10**　地球局 S にて東，北，真上を指す単位ベクトル

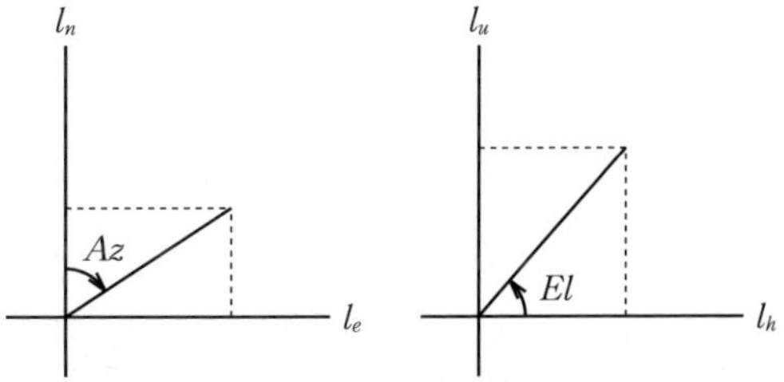


**図 4.11**　方位角 $Az$ と仰角 $El$ を求める

さて，予測をしたい時刻における自転角 $\theta_G$ を知るには，国立天文台が発行する暦象年表を参照する。それはインターネット上に公開され[4]，グリニジ恒星時の項へ行くと，指定した日時における自転角を得られる。注意として，自転角は「グリニジ視恒星時」と「グリニジ平均恒星時」の二つで示される。二

つあるのは細かい定義に関連しているが，違いは±0.005°を超えない。もし予測において，方位角や仰角に求める精度は0.01°程度でよいとすれば，二つのどちらを使っても同じだから，平均恒星時を用いておく。そういう精度でも予測の目的にかなうことは多いであろう。

予測をいろいろな日時について多数行うときに，そのつど年表を参照すると煩わしい。そういうときは，適当な日時を基準時刻$t_0$として，$t_0$における平均恒星時を年表から得て$\theta_G{}^{(0)}$と置く。任意の時刻$t$における恒星時は

$$\theta_G = \omega_E(t - t_0) + \theta_G{}^{(0)} \tag{4.21}$$

のように表せる。ただし$\omega_E$は地球の自転角速度で，その値には式(4.19)を用いてもよいが，もし

$$\omega_E = 0.004178074622295 \quad \mathrm{deg/s} \tag{4.22}$$

を用いるなら$t$と$t_0$は大きく（例えば100年を超えて）離れてもよい。

## 4.4　地球の自転*

4.3節のようにグリニジ恒星時に二つの値があるのは，以下の事情に基づく。

自転角は地心慣性系に立って測るのだが，座標軸が指す向きは時間とともに少しずつ変わることを3.7節で述べた。その変化をどう扱うかに応じて，座標系には平均座標系と真の座標系という区別があった。すると$x$軸についても，「平均座標軸」と「真の座標軸」という区別があることになり，そのどちらから測るかによって$\theta_G$の値に違いが出る。平均座標軸として定めた$x$軸から測る$\theta_G$を，グリニジ平均恒星時という。もしも，平均恒星時の変化率$\dot{\theta}_G$を自転の角速度と見なすなら，それは$x$軸の向きが変わることの影響を含む。その影響を含んだ自転角速度を式(4.22)は与えている。

一方で，真の座標軸として定めた$x$軸から測る$\theta_G$を，グリニジ視恒星時という。真の恒星時といわないで視恒星時というのはなぜか。いま，ある星が視えるはずの方向を予測して，それを望遠鏡でねらう場合を考えよう。もし平均恒星時を用いると，$x$軸の向きが変化していく動きから章動成分を除去してあ

るので，その分が誤差となって，ねらった方向は少しずれる。もし視恒星時を用いれば，地球の自転を正しく表すので，ねらった星を視野の真ん中にとらえられるであろう。視恒星時の「視」とは，視えるとおりという意味を表す。

ならば，グリニジ視恒星時だけを自転角として使えばよさそうなものだが，平均恒星時にも利点があって，例えば式 (4.21) のように直線表現による簡便な扱いができる。

地球局における予測を精度よく行うには，グリニジ視恒星時を自転角として用いる。ところが，軌道の力学に基づいて衛星の位置や速度を算出するときは，結果を J2000 平均座標系で表示することが多い。その場合には座標変換によって，予測を行いたい時刻における真の座標系に移す。それからグリニジ視恒星時を参照して，地球局での予測を行う。衛星の運用管制においては，そういう予測を管制ソフトウェアのなかで行うが，そこでは座標系や恒星時の種別を適切に選んで整合させていることを理解しておきたい。

精度よい予測のためには，ほかにも注意点がある。グリニジ視恒星時はどのように生成するかというと，地球の自転は慣性空間に対して一定の歩度で進むものと仮定して，それに歳差と章動からくる $x$ 軸の向きの変化を加えて理論的に生成する。ところが現実の地球の自転は，角速度がほとんど一定ではあるものの，ごく小さい増減をともなう。その増減は，実際に測らないとわからない。すると理論的に生成した $\theta_G$ に対し，現実には小さい補正を加えることが必要になる。その補正値は DUT1 または $\Delta$UT1 と称して公表され，例えば＋0.3 秒といった値をもつ[5)]。この場合，$\theta_G$ が示す自転を時間で 0.3 秒分先に進めたものが正しい自転角を表す。

以上のように，地球の自転と座標軸とを合わせて適切に扱うと，地球局における予測が正確に得られる[†]。

† 注意として，衛星から来る電波や光は大気を通ると屈折を受けるので，地球局で観測される距離と仰角に少し影響が出る。観測値を正しく予測するには別途，屈折分の補正を要する。

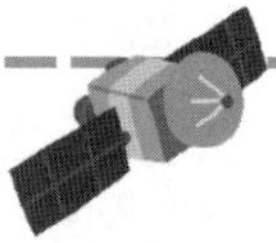

### 自転の進み遅れ*

地球が自転すると，地球の大気も一緒に自転する。もし世界中で強い西風が起きたなら，角運動量の保存則に従って，固体地球の自転角速度は減る。西風が弱まれば固体地球の自転角速度は増す。これは極端な仮定だが，現実に大気の動きは自転の進み遅れに影響を与えている。大気のほかにも未知な要因が加わって，自転の進み遅れを事前に精密に予測するのは難しい。厳密にいうと，いま現在の自転角度は測ってはじめてわかるもので，測った結果が補正値として公表される。

これに対して，自転軸の向きが変わる現象である歳差や章動は，将来まで正しく予測できる。それはなぜだろうか。図 3.14 においてベクトル $\boldsymbol{K}$ に着目すると，その向きが変わっていく原因は，月，惑星，太陽の引力が地球に働いて，$\boldsymbol{K}$ の向きを変えようとするトルクを生じることにある。ベクトル $\boldsymbol{K}$ の長さのうち，大部分は固体地球に由来し，小さい一部が大気に由来するが，合わせた長さ $K$ は一定を保つ。ゆえにトルクのもとでの $\boldsymbol{K}$ のふるまいは正しく予測できる。しかし長さ $K$ のなかに占める大気の分が一定しないことから，上記のように自転の進み遅れが生じることになる。

# 5. 軌道を変える

衛星が推力を発生すると，軌道を変えることができる。変え方は大きく二つに分かれて，一つは軌道のサイズや形を変えるが軌道面は変えない。もう一つは軌道面の向きを変える。具体例として，静止軌道への衛星投入に着目することで，二つの変え方の対照が明らかになるであろう。

## 5.1 軌道を拡げる

衛星を打ち上げる際に，はじめに低い軌道に入れてから，つぎに目標とする高い軌道へ移すという手法をとることがある。それは軌道のサイズを拡げることだから，その行い方を，軌道を変える第一歩として考えよう。

すでに見たとおり，軌道のサイズは式 (3.16) という関係を通じて軌道のエネルギーに結びついていた。したがって軌道のサイズを拡げるとは，軌道のエネルギーを増すことにほかならない。軌道のエネルギーを増すには，衛星に増速を与えることで運動エネルギーを増してやるとよい。それは燃料を費やして与えるのだから，無駄があってはいけない。いま，衛星の速度が $v$ であるところへ，増速 $\Delta v$ を与えるとする（**図 5.1** を参照）。同じ大きさの増速であっても，与える向きによって結果は違う。いまの速度 $v$ と同じ向きに $\Delta v$ を与えるとき，エネルギーの増し高は最も大きい。したがって軌道のサイズを拡げるには，衛星の進行方向に増速を与える。

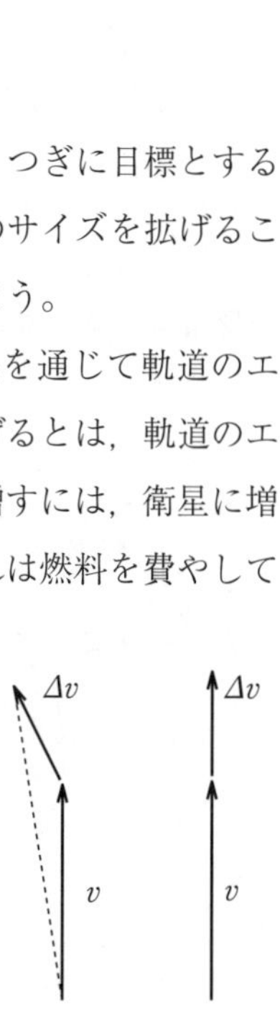

**図 5.1**　増速の与え方

いま，円軌道に衛星があって（**図 5.2** を参照），衛星は点 A を通過したときに進行方向への増速を得たとする。増速のために衛星が推力を発生している時間は十分に短く，よって増速は点 A において瞬時のうちにすまされたと仮定する。増速を化学ロケットによって行うような場合には，この仮定が成り立つとしてよい。さて，増速によって軌道のエネルギーが増すと軌道のサイズは拡がるが，点 A の位置は動くわけにはいかないから，増速後に新しくできる軌道は点 A の反対側のほうへ膨らんで，楕円をなす。その楕円軌道の遠地点 B は，地心を挟んで増速点 A のちょうど反対側にできる。遠地点が反対側にできることは楕円の対称性から推察されるが，このことをもう少し掘り下げて考察しよう。

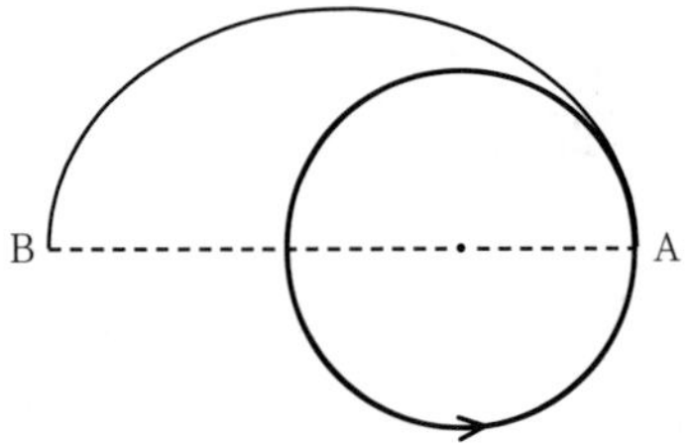


**図 5.2**　増速によってできる軌道

**図 5.3** において，円軌道にあった衛星が，点 A で増速された後に速度 $V$ をもったとする。その速度 $V$ の方向が，もとの進行方向であった点線からそれているとどうなるだろうか。新しくできた軌道には副焦点 G がある。長さ GA ＋AF は軌道の長径に等しく，長径の長さは軌道のエネルギーに対応して定まっている。ここで楕円の性質に関して，図 1.6 で見た焦点と光線の関係を思い起こす。すると図 5.3 において，光線 FA は，点 A でベクトル $V$ の線が鏡であるかのように反射して，光線 AG

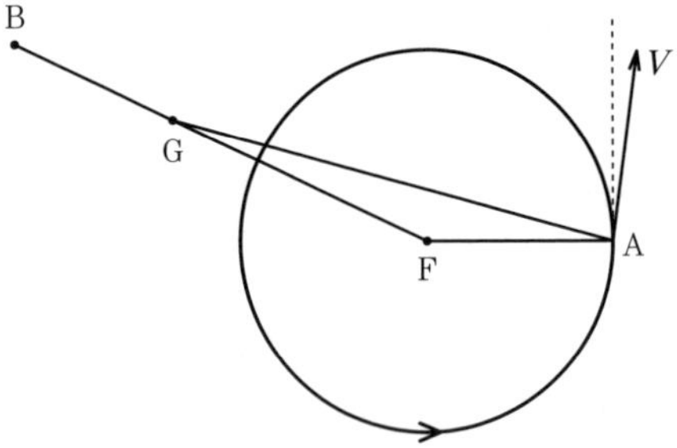


**図 5.3**　遠地点はどこにできるか

になる†。この関係によってGの位置が定まり，FとGを結ぶ軸上に遠地点Bができる。もしも速度$V$の方向が点線に一致していたなら，遠地点Bは増速点Aの反対側にできて，増速点Aは近地点になる。増速を進行方向に正しく与えることは，エネルギーを無駄なく増すとともに，遠地点のできる位置を正しく定めるための要件にもなっている。

## 5.2　待機軌道と移行軌道

**図5.4**において，半径$r$の円軌道に衛星があるとする。この軌道は，まだ低い高度にあって，これからもっと高い軌道を目指すために待機していると見なすとき，待機軌道（parking orbit）という。軌道の周期を$P$とすると，軌道上の速度$v$は

$$v=\frac{2\pi r}{P} \tag{5.1}$$

として定まる。周期$P$をケプラーの第3法則を表す式 (2.30) で表すと，速度は

$$v=\sqrt{\frac{\mu}{r}} \tag{5.2}$$

という値をもつ。

待機軌道の点Aにおいて，衛星は速度$V$に増速されて楕円軌道に移行する。その移行軌道は，遠地点において，目標に定める動径$R$に届いてほしいとした場合，それには増速がどれだけ必要とされるだろうか。移行軌道は$2a=R+r$という長径をもつから，軌道のエネルギーは式 (3.16) によって

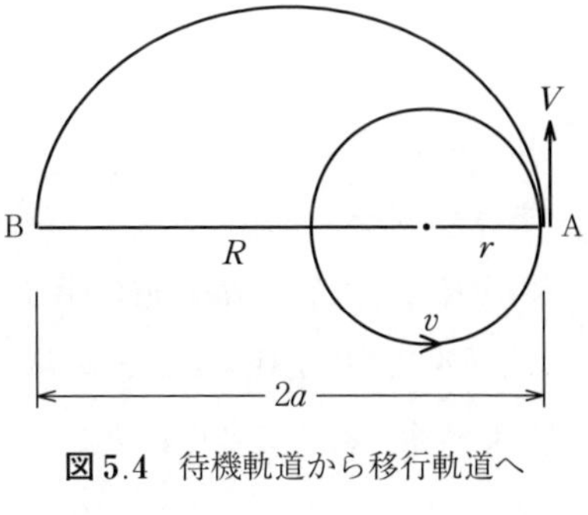


**図5.4**　待機軌道から移行軌道へ

† なぜならベクトル$V$は点Aにおける新しい軌道の接線だから。

$$E=-\frac{\mu}{2a}=-\frac{\mu}{R+r} \tag{5.3}$$

に等しい。このエネルギーから，点 A での位置エネルギーを差し引くと，運動エネルギーが

$$\frac{V^2}{2}=E-\left(-\frac{\mu}{r}\right)=-\frac{\mu}{R+r}+\frac{\mu}{r}=\frac{R}{R+r}\frac{\mu}{r} \tag{5.4}$$

のように算出される。さらに式 (5.2) を用いると，算出は

$$\frac{V^2}{2}=\frac{R}{R+r}v^2 \tag{5.5}$$

となる。この式は，点 A で増速した後に運動エネルギーがどういう値になってほしいかを示している。式を書き換えて

$$\frac{V}{v}=\sqrt{\frac{2R}{R+r}} \tag{5.6}$$

とすると，この比率 $V/v$ が，必要とされる増速の与え方を定める。

さて，衛星が遠地点 B に達したときの速度を $V_B$ と置けば，角運動量が点 A と点 B とで等しいという保存関係を

$$rV=RV_B \tag{5.7}$$

のように書ける。よって遠地点での速度は

$$V_B=\frac{r}{R}V \tag{5.8}$$

として定まる。

まとめると，軌道のサイズの拡げ方が関係式 (5.6), (5.8) によって示された。注意として，待機軌道の半径 $r$ に比べて目標動径 $R$ のほうが小さい場合でも，同じ関係が使える。その場合，比 $V/v$ は 1 より小さくなって，増速ではなく減速であることを表す。

図 5.4 において，移行後の楕円軌道は点 A で待機軌道と接している。つまり二つの曲線が点 A で接しているが，それはどういう接し方であろうか。楕円軌道が点 A において示す曲がり方は，待機軌道の曲がり方よりも緩いように見える。曲がり方を正しく表すには曲率円（circle of curvature）を用いると

よい。楕円軌道が近地点において有する曲率円を，**図 5.5** に描いた。近地点 A における曲率円の半径，つまり曲率半径（radius of curvature）は，楕円の公式から

$$\rho = a(1-e^2) \tag{5.9}$$

という大きさをもつ。ただし $e$ は離心率で，いま考えているケースでは

$$e = \frac{R-r}{R+r} \tag{5.10}$$

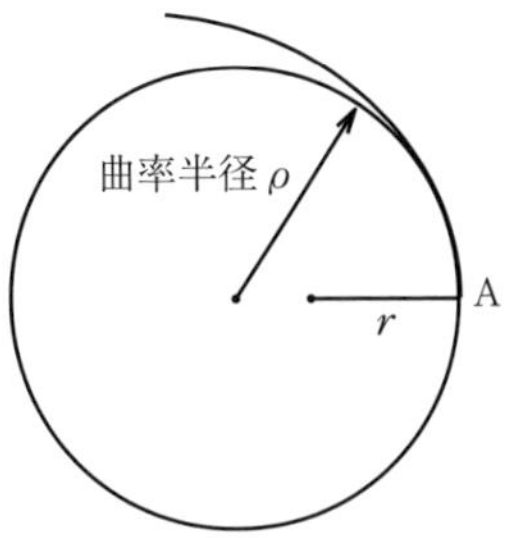


**図 5.5**　楕円の近地点 A における曲率円

のように定まっている。待機軌道の半径 $r$ は，楕円軌道の近地点動径に等しいから

$$r = a(1-e) \tag{5.11}$$

で表せる。よって式 (5.9) と式 (5.11) を比べると，$\rho$ のほうが $r$ よりも $1+e$ という倍率で大きい。その倍率の分だけ楕円のほうが，もとの待機軌道よりも曲がり方が緩くなっている。これは力学からいえば自然なことであって，衛星は楕円軌道に入るときに点 A で増速を受けたのだから，その分勢いを得て，地球の引力に縛られる度合いが減った。それに応じて軌道の曲がり方も減ったと解釈される。注意として必ず $\rho > r$ だから，待機軌道が楕円の曲率円に一致することはない。

もし増速比 $V/v$ を決まった値として与えたとすると，遠地点での動径 $R$ はどう定まるだろうか。その答は，式 (5.6) をつぎのように書き直すとわかる。

$$R = \frac{r}{2\left(\dfrac{v}{V}\right)^2 - 1} \tag{5.12}$$

増速比 $V/v$ を増すにつれて，遠地点動径は大きくなっていく。ともなっていろいろな移行軌道ができる様子を**図 5.6** に示した。

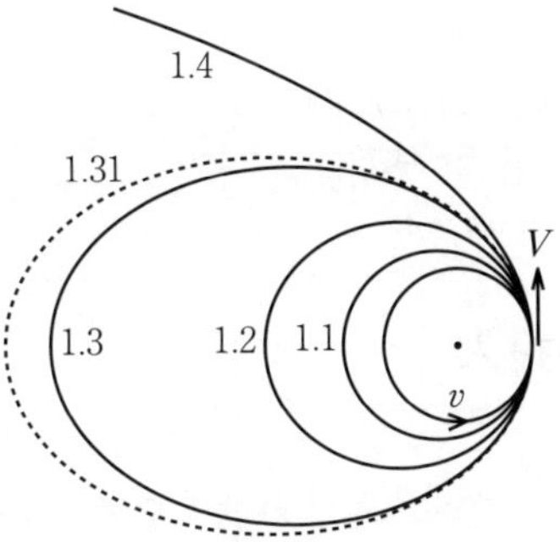


**図 5.6**　移行軌道のでき方
（増速比 $V/v$ を数字で示す）

増速比 $V/v$ が大きくなって $\sqrt{2}$ に近づくと，式 (5.12) によれば遠地点動径 $R$ が限りなく増大する。軌道の長半径は限りなく増大し，よって周期も限りなく長くなる。遠地点へ向かった衛星は，時間が経っても戻ってこない。離れていった衛星を，地球の引力は引き戻せなくなってしまう。では，引き戻せなくなるときの増速比は，なぜ $\sqrt{2}$ なのだろうか。

軌道のエネルギーは，運動エネルギーと位置エネルギーの合計であった。その内訳を円軌道について描くと**図 5.7** のようになる。位置エネルギー $U$ はマイナス側へ落ち込んでいて，その落ち込みに，運動エネルギー $K$ がプラスされて合計エネルギー $E$ になる。プラス分である $K$ は，落ち込みのちょうど半分に等しい。もし速度が $\sqrt{2}$ 倍になれば，$K$ は 2 倍になるので，合計した $E$ は 0 になる。もし $E=0$ なら，距離 $r$ が大きいところでは $K$ が 0 になって衛星は動かなくなるから，待っても戻らない。もし合計 $E$ がもっと増してプラスの値になれば，衛星は遠く離れてもなお遠ざかる速度をもつ。そうなれば，衛星は地球の引力から完全に脱出したといえる。

脱出する軌道については改めて 8 章で扱う。

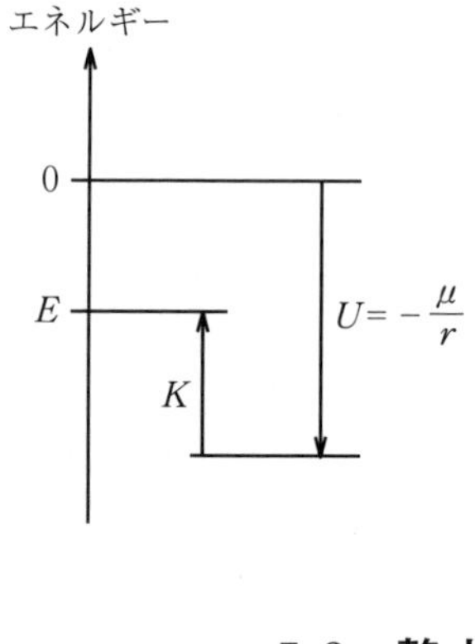


**図 5.7**　円軌道のエネルギー内訳
（合計エネルギーは $E=-\mu/(2r)$）

## 5.3　静止軌道への投入

軌道を変えることの見やすい例として，静止軌道への衛星の投入を考えよう。静止軌道（geostationary orbit）とは，円軌道の一種であって，地球が自転する周期と同じ周期をもつようにした軌道をいう。ただし軌道面は赤道面に一致させておく。この軌道にある衛星は，地球の自転と同一の歩調で1日に1回，軌道をまわる。そういう衛星を地上から見れば，見える方向はいつも天空の決まった一点にあって静止しているように見える。衛星にアンテナを向けて固定しておけば，いつでも衛星と電波を送受信できるから通信や放送にたいへん都合がよい。また気象の観測でも，地球の決まった領域をつねに同じ方向から連続して見られるので，台風の進路を監視するなど貴重な観測拠点をなす。

静止軌道の半径は，ケプラーの第3法則を表す式 (2.30) から定まる。地球は慣性空間に対して周期 86 164.1 秒で自転するから，この周期を軌道の周期として与えると，半径は 42 164.2 km と定まる。

静止軌道へ向かうコースを**図 5.8** に描く。打ち上げられた衛星が，まず待機軌道である地上高 300 km の円軌道に入ったとする。地球半径 6 378 km に地上高を足すと，待機軌道は

$$r = 6\,678 \quad \mathrm{km} \tag{5.13}$$

という半径をもつ。対応して軌道速度は，式 (5.2) から

$$v = 7.73 \quad \mathrm{km/s} \tag{5.14}$$

と定まる。待機軌道の点 A で移行軌道に入る際に，目標とする遠地点動径 $R$ を，静止軌道の半径である

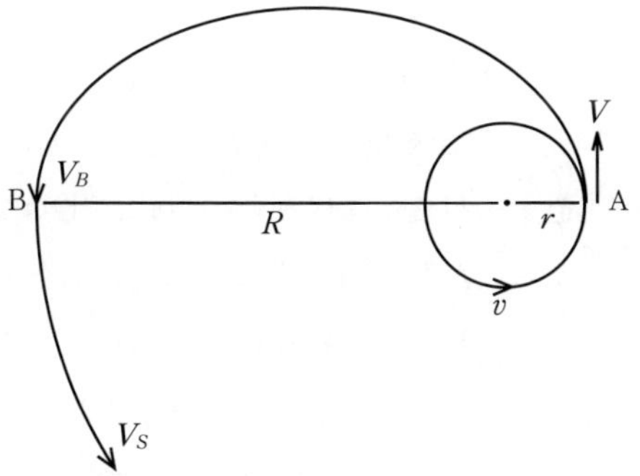


**図 5.8**　静止軌道への投入コース

$$R = 42\,164.2 \quad \text{km} \tag{5.15}$$

に置く。すると点Aでの増速比は，式 (5.6) によって $V/v = 1.31$ と定まる。増速後の速度は

$$V = 10.2 \quad \text{km/s} \tag{5.16}$$

になるので，増加分は式 (5.14), (5.16) から

$$V - v = 2.5 \quad \text{km/s} \tag{5.17}$$

に等しい。こうして定まる移行軌道を，静止移行軌道（geostationary transfer orbit：GTO）という。この軌道の離心率は式 (5.10) から $e = 0.727$ となる。図 5.6 には静止移行軌道を点線で示した。

移行軌道の遠地点Bにおける速度は，式 (5.8) から

$$V_B = 1.61 \quad \text{km/s} \tag{5.18}$$

と定まる。静止軌道は円軌道だから，その軌道速度は式 (5.2) により

$$V_S = 3.07 \quad \text{km/s} \tag{5.19}$$

でなければならない。だから遠地点ではもう一度，増速をする必要があり，増加分は式 (5.18), (5.19) から

$$V_S - V_B = 1.46 \quad \text{km/s} \tag{5.20}$$

に等しい。

以上をまとめると，待機軌道にある衛星は，式 (5.17), (5.20) に示した2回の増速を行うことにより，移行軌道を経て静止軌道に入る。

さて図5.8において，点Bで静止軌道に入った後には，軌道を微調整する作業が残っている。軌道の半径を静止半径 $R$ よりも少し小さめ，または大きめにすると，衛星が軌道をまわる歩調は地球の自転に比べて少し速く，または遅くなる。すると地球から見た衛星の位置は，赤道の上空を徐々に東へ，または西へドリフトしていく。もし日本の気象衛星であれば，衛星の位置は日本のちょうど南にあってほしい。そのような目標位置に来るまでドリフトをさせてから，最終的に軌道半径を調整して静止半径に一致させると，衛星は目標とした位置に落ち着く。

## 5.4 ホーマン移行

待機軌道から静止軌道への移り方について述べたことを一般化すると，以下のように表現できる。

**図 5.9** において，同じ面上に円軌道が二つあるとする。軌道から軌道へ移行するためには，両方の円に接するような楕円を移行軌道に選んで，接点であるAとBにおいて進行方向に沿った増速を行う。このような軌道移行をホーマン移行（Hohmann transfer）という（ホーマン，Walter Hohmann，1880-1945）。ホーマン移行によれば，増速を軌道進行方向に与えるので，先に述べたとおり軌道のエネルギーを増すうえで無駄がない。待機軌道から静止軌道への投入はホーマン移行の一例であったが，反対に大きい円軌道から小さい円軌道へサイズを縮める場合にも，2回の減速によるホーマン移行が適用される。静止軌道への投入の最終段階では，軌道の半径を調整する必要があったが，それはホーマン移行において軌道AとBの半径が近い場合に相当する。

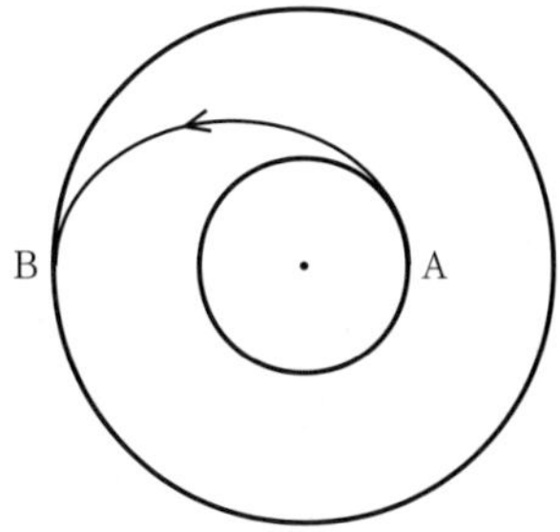


**図 5.9** ホーマン軌道移行

ホーマン移行とは違って，例えば**図 5.10** に描くように，AとBでは進行方向と違う向きに増速を与えて移行することも考えられる。移行を短時間ですませたい場合，そういう移行が候補になりうるが，軌道のエネルギーを増すうえ

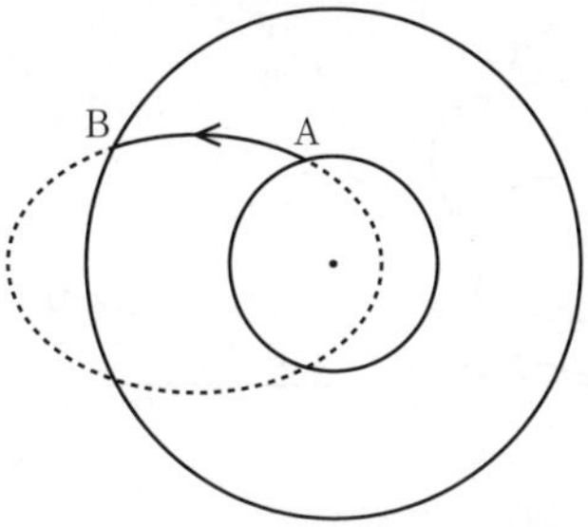


**図 5.10** 非ホーマン軌道移行

では無駄がある分，燃料を多く費やすことになる。

さらに考え方を一般化して拡げると，**図 5.11** に描くように，任意の軌道 A と軌道 B が交差している場合の移行が思い浮かぶ。交差点 P における A と B の軌道速度を $\boldsymbol{v}_A$，$\boldsymbol{v}_B$ とすると，$\Delta\boldsymbol{v}=\boldsymbol{v}_B-\boldsymbol{v}_A$ という速度変化を与えるなら理論上は軌道 A から軌道 B への移行ができる。しかし現実的には，軌道 A と軌道 B で衛星を働かせたいのなら，衛星を二つ用意してそれぞれの軌道に配備してはどうか，という議論になるであろう。

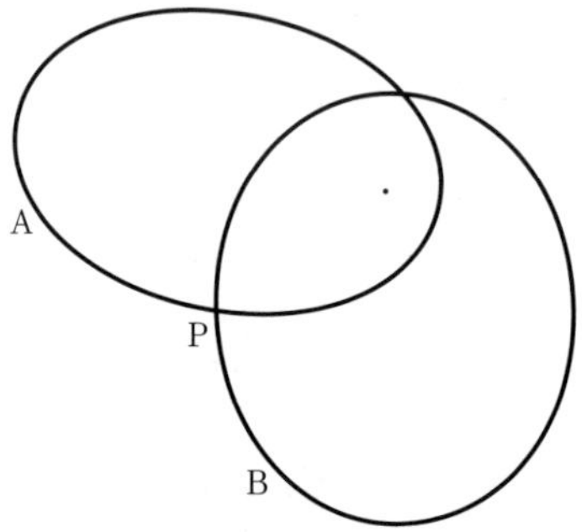


**図 5.11**　一般的な軌道移行

## 5.5　軌道面を変える

ここまでは，一つの平面のなかで軌道のサイズや形を変えることを問題としてきた。それとは別に，軌道面の向きを変えるにはどうするか，という問題がある。

**図 5.12** に，二つの円軌道（A と B）が別々の軌道面にある場合を描いた。

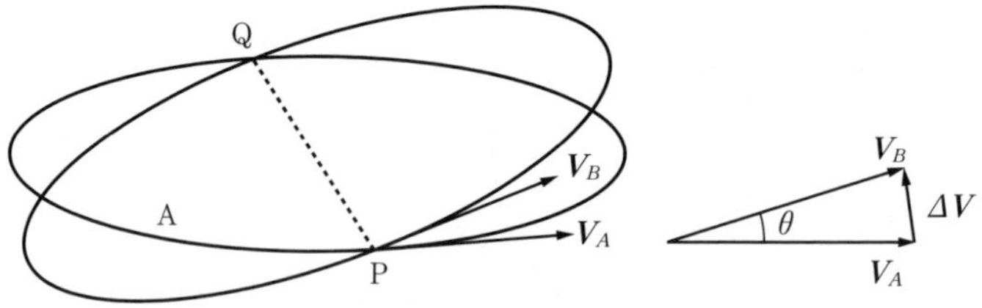


**図 5.12**　軌道面を変える

二つの軌道は半径が同じで，軌道面は直線PQで交差している。交差点Pにおいて A と B の軌道速度はそれぞれ $\boldsymbol{V}_A$，$\boldsymbol{V}_B$ であるとすると，$\Delta\boldsymbol{V}=\boldsymbol{V}_B-\boldsymbol{V}_A$ という速度の変化を点Pで与えることによって軌道は A から B へ移り，結果として軌道面の向きが変わる。軌道面の向きを角度 $\theta$ だけ変えたいとすると，それに必要な $\Delta V$ の大きさは図示のベクトル関係から幾何学的に決まる。変えたい角度 $\theta$ が同じであっても，軌道速度が大きければ比例して必要 $\Delta V$ も大きい。したがって半径が小さい軌道では向きを変えるための必要 $\Delta V$ が大きい。もし A と B が楕円軌道で，P と Q は近地点と遠地点であるとすると，遠地点で速度変化を与えるほうが必要 $\Delta V$ は小さい。

いま，衛星が円軌道にあって軌道速度 $V$ をもつとしよう。衛星の進行方向に $0.414V$ という大きさの増速を与えると，衛星は無限遠に行ってしまう。そして二度と戻って来ないのだから，これは劇的な変化を軌道に与えたといってよい。一方，同じ円軌道において，同じ大きさの増速を，図5.12での $\Delta\boldsymbol{V}$ として与えたとすると，軌道面の向きが変わる $\theta$ は24°に満たない。もしも軌道面の向きが，例えば90°ないし180°まで変われば劇的といえようが，それには遠く及ばない。概念的にとらえるなら，軌道面の向きを変えるためには大きい $\Delta V$ が必要だといえる。

定性的には以下のような議論ができよう。3.2節で見たとおり，軌道は角運動量をもつ。角運動量は軌道面に属すると考えると，軌道面は一種のジャイロスコープと見なせる。ジャイロスコープは，少々の外力を受けても軸の指す向きは変えないで一定に保とうとする性質をもつ。同様に軌道面も，面の向きを一定に保とうとする性質をもつと考えられる。そういう面の向きを変えようとすれば，相応な働きを要求されて，それが $\Delta V$ の必要量となって現れる。軌道面の向きを変えるのは消耗的な作業といってもよいであろう。

## 5.6　静止投入と軌道傾斜

軌道面の向きを変えるには大きい $\Delta V$ が必要で，それは燃料の消耗につながるものだから，衛星の打ち上げ後に軌道面の向きを変えることはできるだけ避けたい。ところが静止軌道への投入においては一般的に，面の向きを変えることがどうしても必要になる。

衛星を打ち上げる射場が，もしも赤道から離れていると，衛星を投入した軌道面は赤道面に対して傾斜をもつ。その状況を**図 5.13** に描いた。図では射場 L の位置が，地球の縁に見えるように側面図として描いている。射場から真東に向けて打ち上げたなら，衛星が投入される軌道面は射場の緯度に等しい傾斜角 $i$ をもつ†。もし打ち上げ方向が真東でなければ，傾斜角はもっと大きくなるであろう。

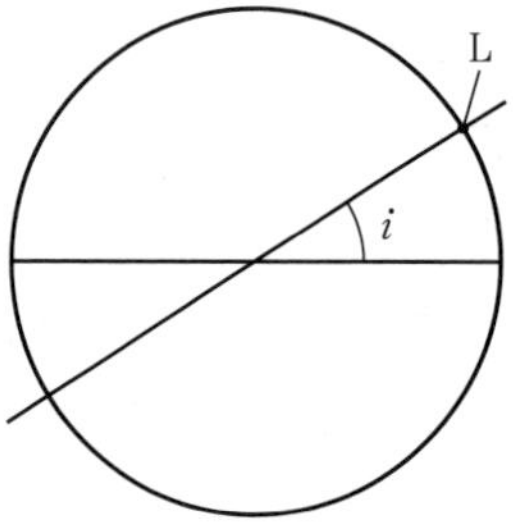


**図 5.13**　打ち上げ地点 L と軌道傾斜角 $i$

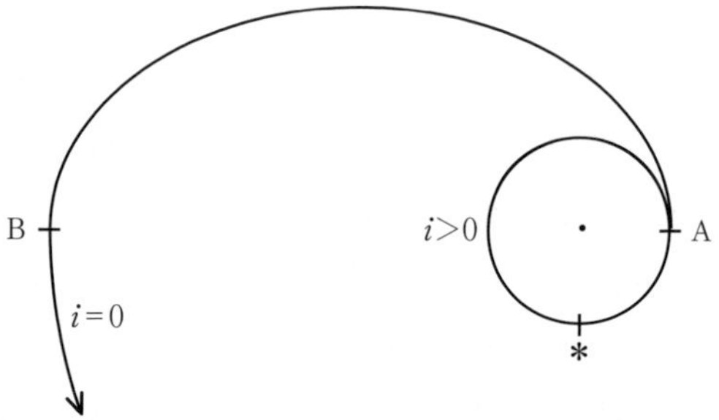


**図 5.14**　軌道傾斜があるときの静止軌道投入

打ち上げ後のコースを模式的に**図 5.14** のように描くと，待機軌道は傾斜角をもつが，静止軌道は傾斜していない。したがってコースのどこかで軌道面の向きを変える必要があるが，標準的には以下のように行う。衛星は図中の点＊で待機軌道に入った後，赤道面を横切る点 A で移行軌道に入るが，この時点では傾斜角を変えない。移行軌道は遠地点 B において再び赤道面を横切るが，この点 B において軌道の傾斜角を 0 に変える。傾斜角を変える機会は A と B にあるが，2 点を比べると軌道速度が小さいのは遠地点のほうだから B を選ぶ。遠地点 B で必要とされる増速 $\varDelta V$ は，**図 5.15** に示すベクトル合成の関係

† 厳密にいうと，射場の緯度は図 4.9 に示す $\phi$ で測る。傾斜角 $i$ は地心まわりに測るので，$\phi$ と $i$ には差が生じるが，差は最大で 0.2° を超えない。

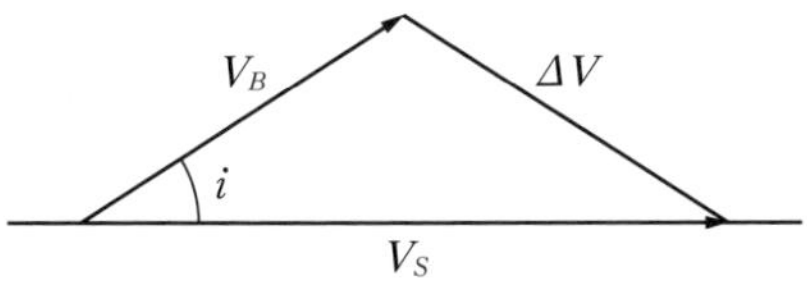


**図 5.15** 遠地点における $\Delta V$ と傾斜角の関係

から定まる。静止軌道の速度 $V_S$ と，点 B に達したときの速度 $V_B$ は向きが角度 $i$ だけ違う。それにともない，必要な $\Delta V$ は式 (5.20) に比べて増加する。そして増加した分が，傾斜角を 0 にするために費やされる。傾斜角 $i$ が大きいほど，つまり打ち上げ地点の緯度が高いほど，$\Delta V$ の増加が著しい。

上記の事情により，静止軌道へ向かうための打ち上げ射場は，赤道の近くにあることが望ましい。欧州が用いる射場は北緯 5° にあって，図 5.15 での $i$ が 5° に留まるから良好な立地といえる。射場が赤道上にあれば理想的だが，実際にも赤道の海上に浮体式の発射台を設けて，傾斜角を最初から 0 にした打ち上げが実施されたことがある。

遠地点で必要な $\Delta V$ については，減らす方策がないわけではない。一つの方策を**図 5.16** に示す。移行軌道の遠地点 B を，静止軌道よりも高いところに設けて，その遠地点で傾斜角を 0 に変える。遠地点が高い位置にあれば，軌道速度が小さくなるから軌道面を変える $\Delta V$ も少なくすむ。その後，もう一つの移行軌道を経て，点 C での減速によって静止軌道に入る。この方策によれば，点 A での増速を多めに要するほか，点 C での減速が追加で必要になるが，それを上回る節減を点 B で得たなら，全体では $\Delta V$ を節減したことになる。

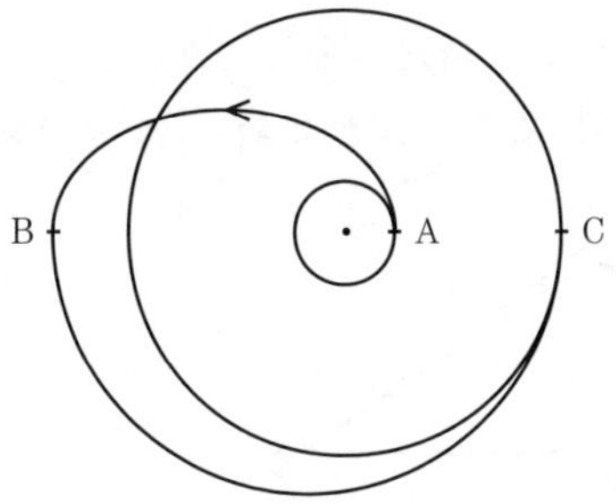


**図 5.16** 静止軌道投入の別コース

## 5.7　軌道面変更の配分*

図5.14に即した議論では，軌道の傾斜角を0にする作業をすべて遠地点Bで行うものとした。その議論には若干の修正がともなう。同図の点Aにおいて，傾斜角を変えないまま移行軌道に入るとすると，増速の与え方は**図5.17**にてケース(1)のようであった。ここで方針をかえて，傾斜角を$\alpha$だけ減らすことを意図して，ケース(2)のように増速$\Delta v$を与えたとしよう。増速後にもつべき速度の大きさは式(5.16)に従い(1)でも(2)でも同じだから，与えるべき$\Delta v$はケース(2)のほうが大きくなる。

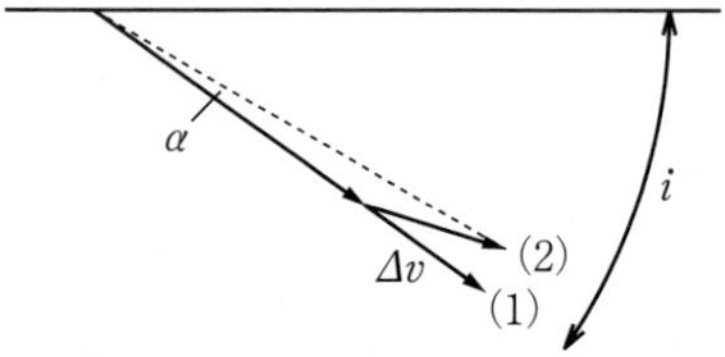


**図5.17**　近地点で傾斜角$i$を$\alpha$だけ減らす

つぎに図5.14の点Bにおいて，傾斜角を0にもっていく場面を考えると，**図5.18**に描くように，ケース(2)では傾斜角がすでに角度$\alpha$だけ減っているから，ケース(1)に比べると必要な$\Delta V$が小さい。点Aで$\Delta v$が大きくなる分は$\alpha^2$に比例するが，点Bで$\Delta V$が小さくなる分は$\alpha$に比例する。よって角度$\alpha$を適切に選ぶなら，点Aと点Bで合計した増速の必要量$\Delta v+\Delta V$を減らすことができる。いい換えると傾斜角を0にもっていく作業は，すべてを遠地点

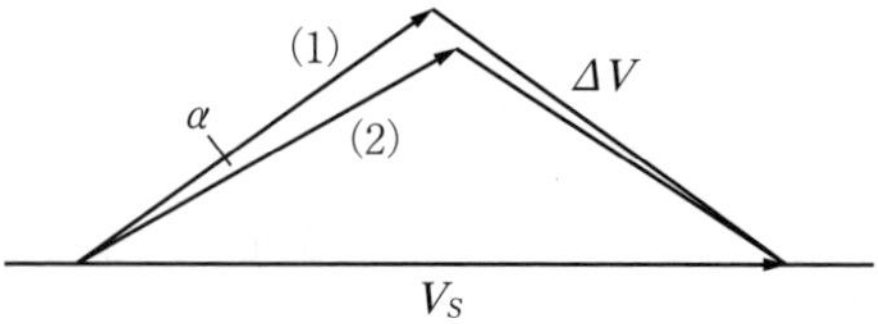


**図5.18**　遠地点での$\Delta V$節減

で行うのが最良というわけではなく，一部を近地点側にも配分するのがよい。この議論は，図 5.16 の点 A と点 B についても同様に成り立つ。

しかしながら，結果として選ぶべき角度 $\alpha$ は大きくないし，合計の増速量の減り高も大きいものではない。概念的にいうなら，軌道面は遠地点で変えるものとしてよい。

**楕円軌道からの脱出**

楕円軌道に衛星があって，軌道のどこか一点で増速を与えて地球から脱出させたいとする。増速を与える点は軌道のどこに選ぶのがよいだろうか。衛星が軌道のどこにいても軌道のエネルギーは変わらない。だから，脱出のために衛星に与えるべき運動エネルギーの追加分は，軌道上の位置に依存しない。これだけを見れば，増速点をどこに選んでも同じと思われよう。ところが別の事情によって，増速点の選び方には違いが現れる。

いま，衛星の速度が $v$ なら，運動エネルギーは $K_1 = v^2/2$ に等しい。増速 $\Delta v$ を与えると運動エネルギーは $K_2 = (v + \Delta v)^2/2$ になるから，運動エネルギーの増し高は $K_2 - K_1 = v\Delta v + (\Delta v)^2/2$ に等しい。すると同じ増速 $\Delta v$ を与えたとしても，いまの速度 $v$ が大きいほどエネルギーの増し高は大きい。

軌道上で速度が最大になるのは近地点だから，近地点において増速を与えることにすれば，最も少ない増速によって脱出ができる。実際に，楕円軌道でしばらく待機した後，近地点での増速で脱出して遠方の天体に向かった探査機が過去にあった。

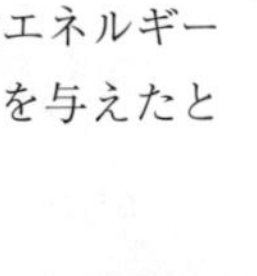

# 6. 軌 道 の 摂 動

衛星が推力を発生しなくても，軌道は少しずつ変わっていく。それは衛星には外乱的な力が働くからで，どの衛星も外乱からは逃れられない。軌道が勝手に変わるのは好ましくないが，なかには変化を巧みに利用する衛星がある。ここでは代表的な外乱に着目して，軌道に生じる変化を調べる。

## 6.1 軌 道 を 乱 す 力

ケプラーの法則に従う軌道には，幾何学的な不変性があった。軌道のサイズと形，楕円軸の向き，そして軌道面の向きはどれも時間が経過しても変わらない。しかしながらその不変性は，軌道のありようを理想化したものであって，現実の衛星の軌道は理想から少し違うことに目を向けなければならない。

ケプラーの法則に従って動く衛星は，地球から

$$g=\frac{\mu}{r^2} \tag{6.1}$$

という大きさの引力を受ける。$r$ は動径で，力の向きは地球の中心を指す。地心に対する衛星位置を $\boldsymbol{r}$ とすると，地心を指す単位ベクトルは $\boldsymbol{u}=-\boldsymbol{r}/r$ だから，方向を含めた力は

$$\boldsymbol{g}(\boldsymbol{r})=-\frac{\mu}{r^3}\boldsymbol{r} \tag{6.2}$$

と表せる。衛星の運動方程式は

$$\ddot{\boldsymbol{r}}=\boldsymbol{g}(\boldsymbol{r}) \tag{6.3}$$

となって，その解がケプラーの法則を表す。

さて式 (6.2) が表す引力は，地球の質量分布が理想的に球対称であるときに生じるものであった。現実の地球は，理想的な球対称から少しだけ外れている。その外れにともない，式 (6.2) の右辺には小さい補正項がつく。位置 $\boldsymbol{r}$ における補正項を $\boldsymbol{\alpha}(\boldsymbol{r})$ と置けば，運動方程式は

$$\ddot{\boldsymbol{r}} = \boldsymbol{g}(\boldsymbol{r}) + \boldsymbol{\alpha}(\boldsymbol{r}) \tag{6.4}$$

のようになる。すると $\boldsymbol{r}$ の動きはケプラーの法則から外れるであろう。ケプラー則から外れることを「軌道が乱れる」ととらえるなら，$\boldsymbol{\alpha}(\boldsymbol{r})$ は軌道を乱す力と見なされる。

乱す力はほかにもあって，例えば衛星が数百 km の高度にあれば，空気がわずかに存在するので衛星には空気抵抗（atmospheric drag）が働く。この場合，乱す力は衛星の速度にも依存するので $\boldsymbol{\alpha}(\boldsymbol{r}, \boldsymbol{v})$ という形に表される。

理想的な引力 $\boldsymbol{g}(\boldsymbol{r})$ に比べると，乱す力 $\boldsymbol{\alpha}$ は小さい。方程式 (6.3) の解と方程式 (6.4) の解を比べると，違いは大きくはないであろう。このように，小さい $\boldsymbol{\alpha}$ にともなって解 $\boldsymbol{r}$ に生じてくる小さい変化を，摂動（perturbation）という。解 $\boldsymbol{r}$ が表す動きをケプラー軌道要素で表したとすると，理想的には不変なはずの軌道要素が，摂動によって小さく変化するように見えるであろう。

衛星が推力を発生して，軌道のサイズや形を顕著に変えるとき，それを摂動とはいわない。同じ推力でも，例えばガスジェットのガスが少し漏れて小さい力を生じ続けたため，しばらくしたら軌道が少しずれていた，といった場合は摂動に該当する。

力 $\boldsymbol{\alpha}$ によってどのような摂動が生じるか，それは方程式 (6.4) を解けばわかる。理論的に解けるなら望ましいが，それは簡単ではないことが多い。理論的に解けないときは数値演算を用いて解く。演算とは力の作用を時間軸上で積算するもので，数値積分（numerical integration）という。衛星の軌道を精度よく扱うためには摂動の発生を知ることが必要で，特に，4 章で扱った軌道の予測では，摂動を適切に考慮することが予測の精度に結びつく。

以下の各論では，軌道を乱す力として代表的なものを取り上げて，摂動がどのように生じるか論じる。しばしば数値積分を用いるが，その演算手順は付録

Cに示した。

## 6.2 空気抵抗

衛星が円軌道にあって，空気抵抗を受けるときの軌道の変化を調べよう。断面積 $A$ の衛星が，密度 $\rho$ の空気のなかを速度 $v$ で動いているとする。その断面は，1秒間に距離 $v$ を進むあいだに，$\rho Av$ という質量の空気を押して速度 $v$ を与える。よって1秒間に $\rho Av^2$ という運動量を空気に与えるので，反作用として受ける力，つまり抵抗は

$$\alpha = \rho A v^2 \tag{6.5}$$

に等しい。ただしここでは単純化のため，衛星の形は平板状で，速度方向に垂直な姿勢にあるとした。現実には抵抗の生じ方は，衛星の形状や姿勢に依存するであろう。

さて質量 $m$ の衛星が半径 $r$ の円軌道にあれば，衛星は式 (3.16) によって

$$E = -\frac{\mu}{2r} m \tag{6.6}$$

というエネルギーをもつ。衛星が抵抗 $\alpha$ を受けていると，1秒間に $\Delta E = \alpha v$ というエネルギーが失われる。すると式 (6.6) によれば，半径 $r$ は1秒間につぎの量だけ減る。

$$\Delta r = \frac{2r^2}{\mu m} \Delta E = \frac{2r^2}{\mu m} \alpha v = \frac{2r^2}{\mu m} \rho A v^3 \tag{6.7}$$

衛星の軌道速度は $v = \sqrt{\mu / r}$ だから，軌道半径の毎秒の減り高は

$$\Delta r = \frac{2\rho A}{m} \sqrt{\mu r} \tag{6.8}$$

に等しい。

国際宇宙ステーション（ISS）を例にとり，概略値として断面積 $A = 1\,600$ m$^2$，質量 $m = 400$ t とする。高度を 400 km とすれば，軌道半径は $r = 6\,778$ km で，そこでは空気密度が $\rho = 2.8 \times 10^{-12}$ kg/m$^3$ となる[6]。地球の重力定数 $\mu = 398\,600$ km$^3$/s$^2$ を用いると，半径の減り高，つまり高度の低下は1か月当り3

kmの割合になる。実際にISSでは1年に数回，低下した高度をもとに戻す作業を行う。その作業では，進行方向に増速を与えることで失われたエネルギーを回復する。

衛星が楕円軌道にあるときは，高度の低下はどうなるだろうか。空気の密度は地上からの高さが増すにつれて急に小さくなる。軌道を1周するあいだを考えると，近地点の付近において密度は最も大きくなって強い抵抗が働く。その抵抗が引き起こす減速によって，遠地点の高度は下がる。一方，遠地点の付近では空気密度が小さいから抵抗は弱く，したがって近地点の高度が下がる度合いも少ない。近地点と遠地点を比べるなら，遠地点のほうがより顕著に高度の低下を見せるであろう。

そのような経過を理論的に解くのは難しいので，数値積分によって軌道の変化を再現した例を**図6.1**に示す。はじめに衛星は長半径6 728 km，離心率0.01の軌道にあったとして，遠地点と近地点の高度が経過日数とともに変わっていく様子を示した。空気の密度分布はU. S. 標準大気[6]を参照し，高度200 kmよりも上層のデータを曲線近似して用いた。衛星の断面積と質量の比（$A/m$）は$0.02\,\mathrm{m^2/kg}$としている。図に見るとおり，変わり方は遠地点のほうが大きく，遠地点は高度を少しずつ下げて近地点に近づいていく。つまり空気抵抗の作用によって軌道は円軌道に近づいていく。そしてほぼ円軌道になった後，高度は急に下がって，衛星は落下する。

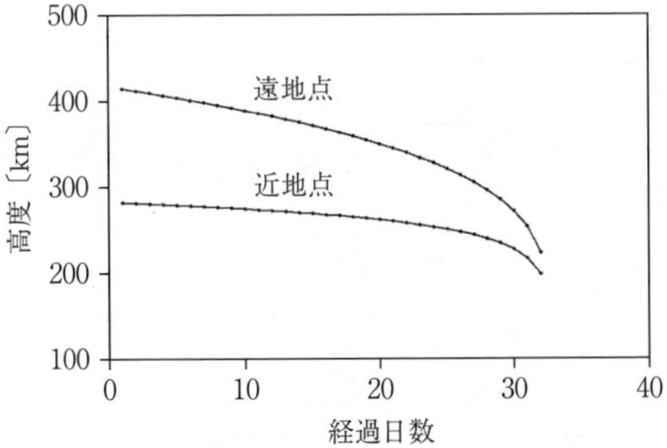


**図6.1**　空気抵抗による高度低下

軌道上で役目を終えた衛星のなかで，特に大型のものがいよいよ落下しそうになると，安全上の心配を引き起こすことがある。そういう衛星の落下を正しく予測するのは，じつは難しい。空気の密度分布は固定したものでなく，昼夜と季節によって変化するうえに，太陽の活動度の影響を日々受けることから正しいモデルにつくるのが容易ではない。役目を終えた衛星では姿勢の向きが定まらないから，抵抗の正しい算定をますます困難にする。落下の日時や場所を正しく予測しにくいのは，このような不確実性に基づいている。

## 6.3　地球の形と円軌道

すでに4.3節において言及したように，地球の形は理想的な球形から少し外れている。赤道の半径に比べると極半径のほうが21 km短く，わずかに扁平（oblate）な形をもつ。扁平であることにともない，地球の引力には理想から外れた成分が生じる。その成分のうち，ここでは**図6.2**に描くように，水平に働く成分 $\alpha_H$ を考える。衛星が地心距離 $r$，赤道面からの離角 $\phi$ にあるとき，水平な成分は

$$\alpha_H = 3\mu J_2 \left(\frac{a_E}{r^2}\right)^2 \sin\phi \cos\phi \tag{6.9}$$

に等しい。ここで $a_E = 6\,378$ km は地球の赤道半径を表し，$J_2$ は地球の扁平の度合いから定まる係数でつぎの値をもつ。

$$J_2 = 0.0010826 \tag{6.10}$$

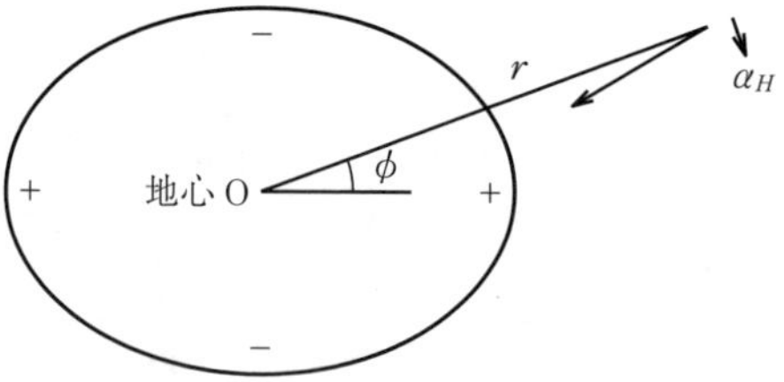


**図6.2**　地球の扁平にともなう引力成分 $\alpha_H$
（扁平を誇張した）

理想的に球形な場合と比べると，扁平であれば極付近では質量が減っている。そのことを図 6.2 ではマイナス記号で表す。一方，赤道付近は膨らんでいるので，質量が余分にあることをプラス記号で表す。すると衛星に働く引力の向きは，本来なら指すはずの地心 O から少し外れて，プラスがある赤道のほうへ寄る。そのため水平成分 $\alpha_H$ が生じることを式 (6.9) は表している。

衛星が円軌道にあって，軌道面は傾斜しているとしよう。衛星が軌道を一周するあいだを通して，力 $\alpha_H$ は衛星を赤道面のほうへ引き寄せる。つまり軌道面を赤道面へ引き寄せるようなトルクとして働く。このとき，どのような摂動が生じるだろうか。

衛星が軌道をまわると角運動量をもつことから，軌道面をジャイロスコープに見立てることができた。そのアナロジーとして，**図 6.3** に描くように，平らな円盤を糸で吊して重心を支え，自由に回転できるようにする。円盤を水平から傾けて，盤面に沿った回転を与えると，円盤は面の向きを一定に保ったまま回転を続ける。水平面を赤道面と考えると，円盤は傾斜した軌道面に相当する。つぎに**図 6.4** のように，円盤に軸を取りつけて，先端に小さいおもりをつける。すると円盤面を水平面に引き寄せるようにトルクが生じるから，上記のように軌道面を赤道面へ引き寄せる状況が模擬される。このとき円盤は回転を続けながら，円盤面の向きがしだいに変わっていく。変わり方は図 6.3 でいう

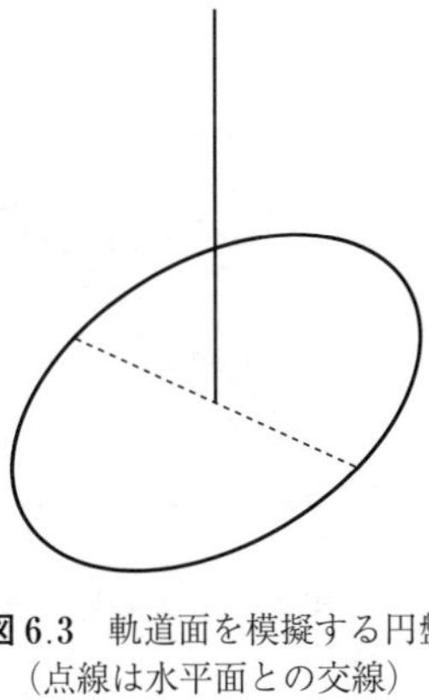

**図 6.3**　軌道面を模擬する円盤（点線は水平面との交線）

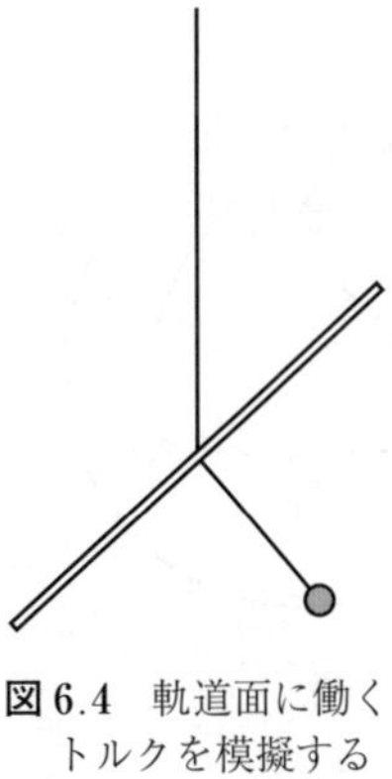

**図 6.4**　軌道面に働くトルクを模擬する

と，円盤面と水平面がなす交線が，水平面に沿って向きを変えていくように現れる。これと同じことが，軌道面の摂動として現れる。軌道要素に即していえば，交線の経度を表す要素 $\Omega$ に変化を生じる。

では軌道要素 $\Omega$ に生じる変化を求めよう。衛星は半径 $r$ の円軌道にあって傾斜角 $i$ をもつとする。円軌道を球面上に描くと，**図 6.5** のようになろう。衛星は点 A で赤道面を通過してから，$\theta$ という公転角を進んで，いま点 B に達した。点 B は赤道からの緯度 $\phi$ にある。衛星 B を通る子午線が赤道に出会う点を C とすると，三角形 ABC が球面上にできる。その三角形を概念的に，平面上に拡げて描いたところを**図 6.6** に示す。角度を表していた $\theta$ と $\phi$ は，ここでは辺の長さのように見える。さて短い時間 $\Delta t$ のあいだに，衛星に働く力 $\alpha_H$ は速度変化 $\Delta v = \alpha_H \Delta t$ を引き起こす。その変化は C を向く。変化 $\Delta v$ の射影成分を，衛星の速度 $v$ に垂直な向きにとったとすると，射影はつぎの大きさをもつ。

$$\Delta v_p = \alpha_H \Delta t \sin\beta \tag{6.11}$$

ここで $\beta$ は衛星が進む方向を表している。この $\Delta v_p$ によって，衛星が進む方向は $\Delta\beta = (\Delta v_p)/v$ だけ変わるので，赤道通過点 A は A′に動く。すなわち軌道要素 $\Omega$ に，$\Delta\Omega =$ AA′という変化が生じる。A から A′への動きはわずかだから，傾斜角 $i$ はほとんど変わらない。球面三角形 AA′B については

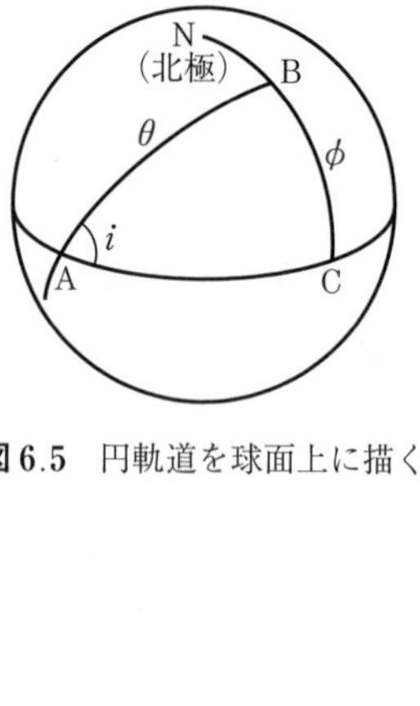


**図 6.5**　円軌道を球面上に描く

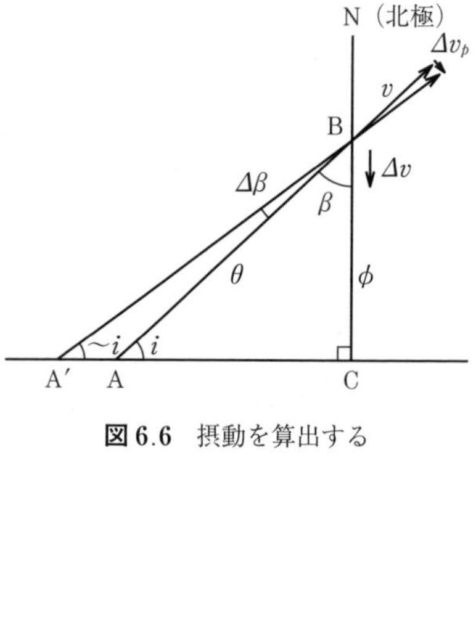


**図 6.6**　摂動を算出する

$$\frac{\sin \Delta\Omega}{\sin \Delta\beta} = \frac{\sin\theta}{\sin i} \tag{6.12}$$

という関係が成り立つから，$\Delta\Omega$ は

$$\Delta\Omega = \frac{\sin\theta}{\sin i}\,\Delta\beta = \frac{\sin\theta}{\sin i}\,\frac{\sin\beta}{v}\,\alpha_H \Delta t \tag{6.13}$$

のように表せる。公転角 $\theta$ が 0 から $\pi$ に至るまでのあいだ，$\sin\theta$ と $\alpha_H$ はともに正の値をとり，$\pi$ から $2\pi$ までのあいだはともに負の値をとる。また 0 から $2\pi$ までのあいだ，$\sin\beta$ は正の値をとる。よって軌道を 1 周するあいだ，$\Delta\Omega$ の値は大小に変化するけれども負にはならない。すると時間が進むにつれて $\Omega$ の値は，振動的な変化を示しながら，一定の割合でどんどん増していく。

摂動のなかで，時間が進むにつれてどんどん増していくように生じるものを，永年摂動（secular perturbation）という。一方，振動的な変化を示すような摂動は周期摂動（periodic perturbation）という。永年摂動によって軌道がどんどん変わっていけば，衛星の管制や運用に与える影響が大きい。よって摂動を調べるときは，永年摂動のほうがもっぱらの関心事になる。いい換えると，長期間にわたって軌道のふるまいを調べるときは，永年摂動の有無に特別な注意を払わなければならない。（ここで長期とは，軌道の周期に比べて十分に長いことをいう）。以下の議論では，一貫して永年摂動に主眼を置く。

永年摂動を見るためには，式 (6.13) を時間で積分する。軌道 1 周回にわたって積分することで，$\Omega$ が 1 周回ごとにどう変わっていくか見るのがよい。ここで図 6.6 を見直すと，通過点が A から A′へ動くことは，正しくは $\Delta\Omega$ が負であることを意味する。積分は 1 周回にわたり

$$\Delta\Omega = -\int \frac{\sin\theta}{\sin i}\,\frac{\sin\beta}{v}\,\alpha_H dt \tag{6.14}$$

として求めたいが，ここで $d\theta = (vdt)/r$ として変数を置き換え，積分区間を 0 から $2\pi$ までとする。直角をもつ球面三角形については関係

$$\sin\beta = \frac{\cos i}{\cos\phi}\ ;\ \sin\phi = \sin i\,\sin\theta \tag{6.15}$$

が成り立つ。あわせて $v^2 = \mu/r$ という関係を用い，式 (6.9) を参照すると，

式 (6.14) はつぎのようになる。

$$\Delta\Omega = -3J_2\left(\frac{a_E}{r}\right)^2 \cos i \int_0^{2\pi} \sin^2\theta\, d\theta \tag{6.16}$$

右辺のなかの定積分は $\pi$ に等しいから

$$\Delta\Omega = -3\pi J_2\left(\frac{a_E}{r}\right)^2 \cos i \tag{6.17}$$

という結果を得る。これで，1 周回当りに生じる $\Omega$ の永年変化がわかった。実用的には，1 日当りに生じる変化を表す次式が便利であろう。

$$\Delta\Omega = -9.96\left(\frac{a_E}{r}\right)^{3.5} \cos i \quad \text{deg/日} \tag{6.18}$$

図 6.6 によれば，通過点 A が A′に動くとき，傾斜角 $i$ はわずかに変化するように見える。しかしその変化は，1 周回にわたって積分すると 0 になる。つまり傾斜角 $i$ に永年摂動が生じることはない。一方で，C を向く $\Delta v$ は，衛星の進行方向に減速や加速を起こす成分をもつ。しかし，1 周回のあいだに生じる減速分と加速分は等しいから，軌道のエネルギーがどんどん減ったり，または増えたりすることはない。だから軌道のサイズ $r$ に永年的な変化が起きることはない。

軌道要素 $\Omega$ に生じる永年変化については，特別な注意を要するケースがある。それは，多数の衛星を動員して通信中継や測位サービスを行うケースに関連している。そういうケースでは，地球の全域をカバーできるように衛星の配置を工夫したい。工夫は普通，つぎのようにする。

まず，一つの円軌道に $N$ 機の衛星を等間隔に並べたものを 1 単位とする。そして $M$ 単位分の衛星を用意して，単位ごとに別々の軌道面に配置することで，全地球をカバーする。このとき必須な要件として，どの軌道面も同じ傾斜角に置く。そうすれば摂動による $\Omega$ の変化がどの衛星についても共通になるので，時間が経っても衛星の配置は崩れない。

多数衛星を動員するシステムでは例外なく，このような軌道配置がとられている。

## 6.4 理想外引力の鉛直成分

前節では，理想から外れた引力成分のなかで水平な成分 $\alpha_H$ を考えた。理想外の成分にはもう一つ，鉛直な成分 $\alpha_V$ がある（**図 6.7** を参照）。衛星が地心距離 $r$，赤道面からの離角 $\phi$ にあるとき，鉛直成分はつぎの値をもつ。

$$\alpha_V = \frac{3}{2}\mu J_2\left(\frac{a_E}{r^2}\right)^2\left(1-3\sin^2\phi\right) \tag{6.19}$$

図中で衛星が A のように赤道面に近いところにあれば，赤道付近にある余分な質量が衛星を引くため，引力が強めに働くから，$\alpha_V$ は正になる。衛星が B のように赤道面から離れたところにあれば，衛星の真下付近では質量が少なくなっているから，衛星に働く引力は弱めになって，$\alpha_V$ は負になる。鉛直成分に関するこのような状況を式 (6.19) は表す。

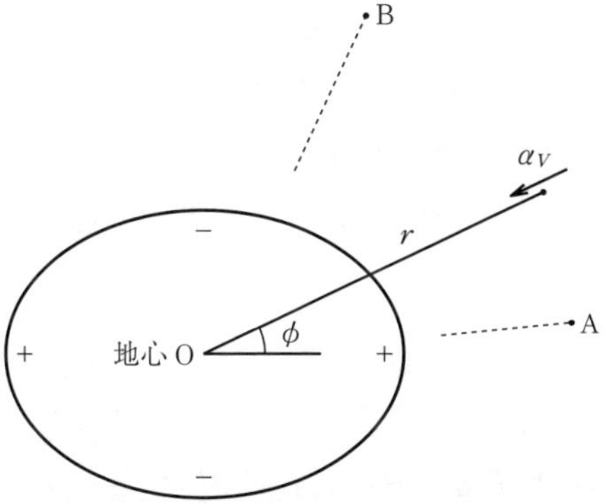


**図 6.7** 地球の扁平にともなう引力成分 $\alpha_V$
（扁平を誇張した）

力の成分 $\alpha_V$ は，永年摂動を生み出さないことを示そう。ここでは円軌道を考えているので，式 (6.19) の右辺において半径 $r$ は一定を保つ。すると第 1 項は定数になるから，軌道の形に影響しないので考えなくてよい。第 2 項は，衛星が動くにつれて $-\sin^2\phi$ に比例して値を変える。この第 2 項を $\alpha_V{}^*$ と記す。

衛星が軌道を1周回するにつれて力 $\alpha_V{}^*$ が変わる様子を，軌道面に正対して観察すると**図6.8**のようになる。力は地心のまわりに点対称に分布する。

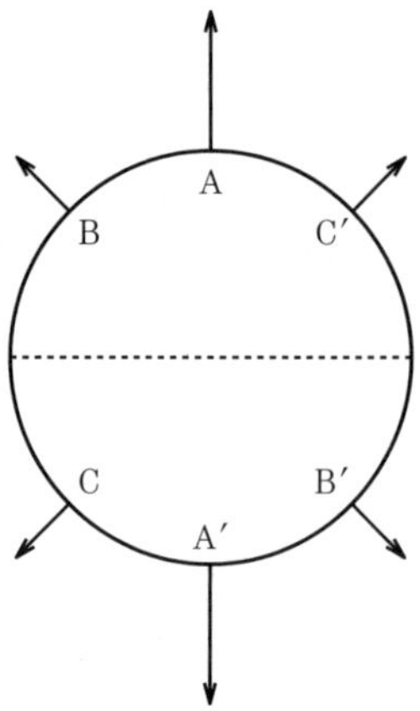


**図6.8**　力の成分 $\alpha_V{}^*$ の現れ方
（点線は軌道面の交線）

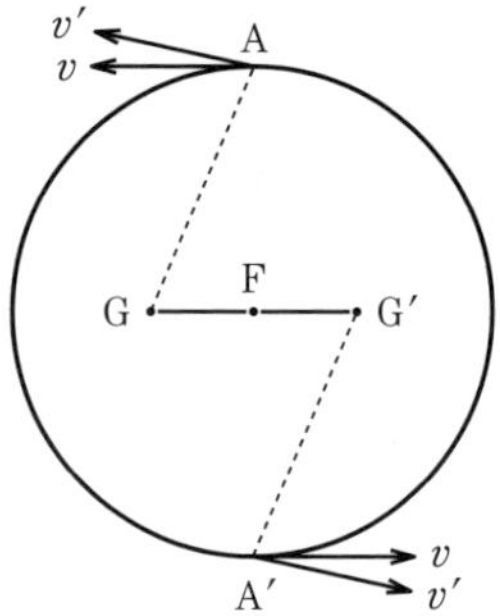


**図6.9**　副焦点の動きを見る

その図上で，いま衛星はAにあって，力 $\alpha_V{}^*$ を単位時間のあいだ受けたとする。対応して描いた**図6.9**では，Aにおいて衛星の速度は $v$ から $v'$ に変わる。すると，焦点と光線の関係（図1.6を参照）によれば，もとは円軌道だからFにあった副焦点が，動いてGへ行く（動きは誇張して描いた）。つぎに図6.8において，衛星がA′で力 $\alpha_V{}^*$ を受けたとする。上と同じ論法によれば，図6.9において，Fにあった副焦点は動いてG′へ行く。副焦点がGへ行く動きと，G′へ行く動きは，衛星が1周回するあいだにたがいに打ち消し合う。打ち消し合いの関係は，図6.8においてBとB′，CとC′についても同様に成り立つ。したがって副焦点の位置は，衛星が周回するにつれて振動的に動くけれども，永年的にずれていくことはない。

以上の理由から，6.3節では成分 $\alpha_V$ を考慮から外しても支障がなかった。

## 6.5 太陽同期軌道

永年摂動の発生を積極的に利用するケースがある。それは地球観測衛星に関するもので，衛星は北極と南極の付近を通る軌道，すなわち極軌道（polar orbit）をまわりながらグローバルな観測を行う。観測の項目としては，国土の利用状況や作物の出来，植生や森林の分布，大気の環境，そして災害の状況などいろいろあるほか，場合によっては偵察も含まれよう。

観測においては，太陽の光で照らされた地表面を画像としてとらえることが重点をなす。その際，日光がどのように地表へ射しているか—真上から射すか，斜めから射すか—は観測への影響が大きい。太陽光と地球の関係を，慣性座標系に立って**図 6.10** に描いた。いま太陽は A 方向にあって，衛星は軌道 a にあるとする。衛星が地球の昼の側を飛行しているところ（図中では＊印）に着目すると，衛星が見下ろす地表面の一帯では日光が斜めから射していて，現地時間では朝の 9 時ころに相当する。日光がそのように斜めから射すと，よい具合に陰ができるので，衛星から見下ろしたときに地形の凹凸や建物の様子がわかりやすい。だから，日数とともに太陽の方向が B へ動いても，朝の 9 時ころの日光の射し方が変わらずに保たれていることが望ましい。それには軌道

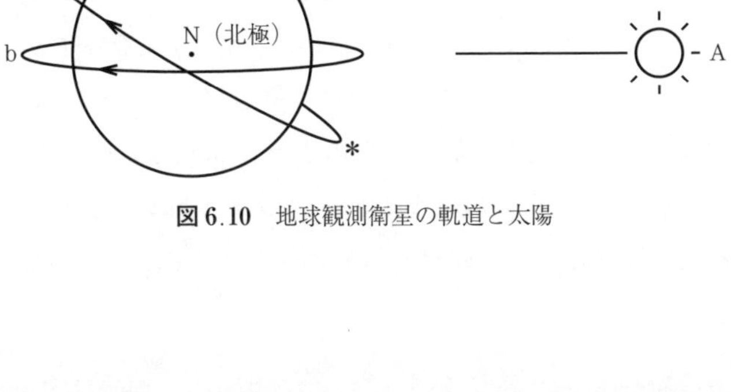

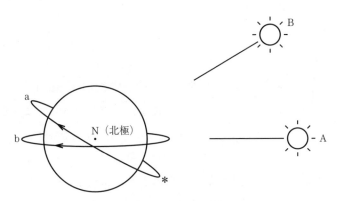


**図 6.10**　地球観測衛星の軌道と太陽

面がaからbへ回転してくれるとよい。太陽の方向は1年すなわち365.25日で1周するから，1日当りでは0.986°の割合で方向が変わっていく。これに等しい割合で，軌道面も回転するようにしたい。

さて式(6.18)によれば，傾斜角$i$を90°より大きくすると，$\Omega$の摂動は正の向きに現れる。軌道の高度が600 kmないし800 kmくらいにあれば，傾斜角$i$を90°プラス数度のところで微調整すると，1日の変化$\Delta\Omega$を上記で望んだ割合に一致させることができる。そのように調整したなら，太陽光が軌道面に入射する角度はいつでも一定を保つ。上記の例でいえば，衛星が昼側にいるあいだ衛星が見下ろす一帯は現地時間で必ず朝の9時ころになり，この関係は日数が過ぎても変わらない。このように調整した軌道を，太陽同期軌道（sun-synchronous orbit）という。

もしも軌道面の向きを人為的に変えようとすると，衛星は推力を発生し続ける必要があって，際限なく燃料を使わなければならない。太陽同期軌道では，摂動に助けを借りて無償で軌道を変えていることになる。

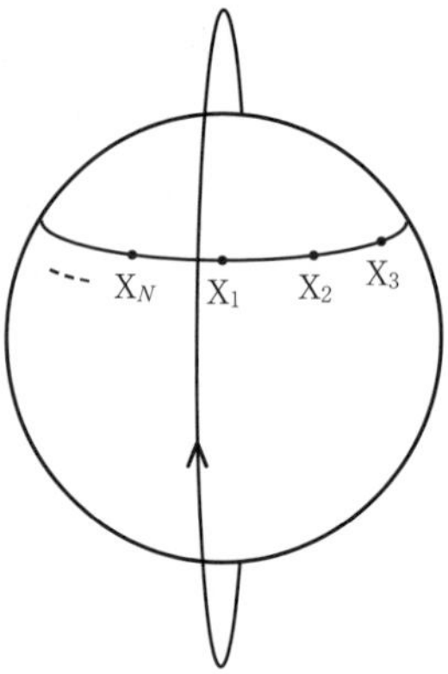


**図6.11**　軌道と地球自転の関係

地球観測衛星の軌道には，もう一つ工夫を込める。いま衛星は，ある地点Xの真上に差しかかったとする。その地点は，衛星から見ると**図6.11**において$X_1$にある。衛星が軌道を1周回して同じところに戻って来たときは，地球の自転にともない，地点Xは衛星から見て$X_2$にある。つぎの周回後には$X_3$にあり，以下同様に進んでいって$N$周回した後には$X_N$に来る。そして可能なら，つぎの周回後に見える$X_{N+1}$が，先の$X_1$にぴったり重なるようにしたい。この要請は，軌道の周期を（すなわち長半径を）適切に調整すれば満たされる。そのように調整した軌道を，回帰軌道(recurrent orbit）という。回帰軌道になっていれば，地球の自転が1回進む度に，衛星と地点Xが出会う。回帰のバリエーションとして，地球の自転が2

回，または3回，もしくは一般に $M$ 回進む度に衛星と地点Xが出会う，ということも軌道の周期を調整すれば可能で，そのようにした軌道は準回帰軌道（sub-recurrent orbit）という。注意として，ここでいう地球の自転とは，慣性空間を基準とする自転ではなく，軌道面を基準とした自転を意味している。

準回帰軌道にある衛星は，$M$ 日に1回，地点Xの真上を通る。つまり定期的に真上を通るので，観測を繰り返しながら長期の変化を見るのに都合がよい。地球観測衛星では，太陽同期かつ準回帰な軌道を選ぶことが多い。

## 6.6　地球の形と楕円軌道

ここまでは円軌道に生じる摂動を見てきたが，つぎは軌道が楕円である場合を調べよう。

一つ目のケースとして，軌道は赤道面にあるとする。長半径15 000 km，離心率0.5の軌道を想定して，摂動による軌道の変化を数値積分で求めた例を，**図6.12**に示した。衛星が軌道を30周回し終えたら，1周分の軌道を描き，あわせてそのときの副焦点の位置を記す。これを繰り返していくと，楕円のサイズと形は変わらないが，副焦点の位置は矢印のように移動する。焦点と副焦点を結ぶ軸，つまり楕円軸は，時間とともに一定の割合でまわっていく。回り方は衛星の周回と同じ向き，すなわち順方向にある。このように軸がまわる動きが永年摂動を表す。

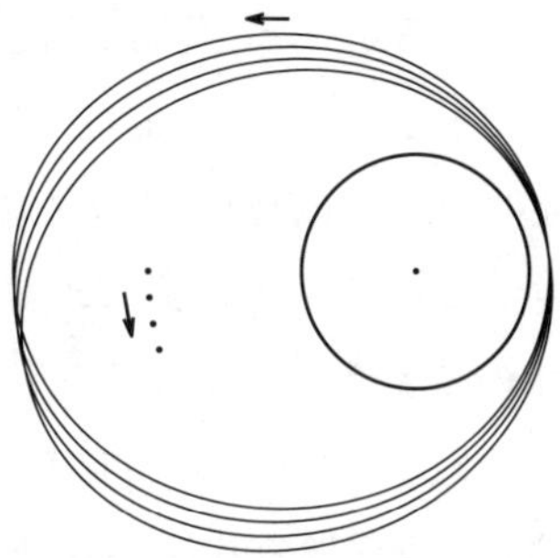

**図6.12**　赤道面にある楕円軌道の永年変化

楕円軸がまわる理由を考えよう。赤道面軌道だから，理想外の引力成分は $\alpha_V$ だけが効果をもつ。近地点の付近に衛星があって，力 $\alpha_V$ が働いているとする（**図6.13**を参照）。対応して描いた**図6.14**において，力 $\alpha_V$ は単位時間のあいだに衛星の速度を $v$ から $v'$ に変える。すると焦点と光線の関係（図1.6を

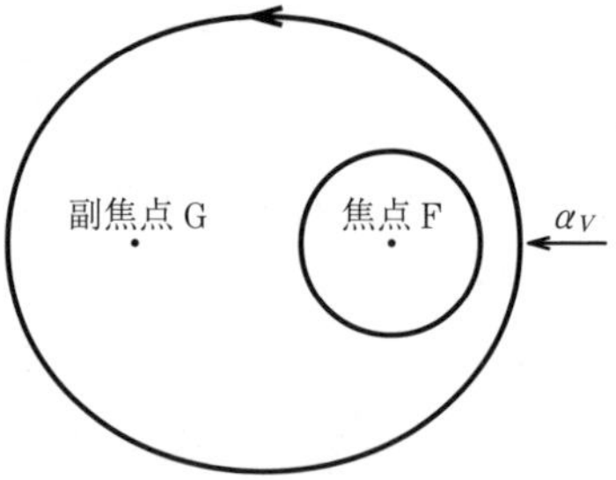


図 6.13　近地点付近で力 $\alpha_V$ が働く

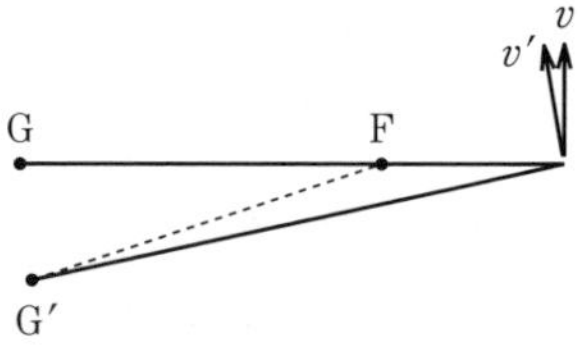


図 6.14　副焦点の動きを見る

参照）により，副焦点 G は G′へ動く。よって楕円軸は FG から FG′に，つまり順方向にまわる。同じ論法で，遠地点付近に衛星がある場合を考えると，力 $\alpha_V$ の働きによって楕円軸は逆方向にまわることになる。力 $\alpha_V$ の働きは近地点付近で強く現れるから，楕円軸は順方向にまわるほうが勝って，永年摂動を生じる。近地点と遠地点のほかの場所では，力 $\alpha_V$ は衛星の進行方向にも小さく作用するが，その作用が引き起こすのは周期摂動に限られる。

二つ目のケースとして，軌道は極軌道であるとする。長半径 15 000 km，離心率 0.5，傾斜角 90° の軌道を想定して，数値積分を行った例を**図 6.15** に示す。ここでも 30 周回ごとに，軌道の形と副焦点の位置を示した。楕円軸は一定の割合でまわっていくが，回り方は逆方向になる。

楕円軸がまわる理由を考えよう。**図 6.16** において，衛星が A 付近にあるときは，理想外の引力の水平成分 $\alpha_H$ は衛星を減速するように働くから，軌道エ

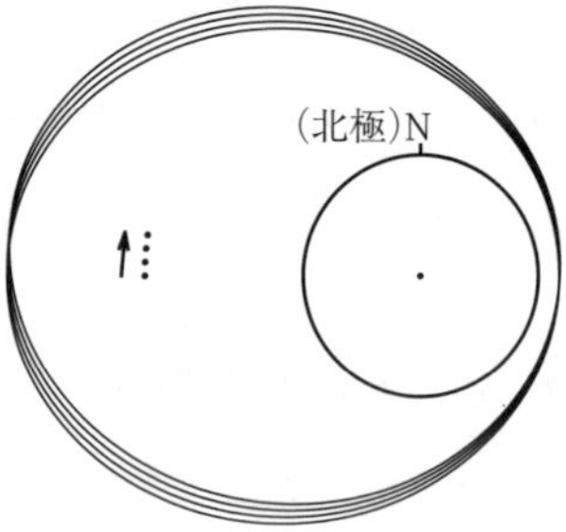


図 6.15　極を通る楕円軌道の永年変化

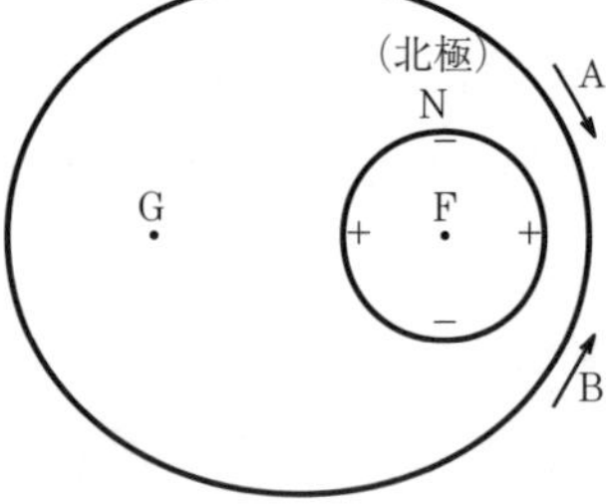


図 6.16　力 $\alpha_H$ の働きを考える

ネルギーの減少をもたらす。すると対応して描いた**図 6.17** において，長さ FSG は減ることになるから，副焦点 G は G′へ動く。一方，図 6.16 の B 付近に衛星があるときは，

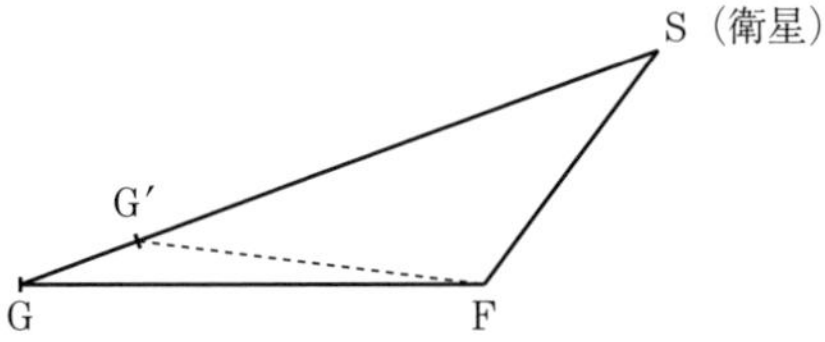


**図 6.17**　副焦点の動き（A）

衛星は加速を受けるので，対応する**図 6.18** において，長さ FSG は増すことになるから副焦点 G は G′へ動く。どちらの場合でも楕円軸は FG から FG′へ，つまり衛星の周回とは逆の方向にまわる動きを示す。ただし力の成分は $\alpha_H$ のほかに $\alpha_V$ も考える必要があるし，各成分の働き方は軌道の各点において異なるから，摂動の発生は単純ではない。上記では摂動の発生を主要な局面に限って観察したことになる。

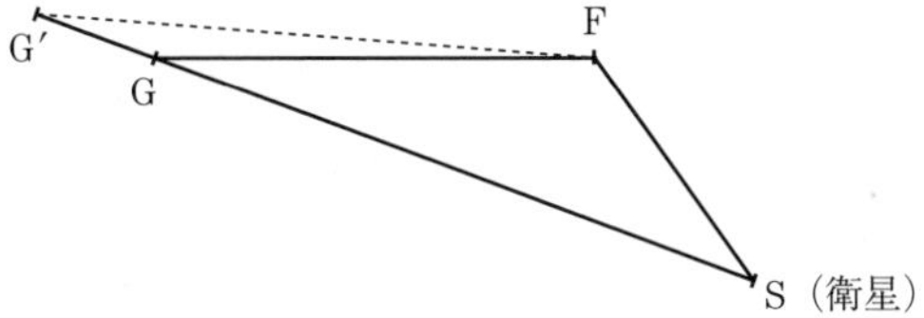


**図 6.18**　副焦点の動き（B）

以上どちらのケースでも，衛星は 1 周回するあいだに進行方向への加速や減速を受ける。1 周回のあいだに生じる加速分と減速分は等しいので，軌道のエネルギーがどんどん増したり，または減ったりすることはない。だから軌道のサイズが永年的に変わることはない。ここでは空気抵抗のように軌道のエネルギーを失わせるような力は働いていないし，系の外からエネルギーが流入するような要因もないのだから，軌道のサイズが変わらないのは当然といってよい。

二つのケースで楕円軸の回り方を比べると，傾斜角が 0° なら順方向，傾斜角が 90° なら逆方向であった。ならば 0° と 90° のあいだのどこかに，楕円軸がまわらなくなるような傾斜角が存在する。その傾斜角を特定するには理論解析を要するが，解析の結果によれば[7)]，楕円軸の向きを表す軌道要素 $\omega$ に生じ

る永年変化が

$$\Delta\omega = \frac{3\pi}{2} J_2 \left( \frac{a_E}{a(1-e^2)} \right)^2 (5\cos^2 i - 1) \tag{6.20}$$

として与えられている。ただし $\Delta\omega$ は1周回当りの変化を表し，$a$ は軌道の長半径，$e$ は離心率を表す。ここで傾斜角を $i=63.4°$ とすると，$\Delta\omega=0$ となって，楕円軸の向きは動かなくなる。

楕円軸の向きが動かないようにした軌道は使い道がある。**図 6.19** はその一例で，軌道の側面図を描いた。ここでは遠地点が最も北に位置するように，軌道要素 $\omega$ を 270° にしてある。衛星は遠地点の付近に長く滞留するあいだ，北極に近いエリアAを見下ろすことができるので，そういうエリア向けの通信サービスに都合がよい。楕円軸の向きは動かないから，都合のよさが失われずに保たれる。サービスのチャンスを考えると，衛星が遠地点に差しかかったとき，その真下にエリアAが来るようにしたい。そういうチャンスが軌道2周回のあいだに1回訪れるようにした軌道は，モルニヤ軌道（molniya orbit）と称して，ロシア北部など高緯度地域向けの通信サービスに用いられてきた。図 6.19 はその軌道を表している。

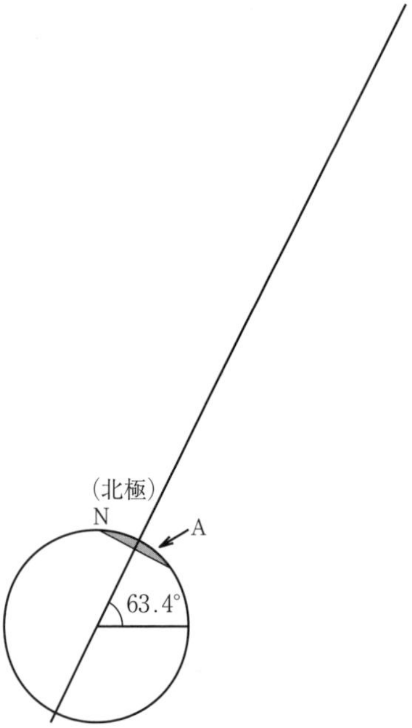


**図 6.19**　通信衛星用の楕円軌道の側面図

モルニヤ型の通信サービスを途切れなく維持するには，3機の衛星を動員する。衛星は交替でサービスエリア上空に飛来するように，軌道の配置を工夫する。さて上記の理論解析によれば，軌道要素 $\Omega$ に

$$\Delta\Omega = -3\pi J_2\left(\frac{a_E}{a(1-e^2)}\right)^2\cos i \tag{6.21}$$

のような永年変化が生じる。ただし $\Delta\Omega$ は1周回当りの変化を表す†。3衛星には同一の長半径，離心率，および傾斜角を与えるから，3衛星に生じる $\Delta\Omega$ は等しい。よって衛星配置が時間とともに崩れないための要件が満たされる。

傾斜角を特定の値に定めるのは，式(6.20)から出てくる $5\cos^2 i = 1$ という単純な関係であった。この関係には，地球の大きさや扁平の度合い，または軌道のサイズや形といった個別のパラメータが何も入らない。つまり63.4°という角度は普遍性をもつ。いつの日か，地球外の惑星に衛星が発見されて，軌道傾斜がもしも63.4°であったなら，その衛星は何かの意図をもってつくられたものと判断されよう。

## 6.7 地球の形と凍結軌道*

前節までの議論では，地球の形は歪《ひず》んでいるけれども南北には対称と仮定していた。さらに詳しく見ると，地球の形は南北に非対称な歪み方を合わせもつ。それを模式的に描くと**図6.20**のようで，理想的な球形から凸になって質量が余分にあるところ（＋）と，凹になって質量に不足があるところ（－）が，南北に非対称に分布する。北半球に比べて，南半球の側が少し下膨れになっているため，そのありさまを西洋梨の形にたとえることがある。

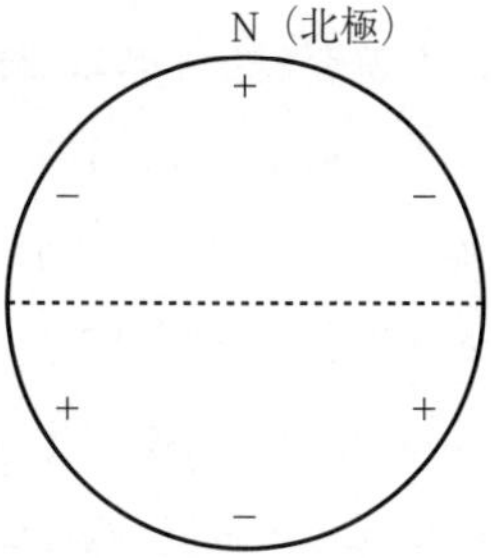

**図6.20** 南北非対称な質量分布

† 円軌道に関する式(6.17)が，楕円軌道に関しては式(6.21)に拡張される。

非対称な歪みがあることによって，理想外の引力としては鉛直成分 $\alpha_V$ と水平成分 $\alpha_H$ がつぎのように生じる。

$$\alpha_V = -2\mu J_3 \frac{a_E^3}{r^5}\left(5\sin^2\phi - 3\right)\sin\phi \tag{6.22}$$

$$\alpha_H = \frac{3}{2}\mu J_3 \frac{a_E^3}{r^5}\left(5\sin^2\phi - 1\right)\cos\phi \tag{6.23}$$

ここでも $r$ は衛星の地心距離，$\phi$ は赤道面離角，$a_E$ は地球の赤道半径を表す。係数 $J_3$ は非対称な歪みの度合いから定まり

$$J_3 = -2.53\times10^{-6} \tag{6.24}$$

という値をもつ。係数が負の値なのは，非対称の極性によるもので，もしも図6.20に描く分布を南北に入れかえたなら係数は正になる。

さてここでは，地球観測衛星の軌道に主眼を置く。極を通る円軌道において，$J_3$ による引力成分が働くと何が起きるか調べたい。単純化して傾斜角を90°とおいて，半径7 000 km の円軌道について数値積分を行った例を**図6.21**に示した。ただし円軌道であっても，副焦点は少しだけ原点から離したところに置く。そして軌道が30周回するごとに，副焦点の位置を記した。はじめに副焦点が点Aにあると，それは時間の経過とともに一定の割合でA′のほうへ動いていく。はじめに点BにあればB′のほうへ，点CにあればC′のほうへ動いていく。このように，永年摂動によって副焦点は平行な流れのように動く。なお，図示は省いたが軌道のサイズは変化しない。

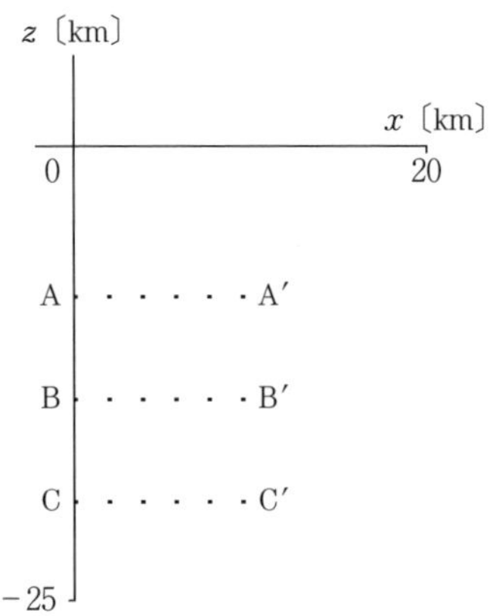

**図6.21**　$J_3$ 項による副焦点の動き（$x$-$z$ は軌道面，$+z$ は北向き）

このような永年摂動が発生する理由は，少々複雑だが以下のように示される。

衛星が軌道を1周回するとき，式(6.22)による鉛直成分は，模式化すると**図6.22**のように現れる。質量が余分にあるところの上空，つまりA，B，C付近では引力が

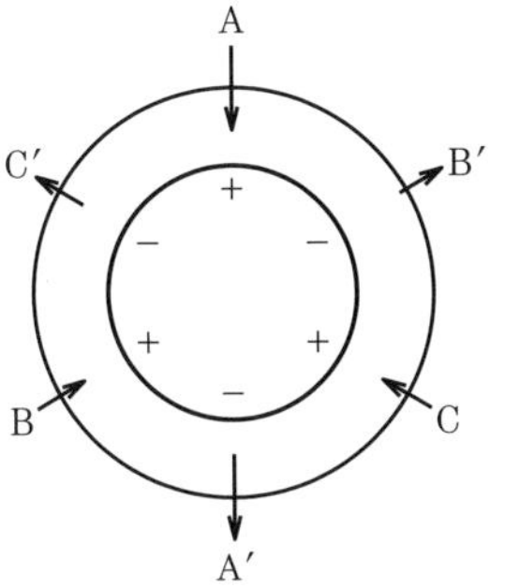


**図 6.22**　鉛直成分 $\alpha_V$ の現れ方（$J_3$ 項）

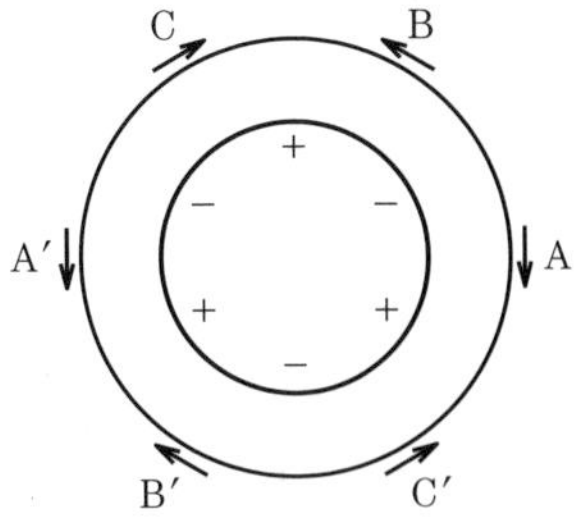


**図 6.23**　水平成分 $\alpha_H$ の現れ方（$J_3$ 項）

強めに働くので，成分 $\alpha_V$ は正になる。質量が不足しているところの上空，つまり A′，B′，C′付近では引力が弱めに働くので成分 $\alpha_V$ は負になる。一方，式 (6.23) による水平成分 $\alpha_H$ は**図 6.23** のように現れる。質量が不足しているところから余分なところへ向かって衛星は引き寄せられる。したがって水平成分は，マイナスの上空とプラスの上空のあいだのところに現れる。

はじめに鉛直成分の作用を考える。衛星が図 6.22 で A にあって，鉛直な力を受けたとすると，対応して描く**図 6.24** では A において，衛星の速度は $v$ から $v'$ に変わる。すると副焦点は，もともとあった F から G へ動く。つぎに衛星が図 6.22 で A′にあって，鉛直な力を受けたとすると，図 6.24 では A′において，衛星の速度は $v$ から $v'$ に変わる。すると副焦点は，ここでも F から G へ向かう動きを見せる。つまり F から G への動きは倍加される。衛星が 1 周回を終えたとき，図 6.22 で A と A′のセットで働いた力は副焦点を動かして，

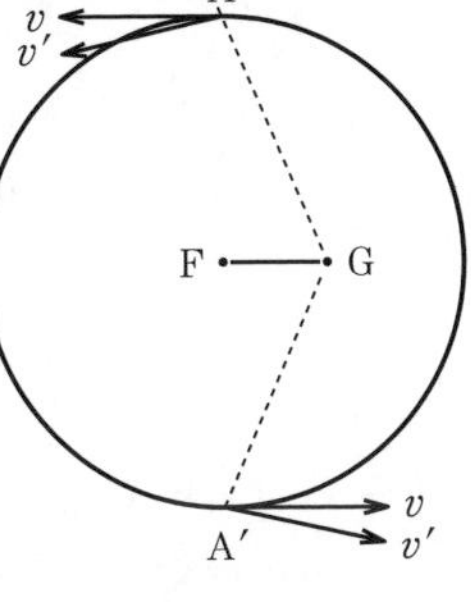


**図 6.24**　副焦点は F から G へ動く

**図 6.25** のなかで（A–A′）と記した変位ベクトルをつくる。同じ論法を，図 6.22 で B と B′のセットに適用すると，図 6.25 のなかで変位ベクトル（B–B′）ができる。同様に C と C′のセットから，変位ベクトル（C–C′）ができる。さて式 (6.22) によれば，図 6.22 において A と A′で現れる力の大きさは，ほかの各所での力よりも 2 倍以上ある。それゆえ図 6.25 において，変位ベクトルを三つ足し合わせた $\Sigma_V$ は，右側を指す。

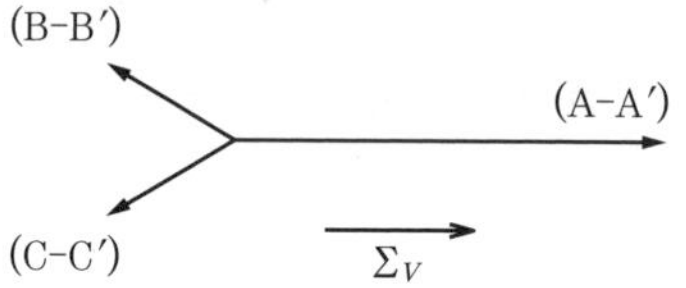


**図 6.25**　1 周回後の副焦点の変位（鉛直成分 $\alpha_V$ による）

つぎに水平成分の作用を考える。衛星は図 6.23 において，軌道を反時計方向にまわっているとしよう。図中で衛星が A にあって，水平成分の力を受けると，衛星は減速を受けるのでエネルギーが減る。すると対応して描いた**図 6.26** において，副焦点は A にある衛星に近づくように，F から G へ動く（なぜなら長さ FAG がエネルギーに対応しているから）。つぎに図 6.23 において衛星が A′にあって水平成分の力を受けると，衛星は加速を受けるのでエネルギーが増す。すると図 6.26 において，副焦点は A′にある衛星から遠ざかるように動くので，F から G への動きは倍加される。衛星が 1 周回を終えたとき，図 6.23 で A と A′のセットで働いた力は副焦点を動かして，**図 6.27** のなかで（A–A′）と記した変位ベクトルをつくる。同じ論法を，図 6.23 で B と B′の

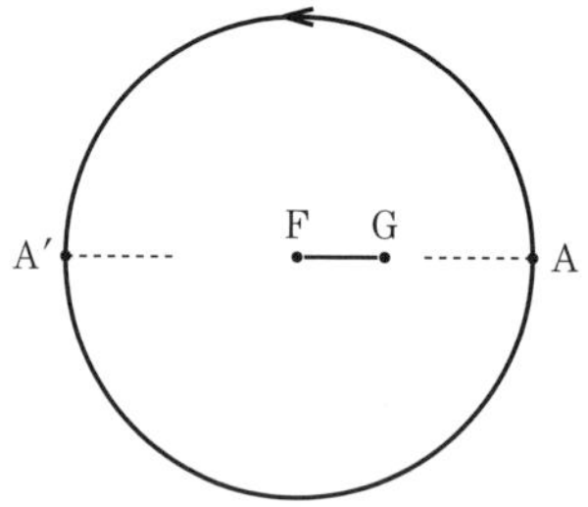


**図 6.26**　副焦点は F から G へ動く

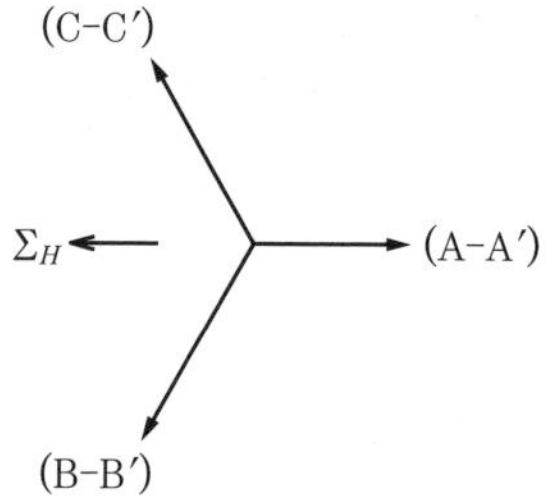


**図 6.27**　1 周回後の副焦点の変位（水平成分 $\alpha_H$ による）

セットに適用すると，図 6.27 のなかで変位ベクトル（B-B′）ができる。同様に C と C′のセットから，変位ベクトル（C-C′）ができる。さて式 (6.23) によれば，図 6.23 において A と A′で現れる力の大きさは，ほかの各所での力に比べて少し小さい。それゆえ図 6.27 において，変位ベクトルを三つ足し合わせた $\Sigma_H$ は，左側を指す。

衛星が 1 周回を終えたとき，副焦点の動きは $\Sigma_V$ と $\Sigma_H$ のベクトル和になるが，大きさでは $\Sigma_V$ のほうが勝つ。結果として副焦点は，周回が進むにつれて右のほうへ動いていく。これで摂動が生じる理由が理解できた。

副焦点が永年的に動けば，離心率がどんどん増す。はじめは円軌道であったとしても，しだいに楕円に変わって，近地点と遠地点の高度差はどんどん開いていく。これは地球観測にとって好ましくない。例えば衛星からレーダー電波を照射して降雨や雨雲の様子を調べるような場合，照射距離の遠近によってレーダーエコーの強さは大きく影響を受ける。もし可能なら，副焦点の永年摂動をなくしたい。何か手だてはあるだろうか。

ここまでは $J_3$ 引力成分だけを考えたが，現実には $J_2$ 引力成分も働く。そこで，$J_2$ 引力成分だけを考慮に入れて，同じ長半径 7 000 km，傾斜角 90° の円軌道について数値積分で摂動を調べた例を，**図 6.28** に示す。ここでも軌道が 30 周回するごとに副焦点の位置を示している。ただしこの場合，1 周回のあいだに副焦点が無視できないほど動くため，1 周回のあいだ平均した副焦点の位置を示した。はじめに副焦点が A にあると，それは時間の経過とともに原点のまわりに円弧を描くようにまわって，A′のほうへ動く。はじめに副焦点が B にあると B′のほうへ動き，

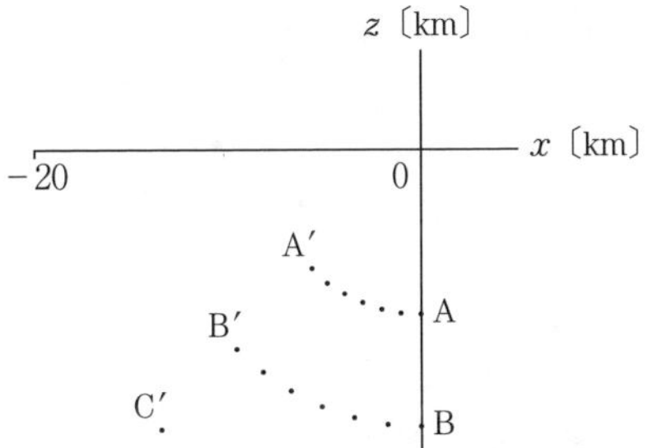


**図 6.28**　$J_2$ 項による副焦点の動き（$x$–$z$ は軌道面，$+z$ は北向き）

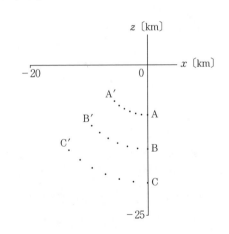

C にあると C′ のほうへ動く（動く理由は，図 6.15 において副焦点が見せた動きと共通する）。副焦点が時間とともにまわっていく角速度は，式 (6.20) で $i=90°$ と置いた $\Delta\omega$ に従う。ここでは離心率 $e$ が 0 に近いから，$\Delta\omega$ は A，B，C に共通している。すると，はじめに副焦点を置く位置を適切に選ぶなら，左向きに動き出す速さは，図 6.21 において右向きに流れる速さに等しくなるであろう。そのような位置は，図 6.28 では点 B にある。はじめに副焦点が B にあって，引力としては $J_2$ 成分と $J_3$ 成分がともに働くと，左への動きと右への動きは打ち消し合うから，副焦点は B に留まったまま動かない。つまり B は釣り合い点になる。

このような原理に基づいて，副焦点が動かないようにした軌道を，凍結軌道（frozen orbit）という。凍結軌道は地球に対して**図 6.29** のように配置されて，楕円軸は南を向く。

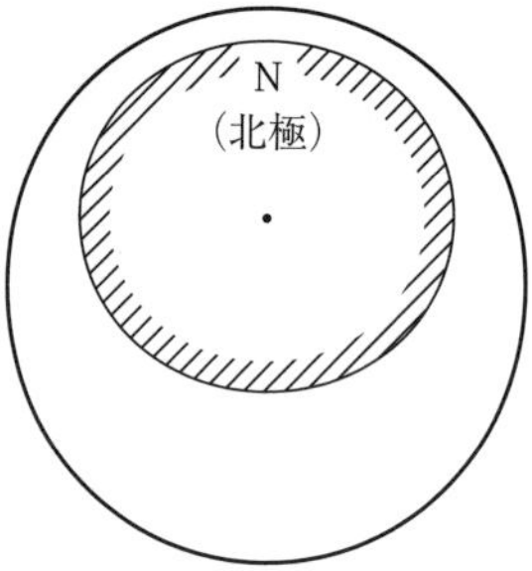


**図 6.29**　凍結軌道の配置
（楕円を誇張した）

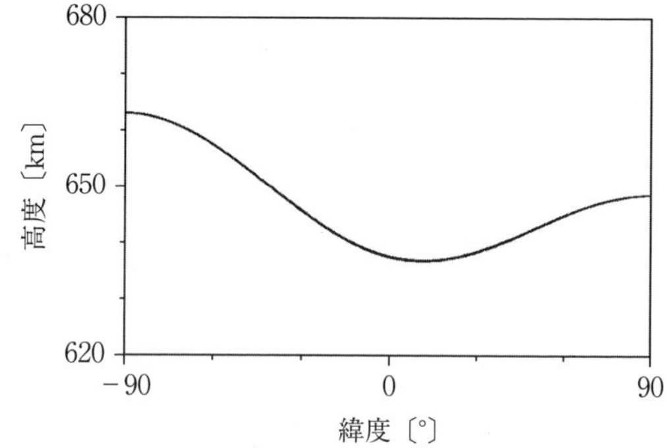


**図 6.30**　凍結軌道の緯度—高度パターン

ただし動かないのは平均副焦点であって，本当の副焦点は衛星の周回が進むにつれて振動的に動く。その動きを考慮に入れると衛星の高度はどうなるか。それを，引力成分 $J_2$，$J_3$ を入れた数値積分で算出して，**図 6.30** に示した。衛星の緯度（衛星直下地点の緯度のこと）を横軸にとり，緯度—高度パターンを表示している。最初の周回から 120 周回までのパターンを重ねて表示しているが，周回が進んでもパターンは変わらない。変わらない理由は，どの周回においても副焦点の振動的な動きが同一だからで，ここに凍結軌道の特徴がある。

上記では軌道の傾斜を 90° と想定したが，それ以外の傾斜角であっても，同じ原理を用いて釣り合い点を見出すことで凍結軌道がつくられる。ただし傾斜角 63.4° においては $J_2$ による動き $\Delta\omega$ が 0 になるが，そのときは $J_3$ による流れの動きも 0 になるという関係にある。

太陽同期や準回帰という属性をもつ軌道をつくるには，長半径と傾斜角を調整した。加えてさらに，凍結という属性をもたせたければ，副焦点の位置を調整すればよい。

**「摂動」という用語**

摂動という独特な用語は，どういう経緯でつくられたのだろうか。国会図書館・近代デジタルライブラリーで調べると，すでに明治 7 年の翻訳書『星学捷径《しょうけい》』には「摂動」という用語が見える。明治 12 年の翻訳書『洛氏天文学』では「惑乱」，明治 33 年の『星学』では「攪《かく》動」という用語をあてている。明治 39 年の『高等天文学』では「摂動」としながらも，訳語の一部はまだ確定しないと断っている。用語によって表したいのは運動が乱れる現象だけれども，「乱」という字を使うと，はなはだしく乱れるような語感をともなってしまう。乱れる度合いは少しだけで，軌道の楕円形はほとんど崩れない。そういう語感になるように用語を工夫したことがしのばれる。

# 7. 摂　動　Ⅱ

軌道の摂動という問題は，もともとは太陽系の惑星にかかわるものであった。惑星は大きさのない質点としてふるまい，惑星のあいだに働く引力によって軌道の変化が生じる。そのような摂動の見やすい例をここでは取り上げて，数値積分を通じて観察する。

## 7.1　惑星に働く力

惑星の軌道に生じる摂動を調べるためには，まず惑星に働く力を正しく割り出さなければならない。太陽Sのまわりに惑星Aがあるとする（**図7.1**を参照）。惑星はAのほかにPがあるとすると，Aにはどういう力が働くだろうか。ただしここではAの質量が十分小さいとする。もちろんAには太陽からの引力と，惑星Pからの引力が働く。ところで人工衛星を考察の対象としたとき，衛星に働く引力は，衛星の単位質量当りに作用する引力として表した。その表し方をここでも用いることにする。よってAに働く太陽の引力は，点Aに置いた単位質量がSに向かって引かれる力 $\boldsymbol{g}_{AS}$ として表す。同じく，Aに働く惑星Pの引力は，点Aに置いた単位質量がPに向かって引かれる力 $\boldsymbol{g}_{AP}$

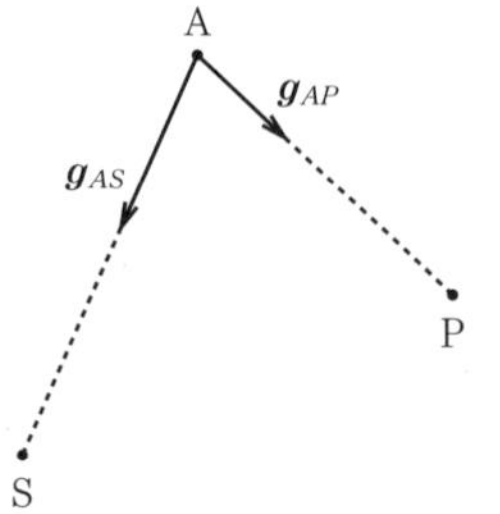


**図7.1**　太陽Sをまわる惑星Aと惑星P

として表す。さて，Aに働く力はもう一つ現れるのだが，それは以下に述べるように座標系のとり方に関係する。

図7.1のなかでSとPに起きていることを，慣性系に立って観察すると**図7.2**のように見える。惑星Pは，太陽Sに引かれることによって，Sに向かう加速度運動をしている。この図だけを見ると，PはSに向かってまっすぐ落下するかのようだが，実際にはPはSのまわりに軌道を描くから，加速度が生じる向きは刻々と変わるのであって，そのなかの一瞬をとらえた場面を図は描いている。同様に，太陽Sも惑星Pに向かう加速度運動をしている。惑星に比べると太陽の加速度は小さいであろうが，0でない加速度をもつのでそれを$\boldsymbol{\alpha}$と置く。加速度$\boldsymbol{\alpha}$の値は，点Sに単位質量を置いたときにPに向かって引かれる力$\boldsymbol{g}_{SP}$の値に等しい。

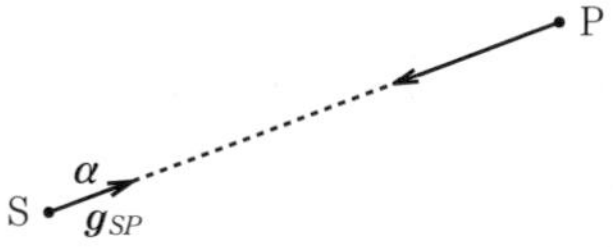


**図7.2**　慣性系に立ってSとPの加速度を見る

図7.2で見たことを，今度は太陽Sに原点を置いた座標系（S系）に立って観察すると，**図7.3**のように見える。原点が加速度運動をすることにともない，惑星Aの加速度には，上記の$\boldsymbol{\alpha}$を逆符号にした$\boldsymbol{\beta}$という加速度が上乗せされて見える。よってAの運動を調べる際には，Aに働いている力に対して，単位質量当り$\boldsymbol{\beta}$という力を上乗せしなければならない。要するに，加速度運動をしているSに原点を置いたがゆえに，Aに働く力には補正項$\boldsymbol{\beta}$を加算する必要が生じた。結果としてAに働く力は，太陽の引力，惑星Pの引力，お

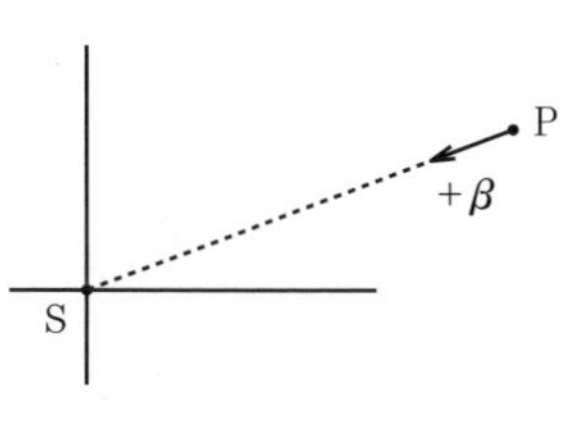


**図7.3**　S系に立ってPとAを見る（$\boldsymbol{\beta}$は補正項）

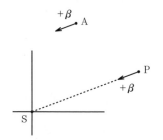

よび補正項を合計したものとなる。惑星 A がどの位置にあっても補正項 $\boldsymbol{\beta}$ の値は $-\boldsymbol{g}_{SP}$ に等しい。補正項の加算は P にも適用されるので，P の加速度は慣性系で見えていた加速度よりも大きくなって見える。

もし慣性系を用いるなら，余計な補正項は現れないですむ。代表的な慣性系は，太陽と惑星の共通重心に原点を置く座標系であろう（実際に 2.5 節では共通重心に原点を置いた）。しかしそれを用いると，太陽を基準として惑星の位置や動きを見たいときは，そのつど座標を換算する面倒がともなう。よって以下では終始，太陽を原点にした S 系を用いることにする。

以上の考察を**図 7.4** に即してまとめると，惑星 A に働く力 $\boldsymbol{f}$ はつぎのように記される。

$$\boldsymbol{f}=\boldsymbol{g}_{AS}+\boldsymbol{g}_{AP}-\boldsymbol{g}_{SP} \tag{7.1}$$

ただし

$\boldsymbol{g}_{AS}$：A にある単位質量が太陽 S に向けて引かれる力

$\boldsymbol{g}_{AP}$：A にある単位質量が惑星 P に向けて引かれる力

$\boldsymbol{g}_{SP}$：S にある単位質量が惑星 P に向けて引かれる力

こうして働く力 $\boldsymbol{f}$ のうち，惑星 P が引き起こしている分は

$$\boldsymbol{g}_P=\boldsymbol{g}_{AP}-\boldsymbol{g}_{SP} \tag{7.2}$$

に等しい。力 $\boldsymbol{g}_P$ は，P–S–A の位置関係に依存し，かつ惑星 P の質量に比例して定まる。この力 $\boldsymbol{g}_P$ が，惑星 A の軌道を乱す力として働く。

惑星 A がいろいろな位置にあるとき，式 (7.2) による力 $\boldsymbol{g}_P$ は，**図 7.5** のように現れる。力 $\boldsymbol{g}_P$ の向きは惑星 P を指すとは限らない。惑星 A が太陽 S を挟

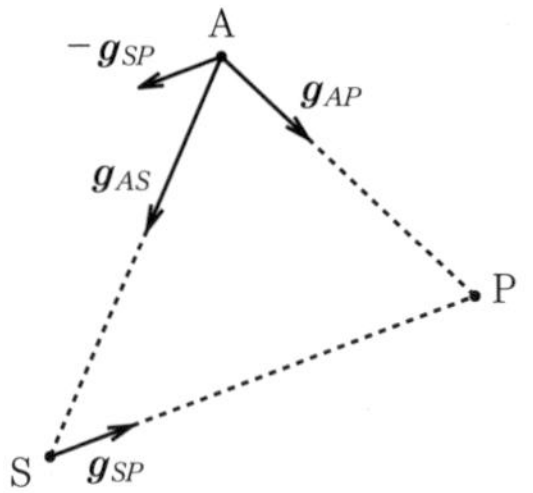


**図 7.4**　S 系に立って A に働く力を求める

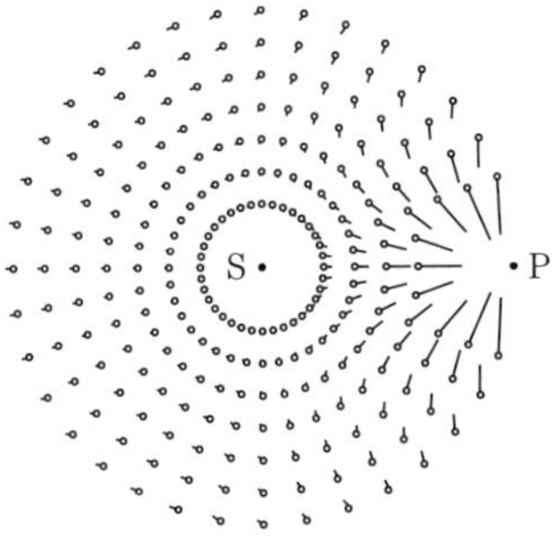

いろいろな場所に惑星 A を置く

**図 7.5** 惑星 P が引き起こす力 $\boldsymbol{g}_P$ の分布

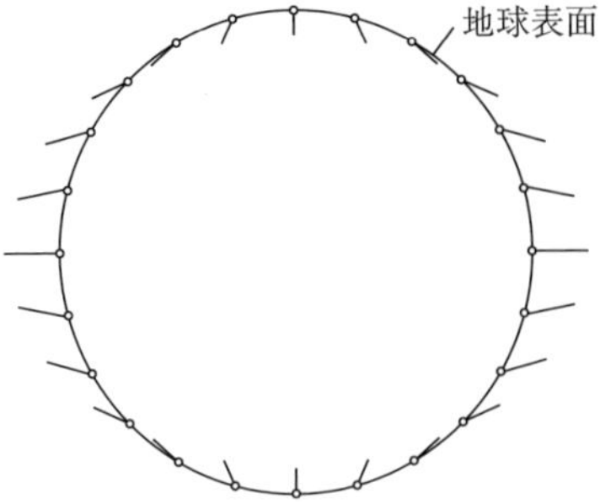

右手方向に月がある

**図 7.6** 月が地球に引き起こす潮汐力

んで P の反対側にあるときは，力 $\boldsymbol{g}_P$ は P から遠ざかるほうを指すという特徴がある。その特徴が顕著に現れるケースとして，**図 7.6** では，太陽のかわりに地球を，そして惑星のかわりに月を置いて，地球表面に働く力の分布を示した。月がある側と反対側とで，力の分布は対称に近い。この分布は，月の引力によって海面が持ち上げられる現象，すなわち潮汐のしくみを表している。月のある側と反対側とで海水面が同じくらい持ち上げられることが了解されよう。力がこのようにたがいに反対向きに現れて，引き裂くように働くことに着目するときは，その力を潮汐力（tidal force）という。

## 7.2 惑星の発見と摂動

惑星の摂動に関しては過去に，海王星（Neptune）の発見という大きい出来事があった。天王星（Uranus）が 1781 年に発見された後，その軌道を追跡観測していると，それは計算から予測される軌道からしだいにずれるようになった。ずれる原因として，天王星の軌道の外側に未知の惑星があって，その引力が天王星に摂動を引き起こしているという説が立てられた。天王星に見られた計算予測からのずれをもとに，未知の惑星の軌道を推定し，推定した方向に望遠鏡を向けたところ，視野のなかに未知の惑星があった。このような経緯をたどって，天王星の発見から65年後に海王星が発見されたのであって，この発見は天体力学の歴史を語る際に大事件として言及される[8), 9)]。それでは，天王星の発見はどういう原理でなされたのか，そして発見に至るまでの60余年の期間はどういう意味をもっていたのか，改めて分析してみよう。

ここでは模式化して，太陽のまわりに天王星と海王星があって，どちらも円軌道をまわり，しかも両者は同じ軌道面にあるとする。そして海王星の引力が，天王星の軌道に摂動を引き起こすものとする。海王星が式 (7.2) によって天王星に及ぼす力は，**図 7.7** のように現れて，この力が軌道を乱す。軌道を乱す力があるケースとないケースについて，天王星の軌道を数値積分によって求めてから，両者の差をとれば，摂動によって生じる天王星の位置のずれを算定することができる。算定の結果は**図 7.8** のようになった。図中には，天王星発見の1781年を起点として65年後までの惑星の動きを示す。惑星の動きは反時計回りで，目盛は5年ごとに刻む。天王星の位置に生じるずれは1 000倍に拡大したベクトルで表示した。数値積分には付録Dに記す演算を用いている（なお，天王星のほうも海王星に対して摂動を起こすのだが，その効果はここでは考えない）。

さて図7.8のスケールでは，天王星の軌道半径に比べて地球軌道の半径は1/19と小さい。天王星の公転位置を地球から観測しているとき，それに摂動

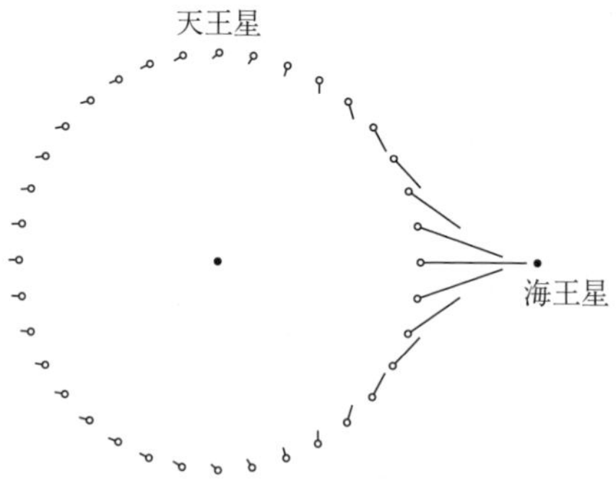


**図 7.7**　軌道を乱す力が天王星に働く

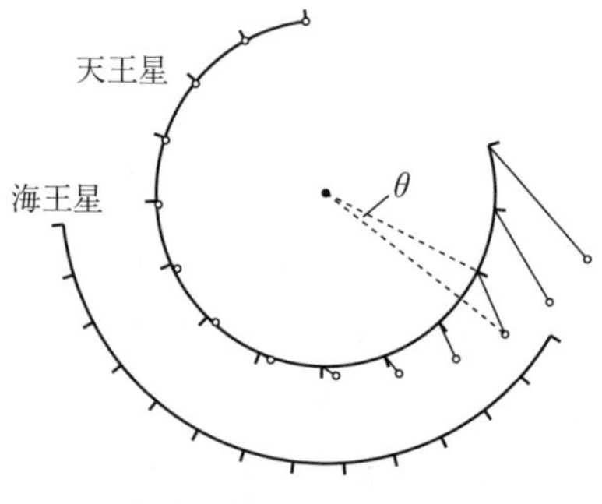


**図 7.8**　天王星に生じる摂動とずれ角度 $\theta$

によるずれが生じたとすると，ずれを観測することは実質上，太陽を中心として図中の角度 $\theta$ を観測することに等しい。そして観測されたずれ角度 $\theta$ に基づいて，未知の惑星の軌道を割り出すのだが，そのプロセスは以下のように記述される。

まず問題の惑星を，3 未知数を用いて表す。その一つ目は軌道の半径 $a$，二つ目は起点（1781 年）における軌道上の公転位置 $\lambda$，三つ目は惑星の質量 $m$ とする。未知数 $a$，$\lambda$，$m$ には，大まかに推量した値を与えてから，摂動のもとで天王星が公転していく角度を 65 年にわたって求めて，それを $\alpha_0$ と置く。つぎに，未知数のうち $a$ だけを $a+\delta a$ に変えてから，公転角度を求めてそれを $\alpha_1$ と置く。同様に，$\lambda$ だけを $\lambda+\delta\lambda$ に，$m$ だけを $m+\delta m$ に，それぞれ変えたときの公転角度を求めて，$\alpha_2$，$\alpha_3$ と置く。そして

$$\delta\alpha_1=\alpha_1-\alpha_0 \tag{7.3a}$$

$$\delta\alpha_2=\alpha_2-\alpha_0 \tag{7.3b}$$

$$\delta\alpha_3=\alpha_3-\alpha_0 \tag{7.3c}$$

を算出すると，$\delta\alpha_1$，$\delta\alpha_2$，$\delta\alpha_3$ はそれぞれ，未知数 $a$，$\lambda$，$m$ の変分に応じて現れるずれ角度 $\theta$ の変分を表す。ここでは $\delta a=3$ au，$\delta\lambda=10$ deg，$\delta m=m\times20$ %とすると，変分 $\delta\alpha_1$，$\delta\alpha_2$，$\delta\alpha_3$ は経過年数の関数として**図 7.9** のように現れる。

さて，ずれ角度として観測されていた $\theta$ に対して，もし

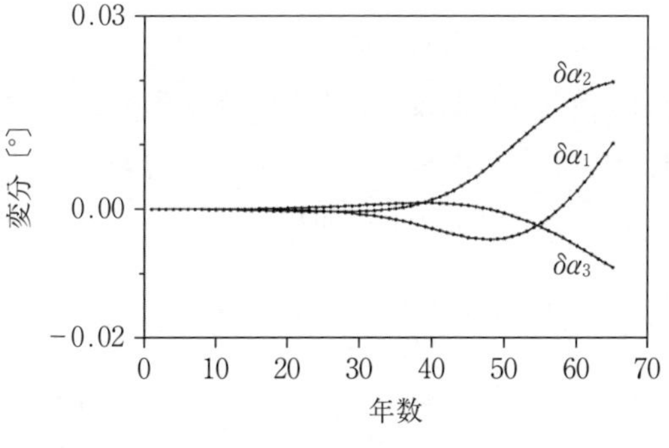


**図 7.9**　ずれ角度の変分の現れ方

$$\theta = u_1 \frac{\delta \alpha_1}{\delta a} + u_2 \frac{\delta \alpha_2}{\delta \lambda} + u_3 \frac{\delta \alpha_3}{\delta m} \tag{7.4}$$

という関係が成り立つように係数 $u_1$，$u_2$，$u_3$ を選ぶことができたなら，ずれ角度 $\theta$ が生じた原因を未知惑星の存在によって説明したことになる。ただし説明が成り立つためには，3 係数の選び方が一意に定まることを要する。一意に定まるためには，$\delta\alpha_1$，$\delta\alpha_2$，$\delta\alpha_3$ が関数としてたがいに線形独立でなければならない。図 7.9 によれば，起点からの経過年数が 40 年くらいまでは，三つの関数は値が小さいうえに形がたがいに似ているので見分けがつきにくい。つまり線形独立とは見なせない。年数が 40 年を過ぎて 50 年に達するころには，関数の形の違いが明らかになって，たがいに独立と見なせるようになる。その結果，係数 $u_1$，$u_2$，$u_3$ が定まったなら，それらは $a$，$\lambda$，$m$ の値に対する修正量を表す。そして修正を施すと，値は改良されて正しい値に近づく。もし 1 回の修正で不足なら，修正するプロセスを繰り返す。繰り返しても改良がうまくいかないときは，最初の大まかな推量に戻ってやり直す。このようにして，未知惑星の軌道が推定される。

上記の関係式 (7.4) は，軌道に関する未知数を推定すること，すなわち軌道推定（orbit estimation）の原理を表している。ただし上記では，未知な軌道は円軌道と仮定し，かつ軌道面は傾きをもたないと仮定したので，軌道に関する未知数は二つですんでいた。本来の軌道推定においては，軌道 6 要素を未知数に置かなければならないが，その場合でも軌道推定の基本原理は変わらない。

上記のプロセスによって推定した海王星の軌道は，どれほどの誤差をともなうか見積もりをしよう。ずれ角度を観測したデータ $\theta$ は，模式化して 1 年に 1 点ずつ，$N$ 年間にわたって得られていたとすると，観測データは $\theta_i$，$i=1$，2，…，$N$ というセットをなす。対応して関係式 (7.4) は，つぎの形に書かれる。

$$\theta_i = u_1 \frac{\delta \alpha_{i1}}{\delta a} + u_2 \frac{\delta \alpha_{i2}}{\delta \lambda} + u_3 \frac{\delta \alpha_{i3}}{\delta m} \qquad (i=1,\ 2,\ \cdots,\ N) \tag{7.5}$$

左辺にある観測データは観測誤差を含むので，この関係式には最小 2 乗法を適用して係数 $u_1$，$u_2$，$u_3$ を決定する。決定した $u_1$，$u_2$，$u_3$ が含むであろう誤差

は，以下のように見積もられる。最小２乗法の公式によれば[10)]，行列 $A$ を

$$A_{i1}=\frac{\delta\alpha_{i1}}{\delta a},\ A_{i2}=\frac{\delta\alpha_{i2}}{\delta\lambda},\ A_{i3}=\frac{\delta\alpha_{i3}}{\delta m} \tag{7.6}$$

と定めてから，$B=n(A^TA)^{-1}$ を算出すると，行列 $B$ の対角要素がそれぞれ $u_1$，$u_2$，$u_3$（したがって $a$，$\lambda$，$m$）の誤差の分散を表す。ただし $n$ は観測データの各点に付随する誤差レベルを表すもので，当時の観測レベルとして１秒角と置く。望遠鏡を向けたときに惑星が見つかるかどうかは，公転位置を表す $\lambda$ の誤差に支配される。よって $\lambda$ に注目すると，その誤差見積もり（$1\sigma$）は $\sqrt{B_{22}}$ で与えられる。

このようにして見積もった軌道推定の誤差は，観測年数 $N$ に対してどう推移するか，**図 7.10** に示す。年数とともに誤差が減るのは自然だが，減り方には緩急があって，それは前述のように線形独立性が現れてくる時期と関連している。観測年数が 60 年に近づくと，誤差は 1° 以内にまで減るので発見の可能性が高まることを示している。実際に，発見されたときの惑星は，あるはずと推定した位置から 1° 以内のところにあった。

結論として 60 余年という年数は，未知惑星の軌道を定めるためにちょうど必要な年数であったといえる。海王星は機が熟して発見されたともいえよう。

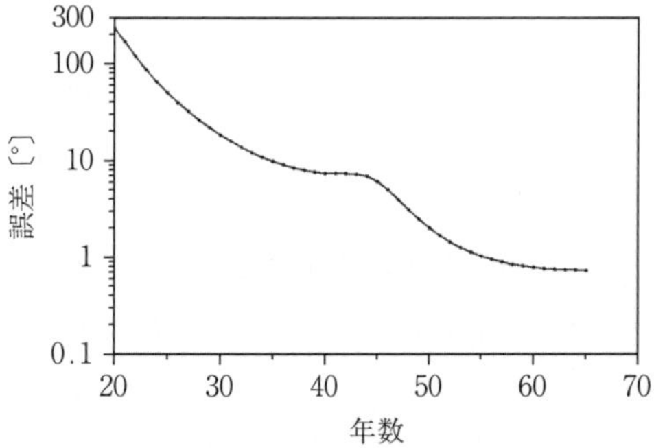


**図 7.10**　軌道推定の誤差見積もり
（惑星位置の誤差の推移を示す）

## 7.3 軌道の共鳴

天王星の軌道に生じる摂動は，拡大しなければ観察できないほどの小さいものであった。ここでは対照的に，摂動が大きく現れるケースを取り上げる。

**図 7.11** において，太陽 S のまわりに仮想的な惑星 P と小天体 A があって，どちらも円軌道を描くとする。小天体の「小」とは，質量が小さいので A が P に与える摂動は無視できることを意味する。ここで A と P の軌道周期には特別な関係があって，A が軌道を 2 周するあいだに P はちょうど 1 周するものとしよう。このとき，式 (7.2) ないしは図 7.5 に従って A が受ける力 $\boldsymbol{g}_P$ は，2 周に 1 回の割合で同じ現れ方を繰り返す。軌道上のある場所において，もし小天体 A が強い力 $\boldsymbol{g}_P$ を受けたとすると，同じ場所において 2 周後に A は再び強い力 $\boldsymbol{g}_P$ を受け，以下これを繰り返す。すると力 $\boldsymbol{g}_P$ の作用は時間とともに蓄積されて，その効果はどんどん大きくなるであろう。

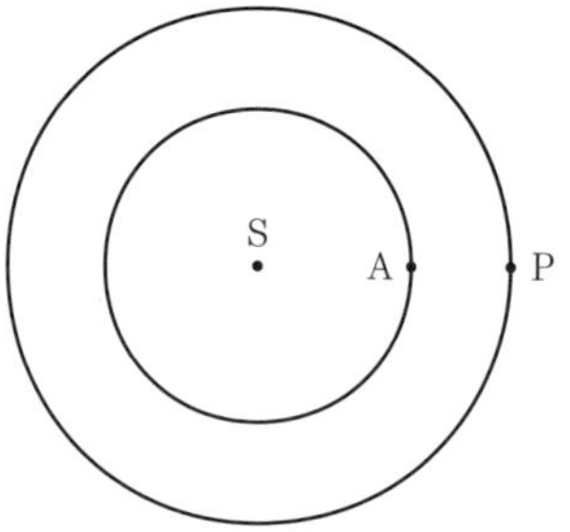


**図 7.11**　太陽 S をまわる惑星 P と小天体 A

一方，A と P の周期に特別な倍数関係がないなら，A が受ける力の作用は，あるときは足し合わされ，あるときは差し引きされるようになって，効果は蓄積されにくいであろう。このような状況を数値積分で再現して，**図 7.12** に示した。なお本章では数値積分をすべて付録 D によっている。

図の各ケースにおいて，惑星 P は半径 1 の軌道にあって，太陽の 1/1 000 の質量をもつ（この質量比は木星に近い）。ここでは惑星 P が止まって見えるような回転座標を用いて小天体の動きを表示している。小天体の軌道半径を $a$

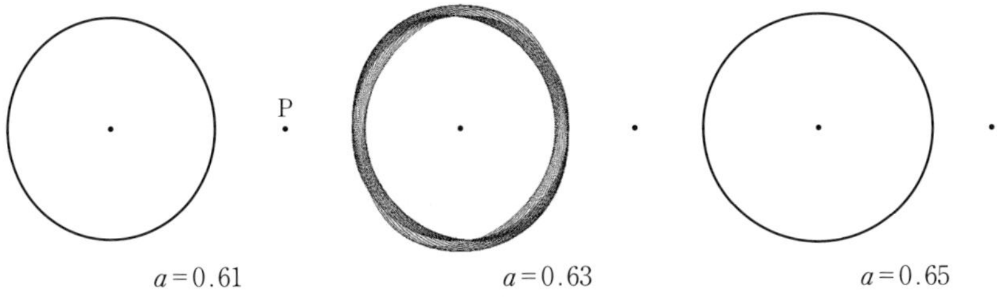


**図 7.12**　共鳴の発生（周期比 1：0.5）

とすると，ケプラーの第3法則によれば，$a=0.5^{(2/3)}=0.63$ のとき，惑星に対する小天体の周期は 1：0.5 となって上記の倍数関係が成り立つ。そのケースにおいて，小天体の軌道には目立つ変化が現れた。図 7.12 では小天体が 50 周回するあいだ，軌道を重ねて描いたので，そのあいだに生じた軌道の変化が線の拡がりとなって現れている。半径 $a$ の値を 0.63 から変えると，線の拡がりは小さくなって摂動は小さい。このように，周期が特定の比率にあるときに摂動が大きく現れる現象を，軌道の共鳴（orbital resonance）という。

共鳴は周期比 1：2 においても起きる。それは図 7.11 において，P と A を入れかえた場合に相当し，P が 2 周するあいだに A が 1 周する。そういう周期比とするには，惑星の軌道半径 1 に対して小天体の軌道半径を $a=2^{(2/3)}=1.59$ とすればよい。その $a$ において共鳴が起きることが，**図 7.13** において確認される。

共鳴は上記の例のほかに，整数比 $n：m$ となるさまざまな周期比でも現れる。太陽系には小惑星（asteroid）が数多く存在するが，その軌道の分布には

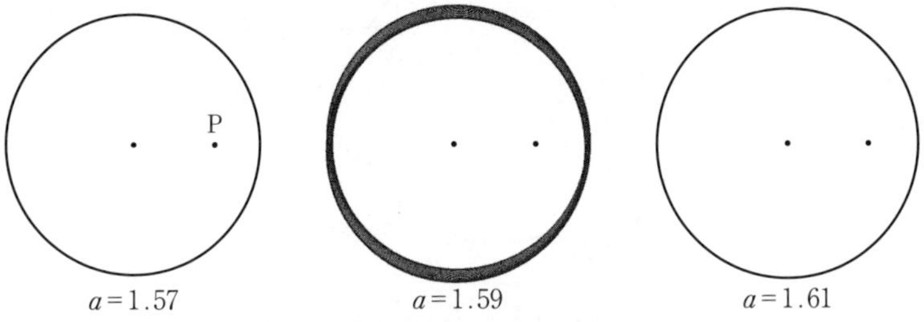


**図 7.13**　共鳴の発生（周期比 1：2）

特異性があって，それは木星の引力が過去に引き起こした共鳴現象に由来するといわれている[11), 12)]。

## 7.4　共軌道天体の動き

共鳴は周期比 1：1 においても起きる。この場合，周期が等しいのだから，軌道半径も等しい。惑星と小天体は，もし円軌道であれば同じ軌道を共有する。同じ軌道にあれば，二つが近づいて衝突することはあるだろうか。

模式図として描いた**図 7.14** では，太陽 S をまわる一つの円軌道に惑星 P と小天体がある。公転は反時計回りで，いま，小天体は P の前方の近い位置 a にあるとする。このとき，小天体は P に引かれることで減速を受けて，軌道のエネルギーが減っていく。すると軌道の半径が小さくなるから，ケプラーの第 3 法則に従って公転が速くなる。そのため，a にあった小天体は P から遠ざかる動きをもつようになって，b から c を経て d へ向かう（小天体の位置は P を基準として描いている）。小天体が d に近づくと P に引かれるようになるが，ここでは加速を受けるので軌道のエネルギーが増していく。ともなって軌道半径が増す結果，公転は遅くなるから，小天体は e で折り返した後，f から g を経て h へ向かう。こうして小天体は，a と e のあいだを c と g 経由で大回りに往復する（ただし往復する動きはゆっくりで，1 往復がすむまでに惑星も

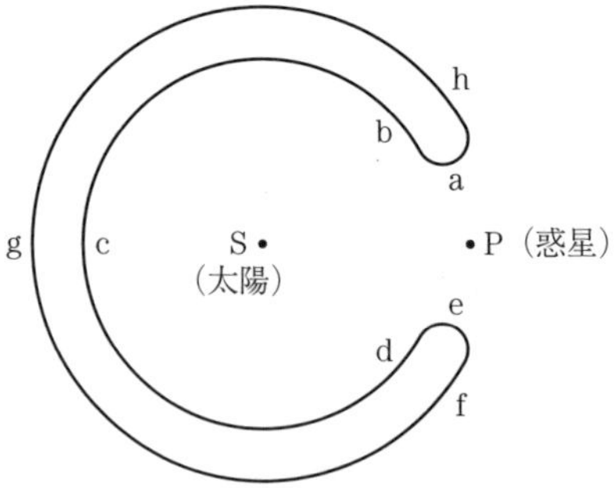


**図 7.14**　共軌道の小天体を考える

小天体も数多く周回する）。このような状況を数値積分により再現して，**図 7.15** に描いた。惑星 P の質量比は 7.3 節と同じで，ここでも P が止まって見えるような回転座標を用いて小天体の動きを表示している。小天体は図 7.14 中に記す位置 g から出発し，出発時に与えた軌道半径は P の軌道半径よりも 2 %大きい。小天体が 1 往復を終えたとき，惑星は 32 周回した。

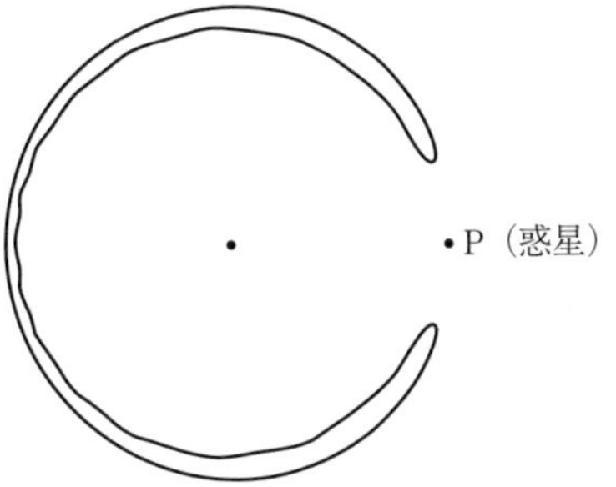


**図 7.15**　共軌道の小天体の動き

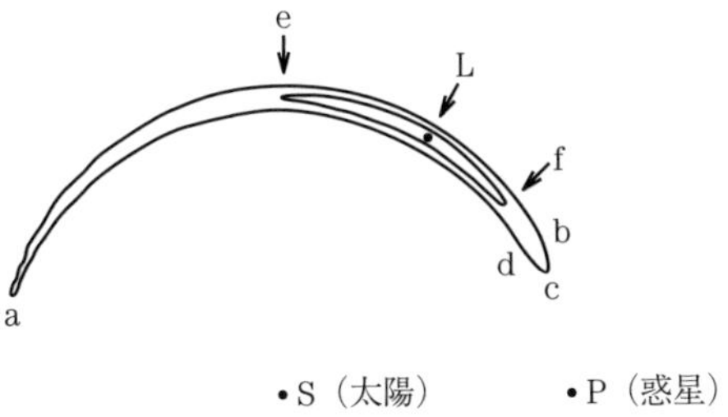


**図 7.16**　共軌道の小天体の動き（初期位置を変える）

上記のケースにおいて，小天体が出発する位置を変えると，動きは**図 7.16** のように変わる。まず，小天体を位置 a に置いて，軌道半径は惑星と同じとして出発させる。位置 a にある天体に P が及ぼす力を図 7.5 から読み取ると，力 $\boldsymbol{g}_P$ は小天体を進行方向にわずかながら加速する成分をもつ。すると小天体の軌道は徐々にエネルギーを得て半径が増していくので公転が遅くなり，小天体は P のほうへ動き出す。そして P に近づいたときには b–c–d と動くが，これは図 7.14 における h–a–b という動きと同じメカニズムによる。その後，図 7.16 において，小天体が d を過ぎて a に近づいていくと，近づく動きは力 $\boldsymbol{g}_P$ の働きによって徐々に遅くなる結果，位置 a で止まる。このようにして小天体は a と c のあいだを往復する。

図 7.14 において，小天体が b を過ぎて c へ近づいていくあいだ，力 $\boldsymbol{g}_P$ は小天体の動きを徐々に遅くさせるように働く。遅くさせる働きが勝てば，小天体の動きは c の手前で折り返すことになり，それは図 7.16 では位置 a において見たとおりであった。いい換えると，図 7.14 中で c と記した点は，峠のよう

な場所であって，b から動いてきた小天体が峠を乗り越えるか，乗り越えられないかで，その後の動きが分かれる。そして乗り越えた場合に，図 7.15 でのように大回りな往復が発生する。

さて図 7.16 において，小天体が出発する位置を e に変えると，往復する範囲は狭くなって e から f までになる。そして，出発する位置を図中の L とすると，小天体は L に止まったまま動かない。この位置 L を，図 7.5 に照らして見れば，点 L において力 $\boldsymbol{g}_P$ の指す向きはちょうど太陽に当たる。すると点 L に置かれた小天体は，軌道の進行方向に加速も減速も受けないから，L に留まって動かない。このようなメカニズムによって，L は釣り合い点になる。

釣り合い点 L は，具体的にどういう場所にあるだろうか。いま，図 7.4 において，SAP が正三角形になったと考えよう。その場面を改めて**図 7.17** に描いた。ただし図には，惑星 P に起因して生じる力だけを記している。P の存在にともなう補正項（図 7.3 参照）は，A と P に対し共通に $\beta$ として働く。P が A に及ぼす引力は，大きさが $\beta$ に等しい。すると A に働く二つの力は，合成すると S を向き，大きさは $\beta$ に等しい。よって A と P には，ともに大きさ $\beta$ の力が S に向かって働く。このほかにもちろん，太陽の引力は A と P に同じ大きさで働いている。結果として A と P には，同じ大きさの力が S に向かって働く。よって A と P は同じ軌道を同じ速度でまわるから，A と P の位置関係は変化しない。このときの A が，釣り合い点 L に相当する。結論として釣り合い点は，SP を底辺とする正三角形の頂点にある。釣り合い点はもう一つ，辺 SP を挟んで対称なところにも存在する。

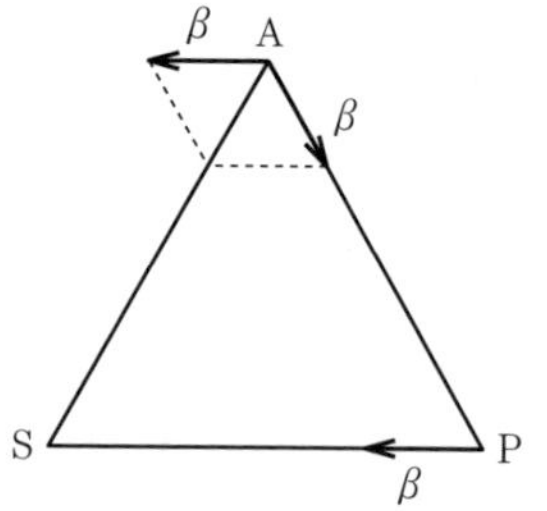


**図 7.17**　正三角形並びの釣り合い点

さてここまでは，共軌道にある惑星と小天体を考えた。もしも共軌道にあるのは小天体が二つで，質量は大きく違わないとすると，動きはどうなるだろうか。その一例を**図 7.18** に示した。小天体 A と B は，中心天体との比でそれぞれ 0.0002 と 0.0001 という質量をもつ。軌道半径は A のほうが B よりも 2% 大きくなるように与え，軌道上での A と B の位置は 180° 離れるようにして出発させる。軌道周期は A と B で少し異なるが，二つの周期の平均（ただし質量で重みをつけた平均）を求め，その周期で回転する座標系を用いて小天体の位置を表示した。図中の＊1 で A と B が出会うと，A は図 7.14 での h–a–b のように動き，B は同図での d–e–f のように動くことによって，二つはたがいに遠ざかっていく。A と B が＊2 で出会ったときも，類似のメカニズムが働いて，二つはたがいに遠ざかっていく。こうして A と B はそれぞれに，＊1 と＊2 のあいだを往復する。ここでは A の質量のほうが大きいため，往復範囲は A のほうが狭い。そして A の質量を大きくしたケースが，図 7.15 のケースに相当する。

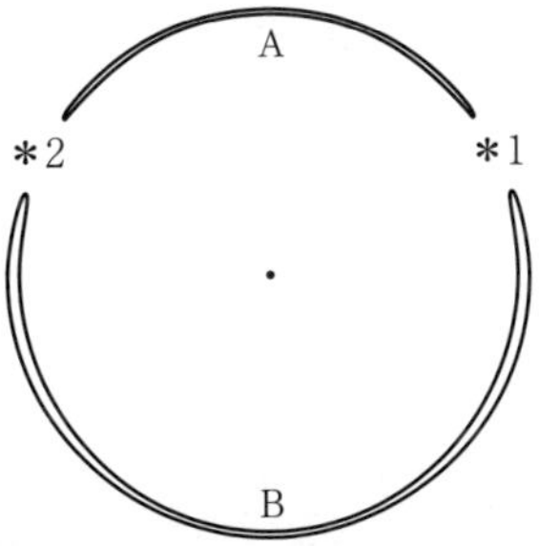


**図 7.18**　共軌道の小天体 A と B の動き

以上，共軌道にある天体のいろいろな動きを数値積分によって観察したが，そのような動きは現実にも太陽系の小天体や，大惑星をまわる衛星において存在することが知られている[12),13)]。

## 別種の釣り合い点

釣り合い点は正三角形の頂点のほかにも存在する。**図3**において太陽Sと地球Eを結ぶ直線上の点$X_1$を考えよう。太陽の潮汐力は引き裂くような形に現れるから，点$X_1$をうまく選ぶなら，地球へ向かう引力と，地球から離れる向きの潮汐力が釣り合う。そういう点に宇宙船を置けば，太陽と地球に対して相対的に静止を保つ。太陽光は地球に遮られて$X_1$に届かないから，宇宙を観測するのに都合がよい。別の釣り合い点$X_2$では，太陽を連続して観測するのに都合がよい。しかしながら釣り合いは不安定で，宇宙船が$X_1$や$X_2$から少し離れると，さらに離そうとする力が生じてどんどん離れてしまう。釣り合い点に留まるには推力を発生して軌道を修正する必要がある。対照的に，正三角形の釣り合い点にはそういう不安定性はない。正三角形と直線並びの釣り合い点を，合わせてラグランジュ点（Lagrangian points）という（ラグランジュ，J. L. Lagrange, 1736-1813）。

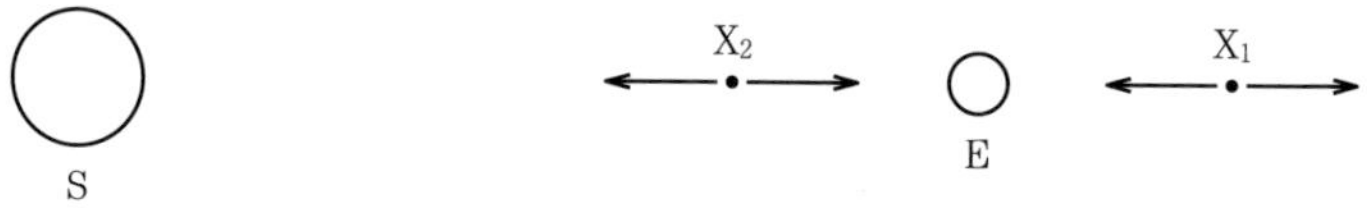


**図3**　直線並びの釣り合い点

# 8. 双曲線軌道

楕円軌道にある衛星は地球をまわる動きをいつまでも繰り返す。対照的に，ここでは無限の遠方に飛び去る一回限りの軌道を取り上げる。飛び去ってしまうものは普通，衛星とは呼ばない。宇宙船と呼ぶのが適切であろう。しかしここでは厳密に分けないで衛星という呼び名も許すことにしたい。

## 8.1 軌道と双曲線

2.3節においてわれわれは，運動方程式から

$$r=\frac{a\left(1-e^2\right)}{1+e\cos\theta} \tag{8.1}$$

という形の軌道を導き出せることを確かめた。その際，関心は楕円軌道にあったから，離心率 $e$ は1より小さいと想定していた。改めて見直すと，運動方程式から軌道を表す式(8.1)を得る際に，前もって $e<1$ に限定する理由はない。かりに $e>1$ であっても，$a$ を負とすれば動径 $r$ は正になるから，式(8.1)が表す軌道は意味をもつ。

では $a<0$，$e>1$ なら軌道はどのようになるか。公転角 $\theta$ が0から出発して進んでいくと，ある $\theta$ において式(8.1)の右辺の分母が0になるから，動径 $r$ は限りなく大きくなる。軌道の曲線は限りなく遠くへ伸びていく。その曲線は，双曲線になることが以下のように示される。

はじめに双曲線（hyperbola）をつぎのように定義する（**図8.1**を参照）。固定点F，Gからの距離をそれぞれ $r$，$s$ とするところに動点Pがあって，距離

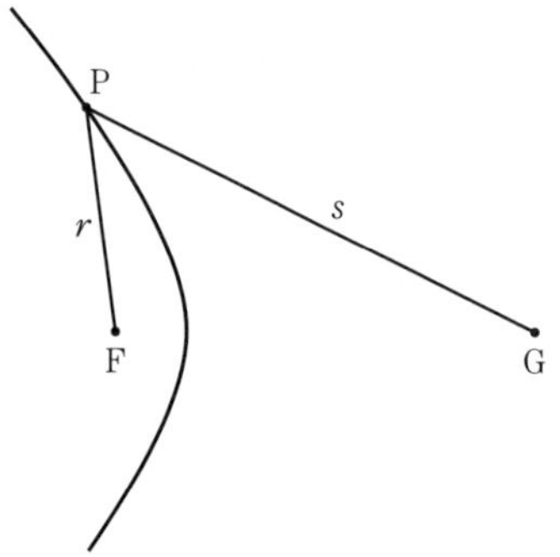


**図 8.1**　双曲線を定義する

の差が一定値 $L$ を保つ，すなわち

$$s - r = L \tag{8.2}$$

という条件を満たすとき，P の軌跡を双曲線という。ただし $L$ は，F と G の隔たりよりも小さい。固定点 F，G を双曲線の焦点という。

動点 P の位置を，動径 $r$ と角度 $\theta$ で表そう（**図 8.2** を参照）。焦点の間隔を $D$ とすると，三角形 FGP について

$$s^2 = r^2 + D^2 - 2rD\cos\theta \tag{8.3}$$

という関係が成り立つ。この関係に $s = L + r$ を代入して整理すれば

$$2rL + 2rD\cos\theta = D^2 - L^2 \tag{8.4}$$

となるが，これを

$$r = \frac{-\dfrac{L}{2}\left(1 - \dfrac{D^2}{L^2}\right)}{1 + \dfrac{D}{L}\cos\theta} \tag{8.5}$$

の形に書く。ここで

$$a = -\frac{L}{2}\ ;\ e = \frac{D}{L} \tag{8.6}$$

と置けば，式 (8.5) は式 (8.1) に一致する。つまり $a<0$，$e>1$ なら式 (8.1) は双曲線を表す。地球の中心は図 8.2 では焦点 F にあって，G は副焦点になる。こうして衛星の軌道は，楕円のほかに双曲線にもなりうることがわかった。いい換えると，ケプラーの法則は楕円軌道のほかに双曲線軌道となるケー

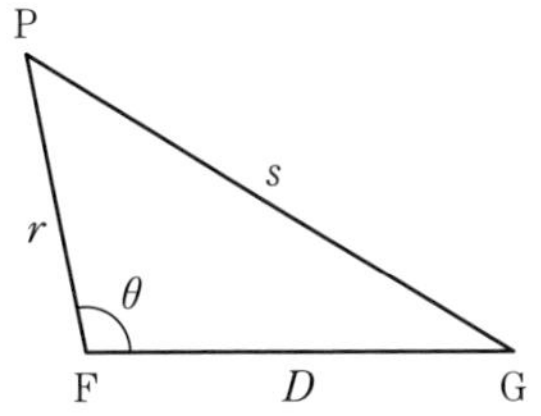


**図 8.2**　P の位置を $r$, $\theta$ で表す

スも含んでいたことになる。ただし双曲線軌道では，衛星は無限の遠方に飛び去って二度と戻らない。動きは反復しないから，周期という概念はない。

さて楕円は糸と鉛筆で描くことができたが，双曲線は描けるだろうか。描き方の一つを**図 8.3** に示す。2 本の糸を用意して，長さが $L$ だけ異なるようにしておく。2 本の端はそれぞれピンで点 F，G に留める。反対側の端は結び合わせて Q とする。Q を小さいリング P にくぐらせて通す。端 Q をうまく引いて，どの糸も張った状態を保つようにする。鉛筆の先をリング P のなかに置いて，リングを滑らせながら鉛筆を動かすと，鉛筆の先は双曲線を描く。

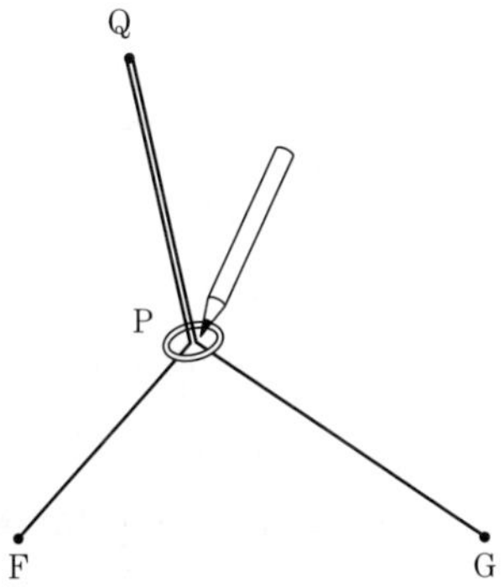


**図 8.3**　双曲線を描く

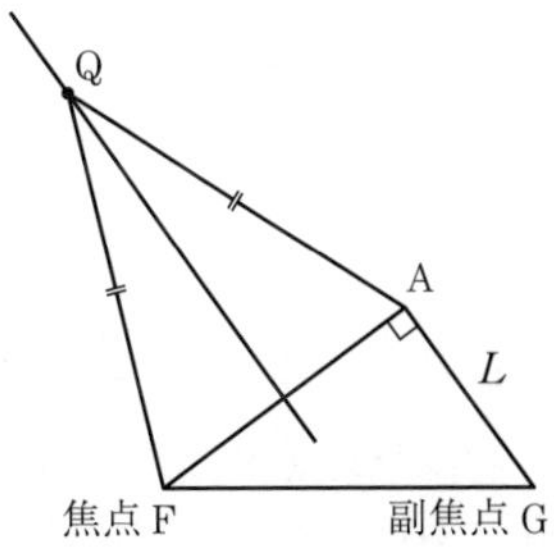


**図 8.4**　漸近線のありか

楕円には見られなかった特徴として，双曲線は漸近線（asymptote）をもつ。漸近線のありかはつぎのように見つかる。

**図 8.4** において，三角形 FGA を考え，AG を $L$ に等しくとり，A は直角とする。F と A から等距離のところに点 Q を置く。Q が遠くへ離れていけば，距離 QG は QA＋AG に近づいていく。すると Q は漸近的に QG－QF＝$L$ とい

う距離関係を満たす。つまり遠くにあるQは条件式(8.2)を満たす。したがって漸近線は，線分FAを垂直2等分する直線として定まり，それはFGの中点を通る。

より一般的な双曲線の定義では，式(8.2)のかわりにつぎの条件を置く。

$$|s-r|=L \tag{8.7}$$

すると曲線は2本のセットとして現れ，漸近線と合わせると**図8.5**のように描かれる。焦点の間隔FGは$|2ae|$に等しいが，楕円においても$2ae$が焦点間隔を表していた。一方で，楕円では$2a$が最大直径を表すところ，双曲線では$|2a|$が曲線間の最小距離を表す。

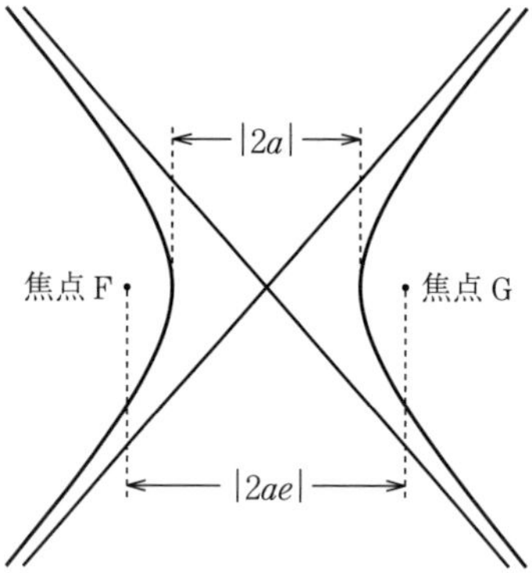


**図8.5**　双曲線と漸近線

双曲線には別の定義があって，それによれば，円錐と平面が交差した切り口の形を双曲線と定める。切り口が双曲線をなすことは付録A.2に示した。切り口による定義が共通することから，楕円と双曲線を合わせて円錐曲線（conic section）と呼ぶ。

## 8.2　双曲線軌道への投入

いま衛星は，地心から動径$r_0$のところにあって，動径に垂直な向きに速度$v_0$を与えられたとする（**図8.6**を参照）。このとき，どういう条件のもとで軌道は双曲線になるだろうか。もし双曲線なら長半径$a$は負の値をもつ。軌道

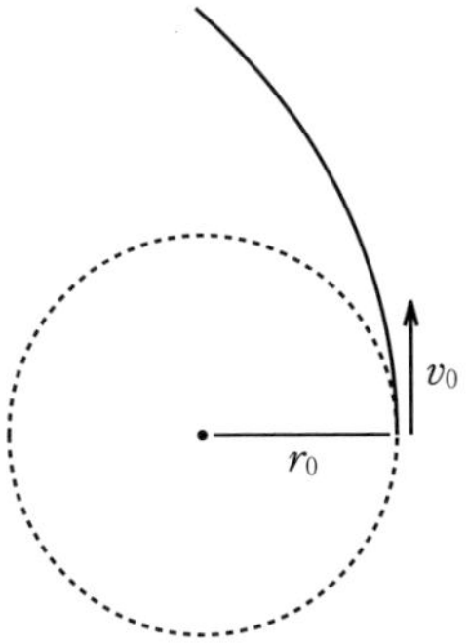


**図 8.6** 双曲線軌道への投入（点線は円軌道）

のエネルギーは

$$E = -\frac{\mu}{2a} \tag{8.8}$$

であったから，$a$ が負なら $E$ は 0 でない正の値をとる。すると離心率は

$$e = \sqrt{1 + \frac{2Eh^2}{\mu^2}} \tag{8.9}$$

だから 1 よりも大きい（$h$ は角運動量）。つまり $a<0$ であれば，おのずと $e>1$ になって，軌道は双曲線を描く。

さて軌道のエネルギーは，上記の $r_0$ と $v_0$ によって次式で表せる。

$$E = \frac{v_0^2}{2} - \frac{\mu}{r_0} \tag{8.10}$$

この $E$ が正の値をもつためには

$$v_0^2 > 2\frac{\mu}{r_0} \tag{8.11}$$

が成り立つことを要する。これが，軌道が双曲線になる条件を表す。ここで，半径 $r_0$ の円軌道では衛星の速度が

$$v_C = \sqrt{\frac{\mu}{r_0}} \tag{8.12}$$

に等しいことを思い起こすと，条件式 (8.11) は

$$v_0 > \sqrt{2}\, v_C \tag{8.13}$$

と書ける。図 8.6 において，衛星は半径 $r_0$ の円軌道にあったとすると，その

速度を $\sqrt{2}$ よりも大きい倍率で増してやれば，衛星は双曲線軌道に移ることを式 (8.13) は表している。

5.2 節では，円軌道の衛星に増速を与えて軌道を拡げる場面を見た（図 5.6 を参照)。拡げた軌道のエネルギーが，マイナス側から 0 へ近づくにつれて，楕円軌道のサイズは限りなく大きくなる。大きくなる極限ではどうなるかというと，1.1 節で考察したように，軌道は放物線になる。つまりエネルギーが 0 の軌道は放物線を描く。エネルギーが正の軌道は双曲線だから，楕円と双曲線の境界に当たるのが放物線軌道といえる。

双曲線軌道に乗った衛星が，無限の遠方に達したときの速度を $v_\infty$ としよう。エネルギー保存則によれば次式が成り立つ。

$$E = \frac{v_0^2}{2} - \frac{\mu}{r_0} = \frac{v_\infty^2}{2} \tag{8.14}$$

よって無限の遠方において衛星は

$$v_\infty = \sqrt{2E} \tag{8.15}$$

という一定速度で動く。地球の引力が衛星に与える影響は消えて，衛星は直線運動をするようになり，このことが漸近線の存在に結びつく。漸近線をもつ軌道に乗った衛星は，地球の引力から脱出（escape）したといってよい。

さて**図 8.7** には，動径 $r_0$ にある衛星に速度 $v_0$ を与えて双曲線軌道に乗せる，つまり脱出させる場面を改めて描いた（この場面は図 8.6 と同じで，速度 $v_0$ は動径 $r_0$ に垂直に与える)。脱出した衛星が向かう方向は，漸近線の配置によって定まる。その配置はどう決まるだろうか。漸近線は焦点 F，G の中点 M を通り，M は軌道から $|a|$ だけ離れている。漸近線の向きは，速度 $v_0$ の方向を基準として振れ角 $\beta$ で表す。図 8.4 の一部を再掲した**図 8.8** において，長さの比 $D:L$ は $e:1$ に等しい。このことから

$$\tan\beta = \frac{1}{\sqrt{e^2-1}} \tag{8.16}$$

という関係が成り立つ。離心率 $e$ に式 (8.9) を代入すると

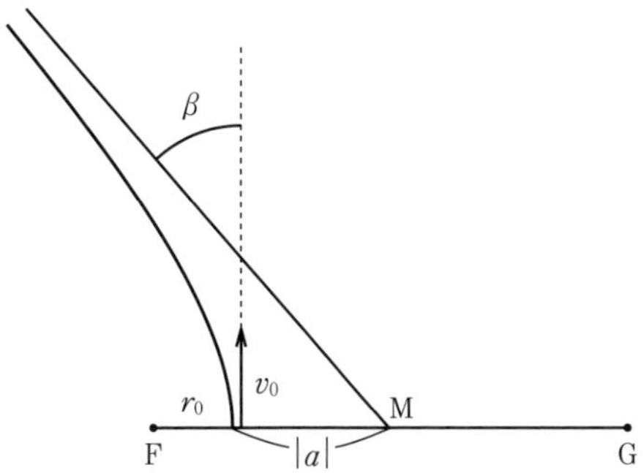


**図 8.7**　漸近線の配置

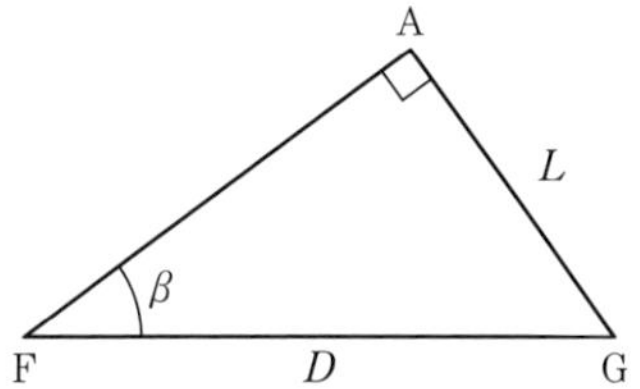


**図 8.8**　振れ角 $\beta$ を求める

$$\tan\beta = \frac{\mu}{\sqrt{2E}\,h} \tag{8.17}$$

となって，これから振れ角 $\beta$ がわかる。ただしエネルギー $E$ は式 (8.10) から求め，角運動量 $h$ は

$$h = r_0 v_0 \tag{8.18}$$

による。以上で，衛星を双曲線軌道に乗せる原理がわかった。

双曲線軌道に乗った衛星について，動きを予測するには付録 B に掲げた演算プログラムを用いればよい。もし摂動を入れた数値積分を行うのなら，付録 C による演算を用いればよい。これらの演算は楕円軌道と双曲線軌道に共通して適用できる。

## 8.3　双曲線と散乱

図 8.6 と図 8.7 において，軌道の曲線は上のほうにだけ伸びていた。本来の双曲線は**図 8.9** に描くように，上下に対称に伸びる。図 8.9 は，無限の遠方から飛来した宇宙船が—ここからは衛星でなく宇宙船と呼ぶ—地球の側を通過して，再び無限の遠方に飛び去る場面を表す。地球の側を通過すると，このように飛行方向が変わる。飛行方向の変化，すなわち散乱角（scattering angle）を，漸近線がなす角度 $2\beta$ として求めよう。無限遠方での速度を $v_\infty$ と置き，漸

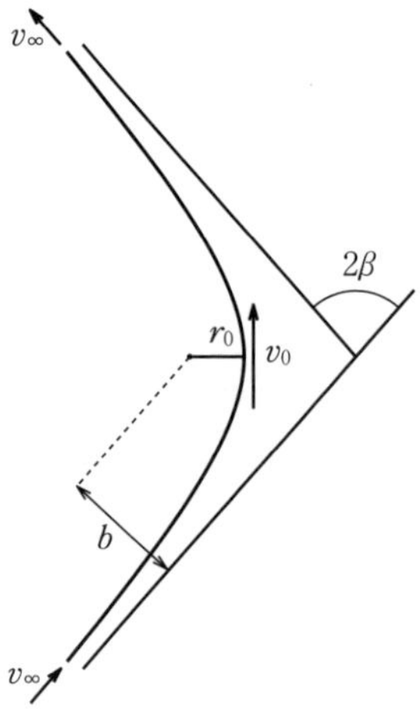


**図 8.9**　飛行方向の変化と散乱角 $2\beta$

近線と地心は $b$ だけ隔たるとすると，軌道のエネルギー $E$ と角運動量 $h$ は

$$E=\frac{v_\infty^2}{2} \tag{8.19}$$

$$h=bv_\infty \tag{8.20}$$

という値をもつ。これを式 (8.17) に代入すると

$$\tan\beta=\frac{\mu}{\sqrt{2E}\,h}=\frac{\mu}{bv_\infty^2} \tag{8.21}$$

に基づいて散乱角 $2\beta$ が算定される。

最接近における動径 $r_0$ と速度 $v_0$ を知りたいなら，離心率を式 (8.9) から

$$e=\sqrt{1+\frac{2Eh^2}{\mu^2}}=\sqrt{1+\left(\frac{bv_\infty^2}{\mu}\right)^2} \tag{8.22}$$

として求め

$$r_0=(e-1)|a|=(e-1)\frac{\mu}{v_\infty^2} \tag{8.23}$$

$$v_0=\frac{h}{r_0}=\frac{b}{r_0}v_\infty \tag{8.24}$$

とすればよい。もしも最接近点において，速度を式 (8.12) が表す $v_C$ に変える（つまり減速する）なら，宇宙船は地球をまわる円軌道に入って，その軌道半

径は $r_0$ になる。

図 8.9 において，漸近線の隔たり $b$ は，宇宙船が飛来するコースが地心からどれだけ隔たるかを指標として表す。この $b$ を，衝突パラメータ（impact parameter）と呼ぶ。パラメータ $b$ を変えたとき，散乱角が変わる様子を**図 8.10** に示した。パラメータ $b$ が小さいときは，わずかな $b$ の変化によって散乱角が大きく変わる。

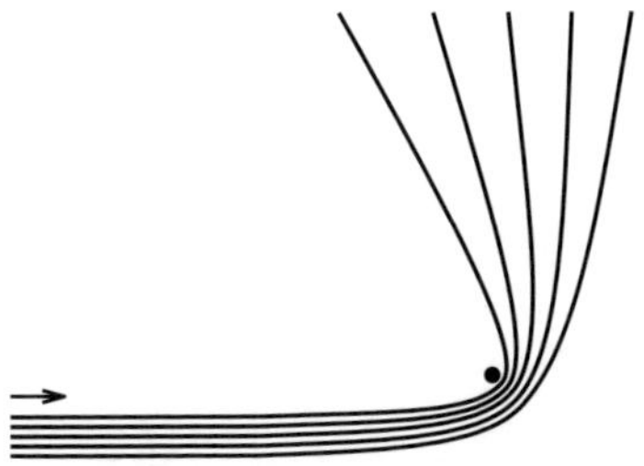

**図 8.10**　散乱の起き方

## 8.4　惑星通過飛行

無限遠から飛来して無限遠に去るような宇宙船の通過飛行を，再び**図 8.11** に描いた。散乱を起こすのは地球に限らず，惑星でもよい。遠方での速度を見ると，通過前の $v_1$ と通過後の $v_2$ は当然ながら大きさが等しい。さてここで，惑星と宇宙船に右向きの速度 $V$ を重畳した場面を考えよう。それは，観測者が左向きに速度 $V$ で移動しながら見ていると考えてもよい。すると場面は**図 8.12** のように見える。惑星は時間とともに A-B-C と動く。そのあいだ宇宙船は a-b-c と動いて，b のところで惑星 B を追い越す。宇宙船が遠方の a と c にあるときの速度（$v_a$ と $v_c$）を比較して，**図 8.13** に描いた。速度 $v_a$ と $v_c$ は，速度 $v_1$ と $v_2$ にそれぞれ $V$ を重畳してつくられる。同じ $V$ を重畳しても，ベクトル合成における角度の関係から，$v_a$ より $v_c$ のほうが大きい。つまり宇宙船は増速を受けたことになる。

いま，図 8.12 は，原点を太陽に置いた慣性系での表示であるとする。惑星は公転にともない A-B-C と動く。そのとき宇宙船が a-b-c と動くようにすれ

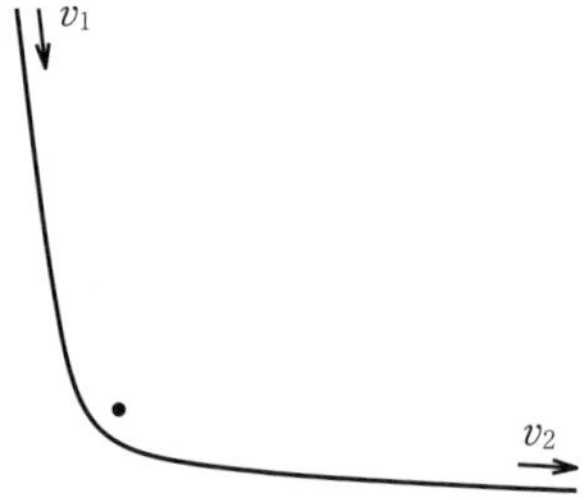


**図 8.11**　宇宙船の通過飛行が双曲線を描く

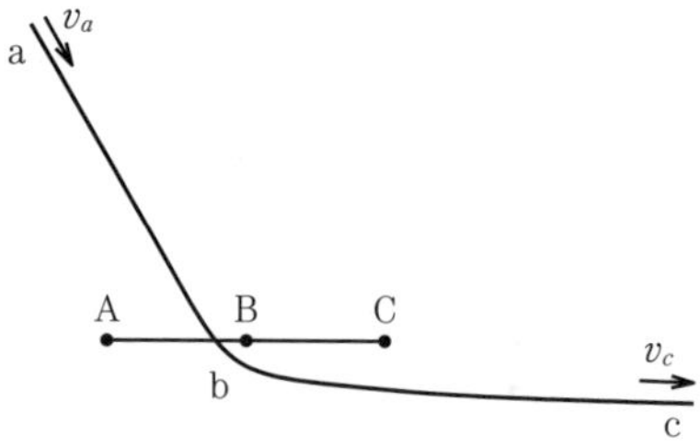


**図 8.12**　右向き速度を重畳した場面

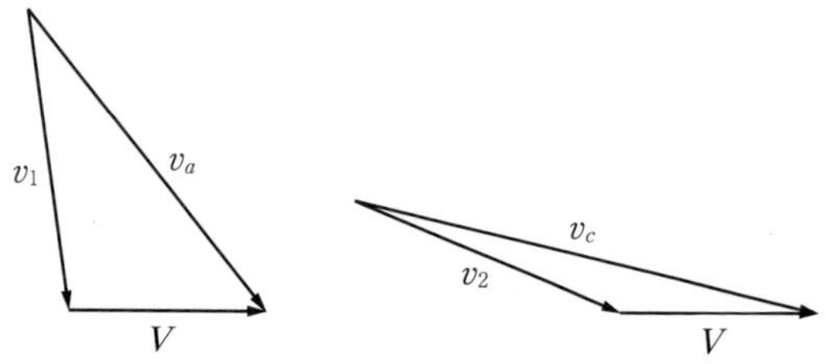


**図 8.13**　通過飛行による速度変化

ば，宇宙船は増速を得ることができる。例えば惑星は木星だとしよう。地球を出発した宇宙船は，木星の側を通過して増速を受けてから，つぎの目標である土星に向かう。すると途中での増速によって，土星に至るまでの所要期間を短縮できる。惑星通過飛行（planetary flyby）は，太陽系の探査において重要な役割を演じる。

惑星間の飛行を考えるときは，軌道を継ぎ合わせるという考え方が役立つ。地球を出発した宇宙船は，太陽を焦点とする楕円軌道を描いて進む。宇宙船が惑星の側を通過するときは，その惑星に立って観察すると，例えば図 8.11 のように宇宙船は遠方から飛来して双曲線を描きながら遠方へ去る。そのあいだ太陽の引力は，小さい摂動を与えるに留まる。宇宙船が惑星を離れると，軌道は再び太陽を焦点とする楕円軌道になって，惑星の引力は小さい摂動を与えるだけになる。このように，太陽をまわる楕円軌道と，惑星を焦点とする双曲線軌道を考えて，二つの軌道を継ぎ合わせると飛行の道筋を大略で定めることができる。惑星をまわる軌道に入る場合にはもちろん，惑星を焦点とする楕円軌道，ないしは円軌道を考える。もし宇宙船が太陽系から脱出すれば，軌道は太陽を焦点とする双曲線を描くことになるが，それは視野を拡げると，銀河中心部を焦点とする楕円軌道に継ぎ合わされるであろう。

さて図 8.10 に示したように，通過飛行における散乱角は，進入コースの衝突パラメータ $b$ に敏感であった。惑星通過の手前でパラメータ $b$ に誤差があると，通過後のコースが予定から狂ってしまう。そこで宇宙船は，これから通過しようとする惑星にカメラを向けて写真を撮る。写真には惑星と並んで背景の星が写るので，両者の位置関係からパラメータ $b$ を割り出せる。それによって進入コースを微調整する。このような光学航法（optical navigation）が惑星通過飛行では欠かせない。

惑星通過は，軌道面の変更にも応用される。太陽系の惑星は軌道面がほぼ共通にそろっているが，そこから傾斜した軌道に宇宙船を入れたい場合がある。例えば，太陽の北極や南極の上空を飛行して環境を調べたい。地球を出発した宇宙船は必然的に太陽系軌道面にあるので，その面から大きく軌道を傾斜させたいのだが，それにはきわめて大きい $\Delta v$ を要するので現実性がない。その解決に，惑星通過を利用する。

図 8.11 において，通過への進入コースが紙面から浮き上がって手前側にあるとしよう。コースは紙面に平行に進入して，惑星のこちら側を通る。すると通過後のコースの行く先は，紙面を突き抜けて向こう側を指す。結果として軌道面は大きく傾斜する。実例として，木星を通過することで宇宙船の軌道面を太陽系の軌道面にほぼ直立するまで変えたケースがあった。

## 8.5 自由帰還軌道

遠方から飛来して遠方に去る通過飛行を，もう一度**図 8.14** に描く。ただしここでは，先の例に比べると散乱角が大きい。双曲線は左右対称に置かれている。遠方での速度である $v_1$ と $v_2$ は，共通した左向き成分をもつので，それを $v^*$ と記す。さてここでも，散乱を起こす天体と宇宙船に対して，右向きの速

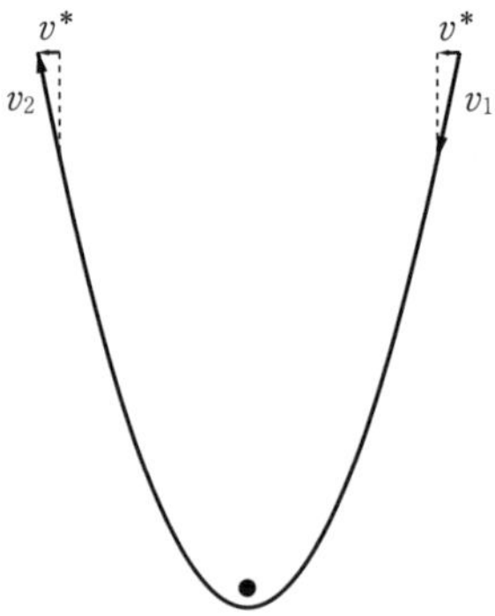


**図 8.14**　宇宙船の通過飛行が双曲線を描く

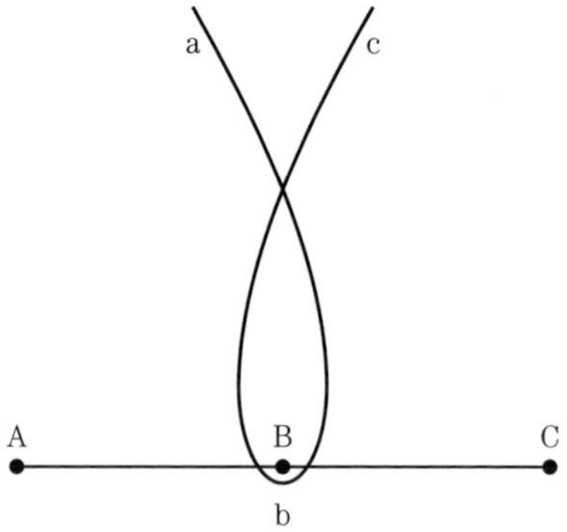


**図 8.15**　右向き速度を重畳した場面

度 $V$ を重畳する。速度 $V$ の大きさは，$v^*$ を上回るようにするが，極端に上回ることはしない。すると通過飛行の場面は，**図 8.15** のように見える。散乱天体は A–B–C と動く。宇宙船は a から飛来して，b の付近で天体 B をまわるようにループを描いた後，c へ飛び去る。宇宙船が天体に最接近する b 付近では左向きに大きい速度をもつので，このようにループを描く。遠方での速度を a と c で比べると，大きさは同じで方向だけが違う。

さて**図 8.16** へ移ると，地球を出発した宇宙船が楕円軌道を描き，その遠地点は月の軌道よりも高いところにある。宇宙船に月の引力が働くと，軌道は**図 8.17** のようになって，地球と月を往復する軌道ができる。月が公転して動く A–B–C と，宇宙船が動く a–b–c は，図 8.15 において A–B–C と a–b–c にそれぞれ対応する。つまり，月で散乱されるループ飛行軌道と，地球まわりの楕円軌道とを継ぎ合わせることで往復軌道ができた。ただし往復軌道になるためには，楕円軌道の遠地点の高さと，楕円軌道上での出発のタイミングを適切に選ぶ。ループがあるために往復軌道は，くびれた特徴的な形をもつ。

地球と月の往復軌道は，以下のような局面で重要な意味をもつ。いま，飛行の目的は月面への着陸にあるとしよう。宇宙船は月への最接近点（図 8.17 の

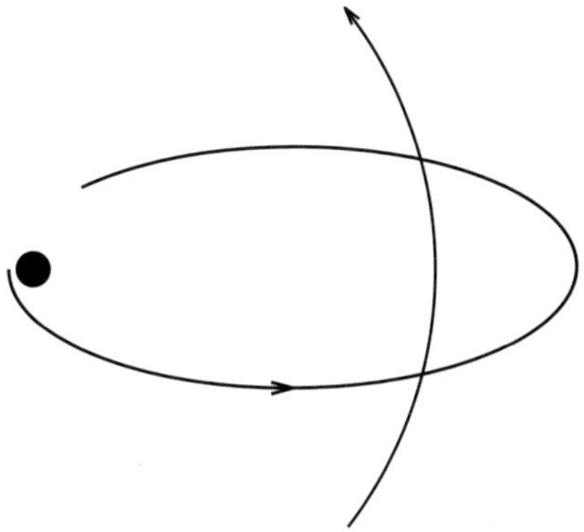

図 8.16 宇宙船の軌道と月の軌道

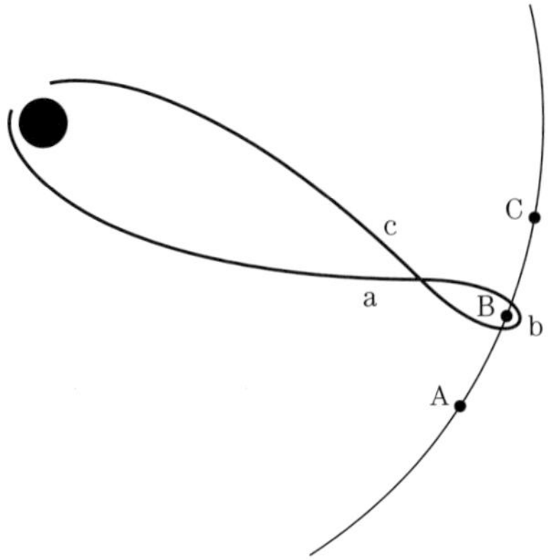


図 8.17 地球と月の往復軌道

b）で逆推進をかけて，まずは月を周回する円軌道に入る。月に視点を置いて観察すれば，図 8.6 において，遠方から飛来した宇宙船が減速して円軌道に入ることに相当する。そして円軌道から，月面へ降下する軌道に移って着陸を目指す。

ここでもしも，月へ向かう途上で宇宙船に不具合が生じたとすると，月周回軌道に入ることは中止して地球へ帰りたい，という場合がありうる。そういう場合，何もしないで慣性飛行を続けていけば，宇宙船は月をまわった後に必ず地球へ戻る。たとえ不具合があっても，慣性飛行を続けるだけならやりようがあるだろうから，この軌道は安全の確保に適している。このような往復軌道を，自由帰還軌道（free return trajectory）という。1960 年代から 70 年代の米国による有人月飛行では，自由帰還軌道とそれに近い軌道が用いられた。

**アポロ 13 と自由帰還軌道**

1970 年 4 月，史上 3 度目の月面着陸を目指す宇宙船「アポロ 13」は，月まであと少しというところで爆発事故に見舞われた。宇宙船は重要な機能の多くを失い，当然ながら月面着陸は断念，どうすれば地球へ帰り着けるかが火急の課題となった。宇宙船は，飛行の初期段階では自由帰還軌道にあったが，飛行は順調と判断した時点でコースを少し変えて，自由帰還軌道から外した。理由は，月面の着陸場所を選ぶ都合によるものであった。そのまま飛行すると，月をまわってから地球の方向におおよそ戻るものの，正常な帰還は難しい。幸い宇宙船は多少の推力なら出せる。そこで，急きょコースを修正して自由帰還軌道に戻した。その後は慣性飛行を続け，少々の中間修正を施しながらも自由帰還軌道をたどることで，地球へ帰り着いたのであった。アポロ 13 の実話は米国で映画化され，そのなかでは飛行管制官たちが，自由帰還軌道の図を黒板に書きながら策を練るシーンが何度も現れる。

# 9. 目標をねらう

あるところから物体を打ち出して，別のところにある目標に当てたいとすると，どういう軌道に乗せるのがよいか。目標とは，固定した地点かもしれないし，動く標的かもしれない。このように「ねらう」軌道を見つけ出すことについて，最も基本となる事項を考える。

## 9.1 固定点をねらう

平らな地面に点Aと点Bがあって（**図 9.1** を参照），点Aから打ち出した物体を点Bに当てたいとする。物体は，石でも砲弾でも，何でもよい。ただし打ち出しの初速度 $v$ をなるべく小さくすませたいとしよう。空気抵抗がなく，重力が一様と仮定すれば，物体は放物線を描いて飛行する。そしてだれもが知るとおり，打ち出し角 $\theta$ を 45° とすれば初速度 $v$ が最小ですむ。

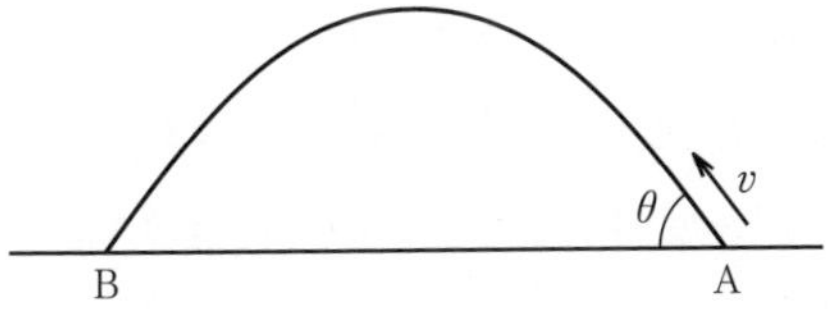


**図 9.1**　平地で固定点をねらう

上記の問題を，地球規模に拡大すると**図 9.2** のようになる。点Aから点Bへ向かう軌道は，焦点Fを地心に置く楕円軌道の一部が地面の上に出たもので，弾道軌道（ballistic trajectory）をなす。もし飛行物体が弾道ミサイルであれば，Aから出発してしばらくは推力飛行をするし，Bの手前では大気中を飛

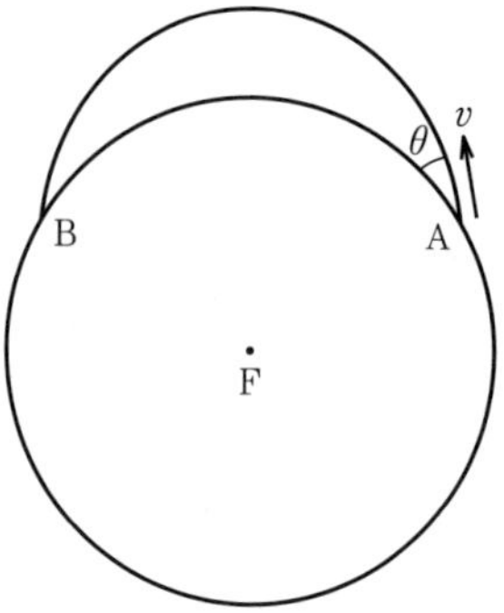


**図 9.2**　固定点をねらう

行して空気力を受ける。そういうあいだは楕円軌道から外れるであろう。しかし外れている時間は，飛行時間のなかで比率として大きくない。よってここでは模式化して，飛行物体は点 A にて瞬時に初速度 $v$ を与えられ，空気力を受けることはないとする。つまり A から B への軌道はケプラーの法則に従う。地球は理想的な球と仮定して，自転は考えない。このような設定のもとで点 A と点 B を与えられたとき，どうすれば必要な初速度 $v$ が最小になるだろうか。これは単純化した問題設定だが，第一近似としての意味をもつ。

## 9.2　最小エネルギー軌道

A から B へ向かう軌道を，改めて**図 9.3** に描いた。軌道には副焦点 G があって，それは AB を垂直 2 等分する直線のどこかにある。角度 $2\Psi$ は弾道の射程（range）を表す。さて点 A で物体に初速度を与える瞬間に，位置エネルギーはすでに決まっているから，与える初速度の大きさしだいで軌道のエネルギーが決まる。よって初速度を最小にすることは，軌道のエネルギーを最小にすることにほかならない。解くべき問題は，最小エネルギー軌道（minimum energy orbit）を見つけること，といい換えられる。3.3 節によれば，軌道のエネルギー $E$ はつぎのように長半径 $a$ に依存していた。

$$E = -\frac{\mu}{2a} \tag{9.1}$$

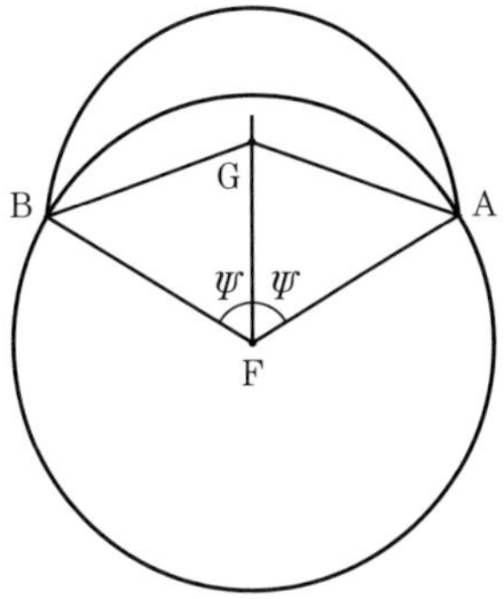


**図 9.3**　最小エネルギー軌道を求める

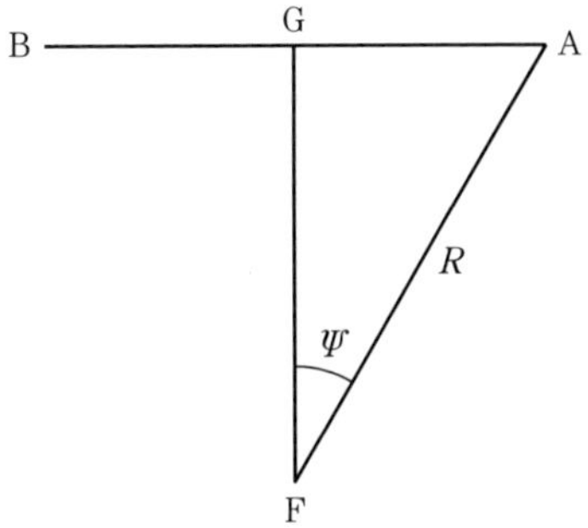


**図 9.4**　最小エネルギー軌道の配置

ここで $2a$ は，折れ線 FAG の長さに等しい。すると**図 9.4** に描くように，副焦点 G が直線 AB 上に来るなら長さ FAG が最小になり，よって軌道のエネルギーが最小になる。これで軌道の幾何学的な形が定まった。

軌道の形が定まれば，対応して打ち出し角が定まる。打ち出し角は**図 9.5** において，点 A における水平面から測った角度 $\theta$ で表される。水平面は半径 FA に垂直をなす。初速度 $v$ に垂直な直線 AN を引くと，それは点 A における楕円軌道の法線に相当する。ここで，楕円に関する光線と反射の関係（図 1.6 を参照）を思い起こして，点 A における入射角と反射角を $\alpha$ で表す。すると $\alpha$ は $\theta$ に等しい†。よって三角形 FAG の内角については

$$\Psi + 2\alpha + 90° = \Psi + 2\theta + 90° = 180° \tag{9.2}$$

が成り立つから，打ち出し角 $\theta$ は

$$\theta = \frac{90° - \Psi}{2} \tag{9.3}$$

のように定まる。

では，打ち出す初速度はどう定まるか。図 9.4 において，地球の半径を $R$ とすると

† NA と $v$ でつくる L 字形を，A を軸として半時計に角 $\theta$ まわしてみれば $\alpha = \theta$ であることがわかる。

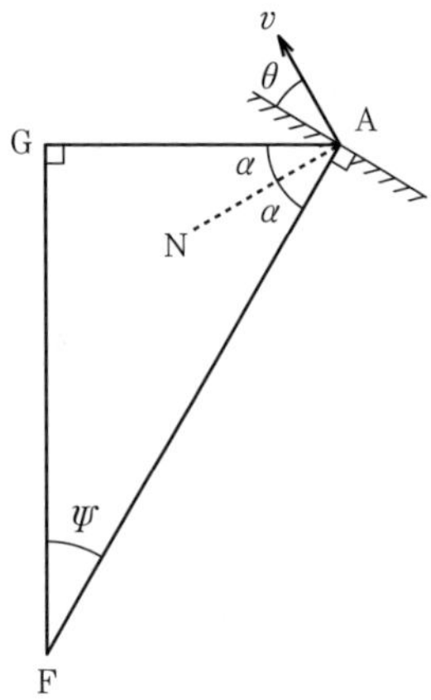


**図 9.5**　打ち出し角 $\theta$ を求める

$$\sin \Psi = \frac{2a - R}{R} \tag{9.4}$$

という関係が成り立っていなければならない。点 A で初速度 $v$ を与えると，軌道は

$$E = \frac{v^2}{2} - \frac{\mu}{R} \tag{9.5}$$

というエネルギーをもつ。この $E$ と式 (9.1) とから $2a$ の値を求め，その値を式 (9.4) に代入すると次式を得る。

$$\sin \Psi = \frac{1}{\dfrac{2}{v^2}\dfrac{\mu}{R} - 1} \tag{9.6}$$

これから $v$ を解いて

$$v = \sqrt{\frac{\mu}{R}}\sqrt{\frac{2\sin \Psi}{1 + \sin \Psi}} \tag{9.7}$$

という結果を得る。右辺には平方根が二つあるが，その一つ目は，半径 $R$ の円軌道の速度に相当する。二つ目は射程に依存するファクタで，1 を超えない。もし射程 $2\Psi$ が 180° なら，ファクタが 1 になり，打ち出し角は 0 になる。軌道は地面すれすれの円軌道になって地球を半周する。射程が 180° を超えると，打ち出し角は負になって，軌道は**図 9.6** に描いた (1) のように地球のなか

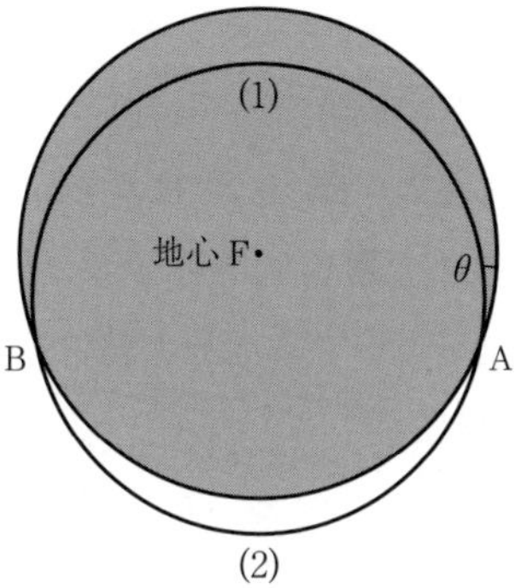


**図 9.6** 現実に選ぶ軌道は (2)

に沈んでしまう。この場合，現実には軌道 (2) を選ぶ。よって式 (9.3) と式 (9.7) は，適用範囲を $\Psi \leq 90°$ に限る。

まとめると，点 A での打ち出し角 $\theta$ と初速度 $v$ を式 (9.3) と式 (9.7) によって定めるなら，軌道は最小エネルギー軌道となって，その軌道は点 B に到達する。初速度を最小にするように式 (9.3) が定める角 $\theta$ は，最良な打ち出し角といってよい。

上記の問題は，つぎのように変形できる。点 A で与えられる初速度の大きさ $v$ が前もって決められているとき，射程は最大でどこまで達するか。答えは，式 (9.6) から算定する $2\Psi$ が最大射程（maximum range）を与える。ただし打ち出し角は式 (9.3) による最良角 $\theta$ とする。

算定した $2\Psi$ が最大射程を表すことを念のため確認しよう。**図 9.7** では，点 A での打ち出し角を最良角よりも大きくした。すると G にあった副焦点は G′ に移る。このとき AG と AG′ は長さが等しいから，点 B が移った先の B′ は，

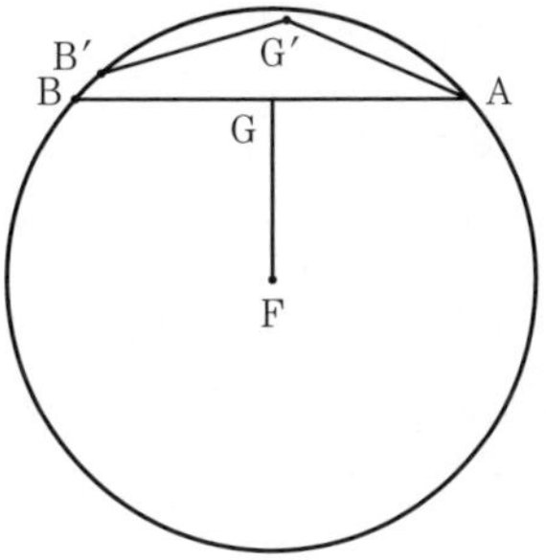


**図 9.7** 最大射程になることの確認

Aに近づく。打ち出し角を最良角より小さくしたときも，点Bが移った$B'$はAに近づく。どちらの場合でも射程は減少する。

さて，射程$2\Psi$がごく小さい場合を考えると，式(9.3)は$\theta=45°$となって，図9.1のケースに帰着する。この場合を改めて**図9.8**に描いた。焦点Fがある地心は限りなく遠いので，軌道は放物線をなす。すると放物鏡の性質として，焦点Gから出た光線は反射の後に平行光線になる。この性質からただちに，AとBでの角度が45°であることが示される。

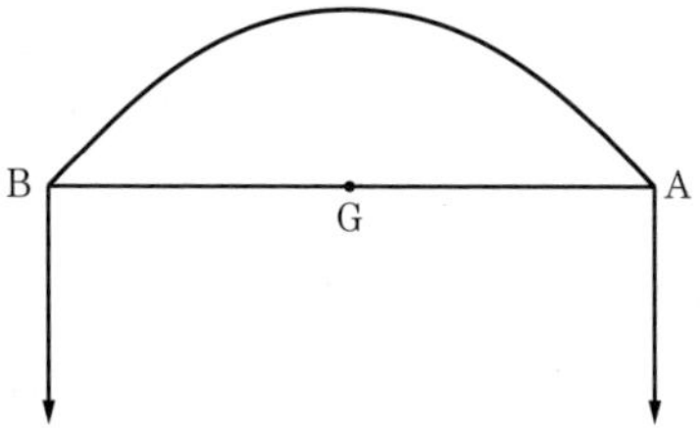


**図9.8**　放物線軌道の性質

この考察はつぎのように応用できる。**図9.9**では，平地から高さ$h$にある点Bをねらう。このとき最小エネルギー軌道をつくるには，副焦点Gが直線AB上に来るようにすればよく，Gの位置は$AG=GB+h$を満たすところに定まる。

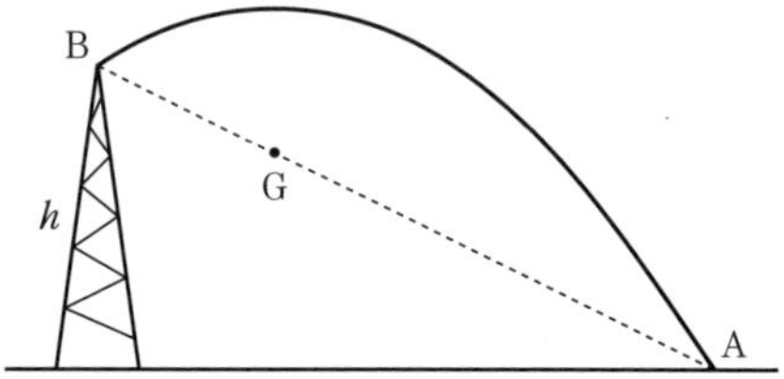


**図9.9**　高さのある目標点をねらう

## 9.3　動く点をねらう

図9.1において，ねらう標的Bは動くものであるとすると，場面は**図9.10**のように変わる。点Aから物体を打ち出す瞬間に，標的は位置$B_0$にある。打ち出した物体は$T$秒後に位置$B_1$に到達して，そこで標的に当たる。こういう

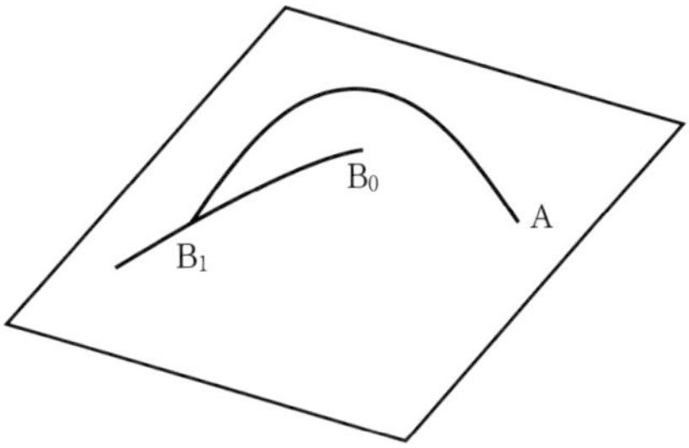


**図 9.10**　平地で動く標的をねらう

ねらい方が可能であるためには，当然ながら標的がどう動くのか知られていなければならない。そして，当てる位置 $B_1$ をまず決めてから，$B_1$ をねらって点 A から物体を打ち出す。どこでもよいから当てたいというのでは，A からねらおうとしても，ねらいようがない。そして当たるためには，標的が位置 $B_0$ から $B_1$ まで動く時間 $T$ とちょうど同じ時間をかけて物体が A から $B_1$ まで飛行しなければならない。以上の考察から，ねらって当てたいという問題は，つぎの問題に帰着する。

「点 A，B と，時間 $T$ とを与えたとき，ちょうど $T$ だけかかって A から B まで飛行する軌道を見つけたい。」

ただし A も B もここでは固定された点をいう。こうして問題の核心は，「時間合わせ」にあることがわかった。

平地でねらうケースなら，問題はただちに答えられる。**図 9.11** において，A から B に至る軌道が (1) のように低い軌道なら飛行時間は短いし，(2) のように高い軌道なら飛行時間は長い。よって適切な高さの軌道を選ぶなら，与えられた $T$ に飛行時間が合うようにできる。

では問題を地球のまわりに拡大しよう。**図 9.12** を参照して，解くべき問題

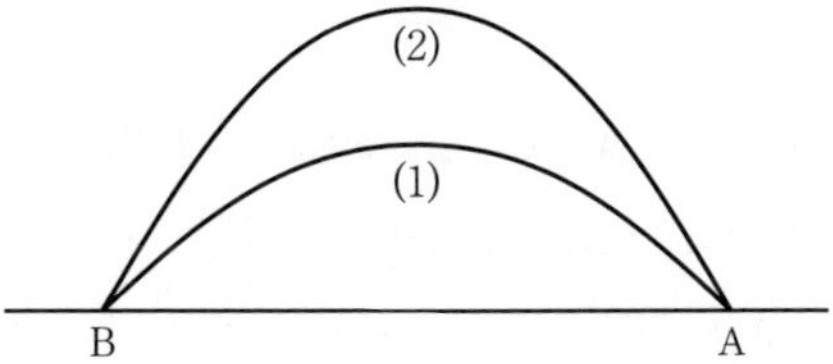


**図 9.11**　平地でねらうときの時間合わせ

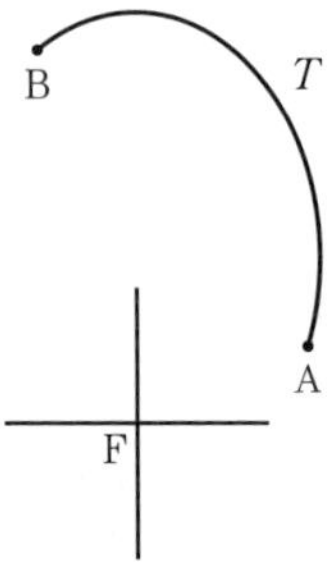


**図 9.12**　時間合わせ問題の設定

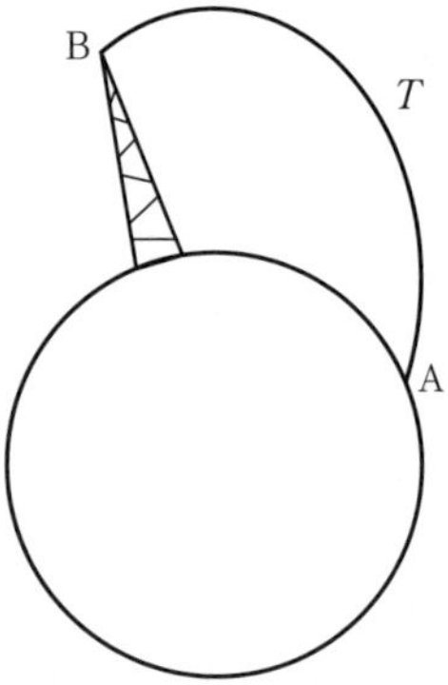


**図 9.13**　仮想惑星上での時間合わせ問題

はつぎのように設定される。

「空間に固定した点 A と B，および時間 $T$ を与えたとき，ちょうど $T$ だけかかって A から B まで飛行する軌道を見つけたい。」

図では F が地心を表し，A と B の位置は地心慣性系で表す。この図は例えば，航行中の宇宙船に B で出会うために A から出発するような場面に相当する。飛行物体に B で体当たりしようという場面ももちろん該当する。もし太陽が F にあるなら，A にて地球を出発した宇宙船が B にて惑星に到着することになる。または**図 9.13** に描くように，A と B は仮想的な惑星（大気がなく自転しない）に設けた場所であってもよい。以下では図 9.12 に即して，F には地心があるものとする。

このように設定した時間合わせの問題は，どのように解かれるだろうか。

## 9.4　時間合わせの原理

ここから先は論点を絞りたい。図 9.12 にて，A と B を結ぶ軌道は数あるが，そのなかから，任意に与えた $T$ に飛行時間が一致するものが必ず一つ見つかることを以下では示す。つまり問題には解が存在することを示したい。示すための議論は長くなるが，以下のように段階を追って進む。

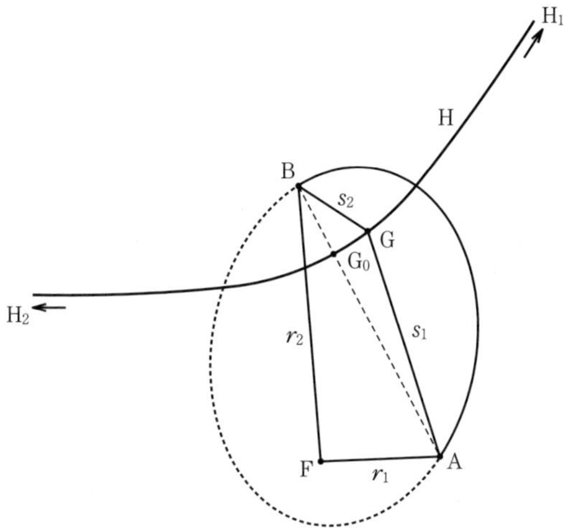


**図 9.14** A から B に至る楕円軌道と副焦点 G

いま，A から B に至る楕円軌道を，数あるなかから任意に一つ選んで描いたとする（**図 9.14** を参照）。軌道には副焦点 G があるが，G の場所はどこでもよいのではなく，つぎのように規定される。点 A は，焦点を F と G とする楕円にあるのだから，図中で点 A から焦点に至る距離について

$$r_1 + s_1 = L \tag{9.8}$$

という関係が成り立たなければならない。同様に，楕円の上に点 B があるのだから

$$r_2 + s_2 = L \tag{9.9}$$

という関係が成り立たなければならない。すると式 (9.8) と式 (9.9) の差をとれば

$$s_1 - s_2 = r_2 - r_1 \tag{9.10}$$

が成り立っている。右辺の値は一定だから，G は，一つの双曲線上にある†。その双曲線を H と記すと，H の焦点は A と B にある。双曲線 H は限りなく遠

† ここでは暗黙に $r_2 > r_1$ としていた。そうでない場合は式 (9.10) の両辺の符号が変わる。すると図 8.5 にて，二つセットの曲線からどちらを選ぶかが変わり，ともなって双曲線の配置が変わるが，以下の議論は変わらない。

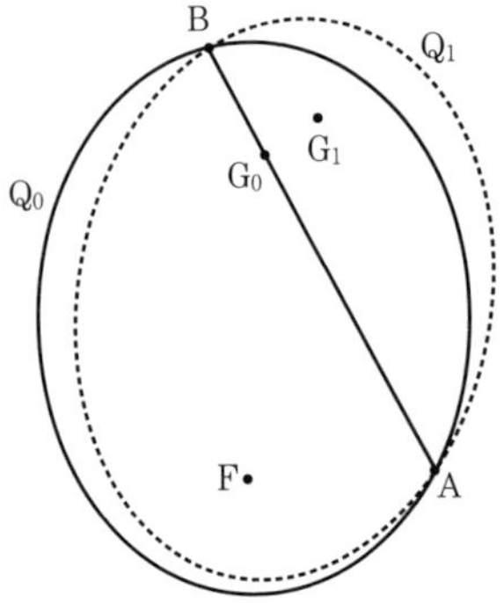


**図 9.15**　A から B に至る楕円軌道：$Q_0$ と $Q_1$

方へ伸びるが，その遠方のことを $H_1$ および $H_2$ で表す（ただし $H_1$ は，双曲線を AB で 2 分したときに F のない側にある）。双曲線 H 上に任意な一点をとれば，それに対応して A と B を結ぶ楕円軌道が一つ定まる。図中に描いた楕円軌道は，そうして定まる軌道の一つであった。

さてここで，A から B に至る最小エネルギー軌道を考えると，その副焦点は，双曲線 H と直線 AB が交わる $G_0$ にある（なぜなら，長さ AG が最短になるのは G を $G_0$ に置いたときだから）。その最小エネルギー軌道を**図 9.15** に描いて，軌道を $Q_0$ と記した。これと別にもう一つ，A から B に至る軌道を考えて，その副焦点は，$G_0$ から曲線 H に沿って少しずらした $G_1$ に置く。ずらす向きは図 9.14 で $H_1$ がある側とする。そうしてできる軌道を図 9.15 では点線で描いて $Q_1$ とした。軌道 $Q_0$ と $Q_1$ を比べると，A から B までの飛行に要する時間（以下「飛行時間 AB」という）はどう違うだろうか。ケプラーの第 2 法則を適用することを考えて，面積の関係を見よう。その際，動径が FA から FB まで進むときに塗りつぶす面積のことを，手短に「面積 A^B」ということにする。さて楕円を直線 AB で二つに分けたとき，F がある側の面積は $Q_0$ よりも $Q_1$ のほうが小さい。反対に，F がない側の面積は $Q_0$ よりも $Q_1$ のほうが大きい。したがって，楕円の面積のなかで面積 A^B が占める割合は，軌道 $Q_1$ のほうが大きくなる。長半径に着目して $Q_0$ と $Q_1$ を比べると，$AG_0 < AG_1$ だから，長半径は $Q_1$ のほうが大きく，したがって周期は $Q_1$ のほうが長い。ゆえに飛行時間 AB は，$Q_0$ よりも $Q_1$ のほうが長い。この考察をつぎつぎと適用すれば以下のことがいえる。すなわち図 9.14 において，副焦点の位置を $G_0$ から $H_1$ のほうへ移していくにつれて，飛行時間 AB はどんどん長くなる。長くなることに上限はなく，いくらでも長くなりうる。

ではつぎに，図 9.14 において，副焦点の位置を $G_0$ から $H_2$ のほうへ移していくとどうなるか。その場面を**図 9.16** に描いた。副焦点を $G_0$ に置いた軌道は図 9.15 と同じく $Q_0$ と記し，副焦点を少しずらして $G_1$ に置いたときの軌道を $Q_1$ と記す（図中では点線）。軌道 $Q_0$ と $Q_1$ とを比べると，面積 A^B は $Q_1$ のほうが小さい。さて面積速度は $Q_0$ と $Q_1$ でどう違うだろうか。$Q_1$ のほうが長半径が大きいから，軌道のエネルギーも大きい。点 A での初速度を，軌道 $Q_0$ については $v_0$ で，$Q_1$ については $v_1$ で表すと，$v_1$ のほうが $v_0$ より大きい。初速度の向きを見ると，$v_1$ のほうが楕円の内側へ寄った向きにある。したがって面積速度は $Q_1$ のほうが大きい。ゆえに飛行時間 AB は，$Q_0$ よりも $Q_1$ のほうが短い。この考察をつぎつぎと適用すれば，図 9.14 において，副焦点の位置を $G_0$ から $H_2$ のほうへ移していくにつれて飛行時間 AB はどんどん短くなる。

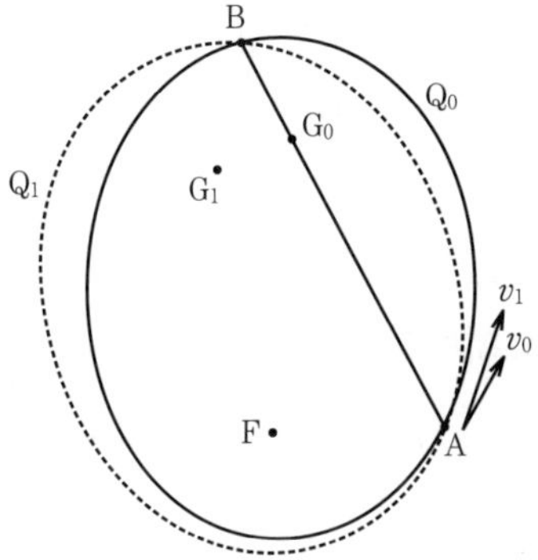


**図 9.16**　A から B に至る楕円軌道（別場面）：$Q_0$ と $Q_1$

ここまでをまとめると，図 9.14 において，副焦点 G の位置を $H_1$ から $H_2$ のほうへ移していくにつれて，飛行時間 AB は単調に減少する。

さて，A から B への軌道は楕円に限るわけでなく，双曲線もありうる。A と B を結ぶ双曲線軌道の一つを**図 9.17** に描いた。軌道は副焦点 G をもつが，その場所はつぎのように規定される。双曲線の上に点 A と点 B があるのだから，A と B から焦点に至る距離については以下の関係が成り立たなければならない。

$$s_1 - r_1 = L \tag{9.11}$$

$$s_2 - r_2 = L \tag{9.12}$$

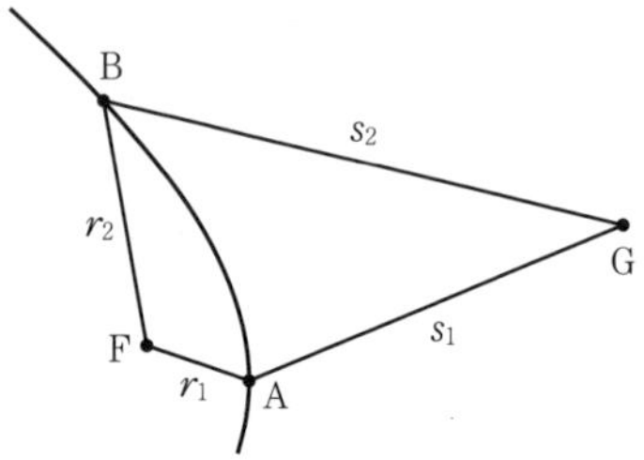


**図 9.17**　A から B に至る双曲線軌道と副焦点 G

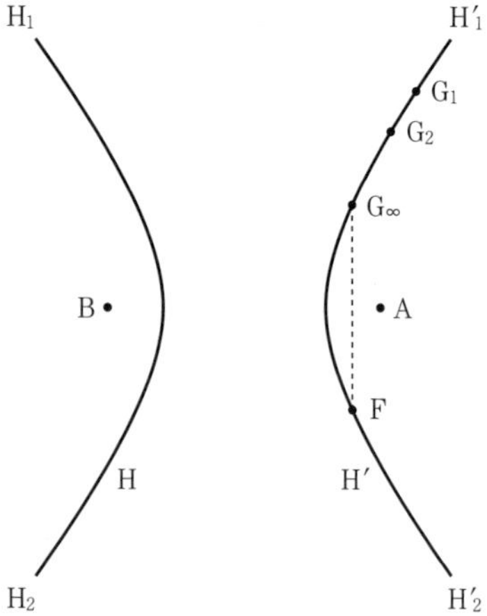


**図 9.18**　副焦点を乗せる双曲線は H と H′のセット

すると式 (9.11) と式 (9.12) の差をとれば

$$s_2 - s_1 = r_2 - r_1 \tag{9.13}$$

が成り立つ。右辺の値は一定だから，G は，一つの双曲線上にあり，その双曲線は A と B を焦点としている。この双曲線を H′と記すと，H′は先に定めた H とともに，**図 9.18** のように配置される。曲線 H と H′が双曲線としてセットをなすことは，式 (9.10) と式 (9.13) の形から明らかであろう。そして H′が F を通ることを式 (9.13) は表している。前記にならって，曲線 H′の遠方のところを $H'_1$ と $H'_2$ で表す（F のある側が $H'_2$）。

この図 9.18 において，副焦点を H に乗せて $H_2$ のほうへ遠ざけていくと，A と B を結ぶ軌道は放物線に近づく。一方，副焦点を H′に乗せて $H'_1$ のほうへ遠ざけていくと，軌道は放物線に近づく。これら二つは同じ放物線であることを注意しておく。

図 9.18 において，曲線 H′上には副焦点 $G_1$ と $G_2$ を隣り合って置いたとする（$G_2$ のほうが A に近い）。$G_1$ と $G_2$ に対応する軌道を，**図 9.19** に描いて，それぞれ $Q_1$，$Q_2$ と記した。点 A での初速度を，$Q_1$ では $v_1$，$Q_2$ では $v_2$ と表す。ここで軌道の長半径 $a$ を考えると，図 9.17 において $s_1 - r_1 = -2a$ という関係が

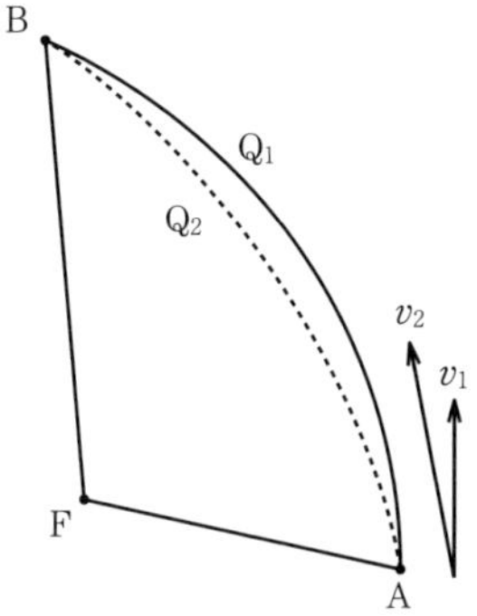


**図 9.19** A から B に至る双曲線軌道：$Q_1$ と $Q_2$

ある（双曲線軌道では長半径が負になる）。副焦点 G が A に近づけば，$-2a$ の値は減少する。よって軌道のエネルギーは $Q_1$ よりも $Q_2$ のほうが大きい。すると先に図 9.16 において論じたことを，図 9.19 にも適用できる。すなわち，初速度は $v_1$ よりも $v_2$ のほうが大きく，$v_2$ のほうが $v_1$ よりも F に寄った向きにあるから，面積速度は $Q_2$ のほうが大きい。そして面積 A^B は $Q_2$ のほうが小さいから，結果として飛行時間 AB は $Q_1$ よりも $Q_2$ のほうが小さい。

さて図 9.18 において，曲線 H′上には点 $G_\infty$を置いてある。その置き方は，直線 AB に関して F と $G_\infty$が対称になるようにした。もし副焦点 G が $G_\infty$に来ると，A と B を結ぶ軌道は直線になる。これは状況として，A で与える初速度を限りなく大きくした極限を表す。したがって副焦点は，点 $G_\infty$上に置くことはできないし，$G_\infty$を越えて F のある側に置くこともできない。

以上すべてをまとめると，図 9.18 において，副焦点 G を置く位置と飛行時間 AB の関係について以下のことがいえる。

・G が $H_1$ にあれば飛行時間は限りなく大きい

・G が $H_1$ から $H_2$ のほうへ移るにつれて飛行時間は単調に減少する

・G が $H_2$ にあるときと $H'_1$ にあるときとで飛行時間は等しい

・G が $H'_1$ から $G_\infty$のほうへ移るにつれて飛行時間は単調に減少する

・G が $G_\infty$に近づけば飛行時間は限りなく 0 に近づく

ゆえに，任意の時間 $T$ を与えたとき，$T$ に等しい飛行時間 AB をもつ軌道が必ず一つ見つかる。

これで，時間合わせの問題には解が存在することが示された。では具体的にどうすれば解を見つけ出せるか。原理的にいうなら，上記の議論に従って順に探していけばよい。まずAとBを最小エネルギー軌道で結んで，飛行時間ABを見る。それよりも与えられた$T$のほうが大きいなら，副焦点Gを$H_1$へ向けて少しずつ移していけば，どこかで$T$に合う軌道が必ず見つかる。もし$T$のほうが小さいなら，$H_2$へ向けて少しずつ移していけばどこかで見つかる。もし$H_2$へ移しても見つからないなら，$H'_1$から$G_\infty$へ向けて移していけば必ず見つかる。

この見つけ方は，数値演算を多数繰り返して探索するので効率的とはいえない。実際的には，もっと効率的な探索手法が開発されている。それによれば，求めるべき軌道の長半径を数値的な探索によってはじめに割り出す。それに連動して点Aでの出発初速度が定まる。具体的な手順は文献14）に示されている。

**ねらう精度と地球引力**

地上の固定点を正確にねらおうとすると，地球の形による摂動が無視できない。地球の形は係数$J_2$，$J_3$などを通じて引力に影響を与える。その係数は，人工衛星の軌道に現れる摂動から逆算することではじめて正しく知られるようになった。例えば$J_2$の値は，現在では式（6.10）のように知られているが，人工衛星の登場より以前は0.00160などと見積もられていた。では現在の値と以前の値を$J_2$に与えると，どれほどの違いが軌道に現れるだろうか。一例として，北極をまたぐ射程90°の最小エネルギー軌道を考えて，到達点の違いを数値積分で調べると，違いは5 kmに達する。これはすなわち，ねらう誤差にほかならない。かつての東西冷戦において特に初期のころは，こういう誤差が重い課題であったことがうかがわれよう。

# 10. ラ　ン　デ　ヴ

宇宙船が，目標とする別の宇宙船に出会って，その側に留まる状態になることをランデヴ（rendezvous）という。ここでは代表的なケースとして，低軌道の宇宙ステーションを目標とするランデヴを考える。地上を出発した補給船が，ステーションへのランデヴを果たすまでのプロセスについて，基本原理を明らかにする。

## 10.1　打ち上げと軌道面合わせ

宇宙船がランデヴを達成するためには，目標に対して位置と速度を一致させなければならない。それはいい換えると

①　軌道のサイズと形

②　軌道面の向き

③　軌道上の公転角

をすべて一致させることに等しい。宇宙ステーションへのランデヴを目指して補給船を打ち上げる際には，このなかでまず②を一致させることを優先して，以下のような方策をとる。

目標とするステーションの軌道面と，補給船の打ち上げ射場の関係を**図 10.1** に描いた。射場 L の位置は地球の自転とともに動いていって，ある時点で軌道面に差しかかる。その時点で打ち上げを実行して，飛行コースを適切な方向にとれば，目標とする軌道面に補給船の軌道面を一致させることができる。もしも補給船を打ち上げた後で軌道面の向きを変えようとすると，$\Delta v$ 発生のために燃料を消耗し，その消耗は軌道が低ければ特に大きい。そのような

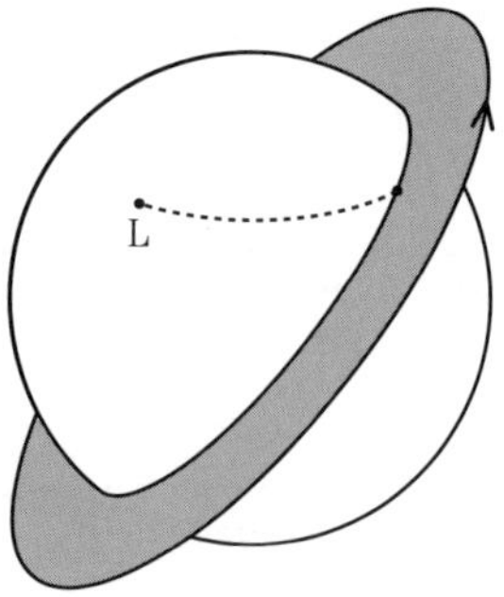


**図 10.1**　目標軌道面と射場 L

消耗を避けるために，打ち上げ時点において軌道面を一致させる。後には上記の ①と③ が残るが，それについては飛行しながら段階的に一致させていけばよい。

射場は 1 日に 2 回，軌道面に差しかかるから，打ち上げの機会も 1 日に 2 回ある。2 回のうち，どちらをとるかに応じて，打ち上げ飛行コースは射場から東北の方向，もしくは東南の方向に向かう。ただし射場まわりの安全の都合で，打ち上げ飛行コースの方向が限定される場合には，打ち上げ機会は 1 日に 1 回になるであろう。もし射場の緯度のほうが，ステーション軌道の傾斜角よりも大きいなら，射場が軌道面に差しかかることはない。すると補給船は打ち上げ後に軌道面を変えることを要求されてしまう。よってステーションの軌道傾斜は，補給船の射場（もし複数あるなら最も赤道から離れた射場）の緯度を考慮して設定するのが望ましい。現実に ISS では，そういう考慮によって傾斜角が 51° に設定されている。

## 10.2 位 相 合 わ せ

打ち上げられた補給船の軌道と，ステーションの軌道は**図 10.2** のように描かれる。すでに軌道面は一致させてあるから，二つの軌道は同じ平面上で考えてよい。ステーションは半径 $R$ の円軌道にある。補給船の軌道はというと，遠地点での動径はステーションと同じ $R$ に合わせてあるが，近地点での動径はそれより小さい $R_1$ としてある。補給船の軌道は長半径が $(R+R_1)/2$ となる

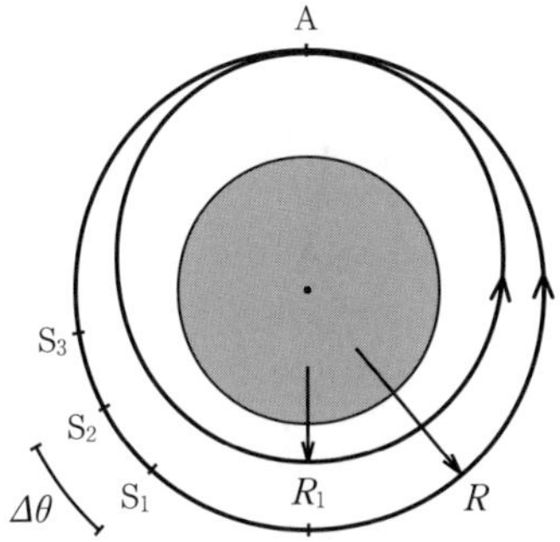


**図 10.2**　ステーションの軌道と補給船の軌道

から，ケプラーの第 3 法則によって

$$P_1 = \frac{2\pi}{\sqrt{\mu}}\sqrt{\left(\frac{R+R_1}{2}\right)^3} \tag{10.1}$$

という周期をもつ。一方，ステーションの軌道は周期

$$P = \frac{2\pi}{\sqrt{\mu}}\sqrt{R^3} \tag{10.2}$$

をもつ。周期は補給船の $P_1$ のほうが短い。図 10.2 において，補給船が遠地点 A に来たとき，ステーションは $S_1$ にあったとする。そのつぎに補給船が A に来たときは，ステーションは $S_2$ にあり，そのつぎのときは $S_3$ に，と位置関係は変わっていく。変わり方は等間隔で，その間隔は角度

$$\Delta\theta = 2\pi\left(1-\frac{P_1}{P}\right) \tag{10.3}$$

で表される。

この状況を，ステーションに立場を置いて観察すると**図 10.3** のように見える。ステーション S の飛行方向は左側を向き，下のほうに地球がある。ステーションの軌道は円弧を描くはずのところ，図では概念的に直線に伸ばして表している。補給船が遠地点に差しかかるたびに，その位置を見ていると，位置は角度 $\Delta\theta$ ずつステーションのほうへ近づいていく。このように時間の経過を待てばステーションと補給船の位置関係を調整できるわけで，その調整を位相合わせ（phasing）という。

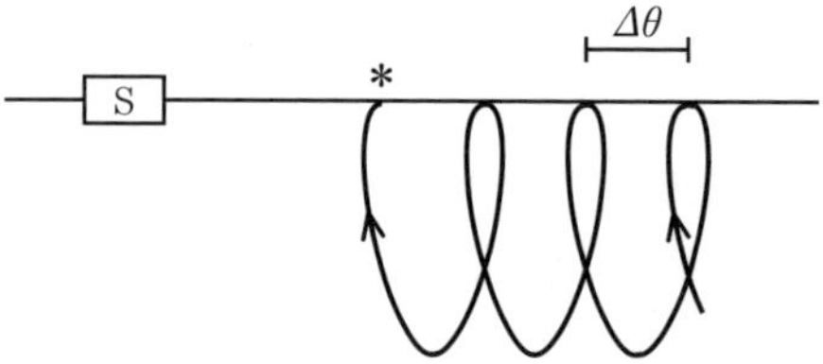


**図 10.3**　位相合わせから相対静止へ

図中で，補給船が遠地点を通るときにはループ状の軌跡を描く。これは，補給船が遠地点で有する速度がステーションに比べると小さいため，ステーションから見れば補給船は後退する動きを示すことを概念的に表している。

## 10.3　相対静止と待機点

位相合わせの結果，遠地点がほどよいところに来たとしよう。それを図 10.3 では＊と記した。その遠地点において補給船は，ステーションと同じ円軌道に入りたい。補給船が遠地点に差しかかったときの軌道速度を $v_1$，ステーションの軌道速度を $v$ と置く。補給船は＊において速度を $v_1$ から $v$ に増すことで軌道を円に変える。それは近地点半径を $R_1$ から $R$ に増すことであるから，式 (5.6) を応用すると

$$\frac{v}{v_1} = \sqrt{\frac{R_1 + R}{2R_1}} \tag{10.4}$$

という関係が成り立つ。これに従って補給船が増速をすれば，軌道が円になる。補給船はステーションと同じ軌道に乗るから，以降，ステーションと補給船は一定な位置関係を保つ。図 10.3 でいえば，補給船は＊の位置に固定される。これで補給船はステーションに対して相対的に静止した状態になった。

相対静止した場所＊は，待機点（hold point）としての意味をもつ。その場所に補給船はしばらく待機して機能の点検を行い，それから最終的にステーションに向けて接近していく。待機点はステーション後方の，例えば 5 km といったところに置く。

相対静止が可能であるのは，目標とするステーションの軌道が円であることによる。もしそれが楕円であったなら，ステーションと同一の軌道に補給船を置いたとしても，二者間の位置関係は一定することなく揺れ動く。相対静止が可能なもう一つの理由は，慣性質量と重力質量が等しいことにある。先に3.1節で見たように，運動方程式 (2.31) の左辺と右辺にある質量 $m$ は等しいものとして消去された。それゆえに，質量が違う二つの衛星は同じ軌道をまわることができる。もしかりに，慣性質量と重力質量が等しいという原理がなかったなら，ランデヴの操作は難しいものになっていたであろう。

## 10.4 到着のコース

補給船は，待機点から出発して最終的にステーションに向けて接近していくようにしたい。ステーションと，待機中の補給船とを慣性系に立って観察すると，どちらも同じ速度 $v$ で同じ方向に運動している（**図 10.4** を参照）。ここでも図 10.3 と同じように軌道を直線で表しているが，この段階ではステーションと補給船は近距離にあるので，実態としても軌道はほとんど直線で表される。さて補給船は，ステーション S に追いつくために速度を大きくしたい。しかしながら速度は

$$v=\sqrt{\frac{\mu}{R}} \tag{10.5}$$

という関係によって定められている。補給船とステーションが同じ軌道半径 $R$ にある限り，速度 $v$ は同じだから追いつきようがない。ではどうするかというと，補給船については関係式 (10.5) を

$$v+\delta v=\sqrt{\frac{\mu+\delta\mu}{R}} \tag{10.6}$$

**図 10.4** ステーション S と補給船の速度関係

のように変える。こうすれば補給船は，相対速度 $\delta v$ でステーションへ近づいていく。右辺にある $\delta\mu$ は，地球の引力が増すことを意味するが，それを等価的に模擬するように，補給船は地心に向けて推力を発生する。ステーションへの最終接近は，ゆっくり慎重に行うべきものだから，$\delta v \ll v$ したがって $\delta\mu \ll \mu$ としてよい。すると式 (10.6) は

$$\frac{\delta v}{v}=\frac{\delta\mu}{2\mu} \tag{10.7}$$

のように近似できる。補給船が発生するべき推力を $f$ と置けば，それは $\delta\mu$ と

$$f=\frac{\delta\mu}{R^2} \tag{10.8}$$

という関係にある。関係式 (10.7), (10.8) から $\delta\mu$ を消去して，$\mu=v^2R$ を使うと

$$f=\frac{2v}{R}\delta v \tag{10.9}$$

を得る。この推力 $f$ を発生しているあいだ，補給船は相対速度 $\delta v$ でステーションに向かうことができる。

接近の具体的な手順は**図 10.5** のように描かれる。待機点 H にある補給船は，小さいインパルス推力により左向きに増速 $\delta v$ を行う。あわせて式 (10.9) による推力 $f$ の発生を開始する。補給船は待機点を離れ，ステーション S に向かって相対速度 $\delta v$ でゆっくり接近していく。ステーションに到達する瞬間がきたら，推力 $f$ を止めるとともに，インパルス推力によって相対速度を 0 にする。

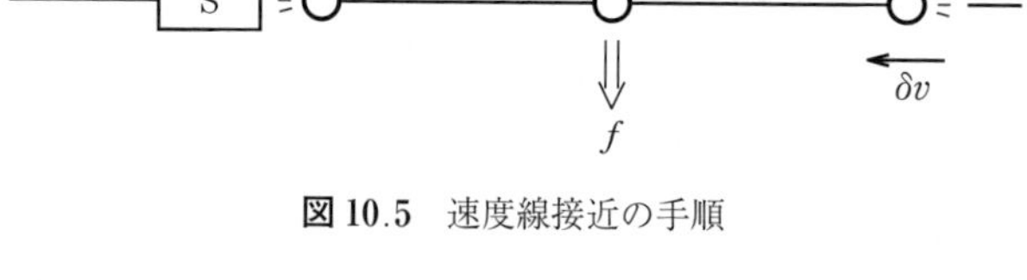


**図 10.5**　速度線接近の手順

ステーションから見ていると，補給船は直線コースで接近してきて到着する。コースは飛行速度ベクトルに沿っているので，このような接近の仕方を速度線接近（V-bar approach）という。

到着する際に，相対速度を 0 にするように補給船が推力を出すと，排気ガス

をステーションに噴きかけてしまう。もしそれを避けるなら，補給船は推力を出すことなく相対速度 $\delta v$ でステーションに到達する。ステーションにはばね仕掛けのクッションを設けておいて，進入してきた補給船を柔らかく受け止めてから固定すると，ドッキング（docking）が完了する。

接近していくあいだ発生させる推力 $f$ は，燃料をどれほど消耗するだろうか。消耗の目安としては，力を発生している時間 $T$ にわたる力積 $fT$ を見るとよい。待機点からステーションまでの距離を $D$ と置いて，到着までには時間 $T$ を費やすとすると，$T=D/\delta v$ だから，式 (10.9) により力積は

$$fT=\frac{2v}{R}D \tag{10.10}$$

のようになる。消耗は距離に比例するが，費やす時間には依存しない。

推力 $f$ は，連続でなく間欠的にオン・オフしながら発生してもよい。その場合は，推力 $f$ の時間平均が式 (10.9) に等しくなるようにする。オン・オフの間隔が粗いと，補給船の接近コースは揺れをともなって直線から外れる（**図 10.6** を参照）。推力 $f$ は等価的に地球の引力を増すものだから，それをオン・オフすると揺れが生じるのは仕方がない。

**図 10.6**　間欠的な推力発生の影響

以上，ステーションの後方から接近するコースを考えたが，接近するのはステーションの前方からでもよい。その場合，推力 $f$ は地球の引力を減らす向きに発生する。

さて推力 $f$ の働きについては，別の見方がある。図 10.5 は，ステーション S に固定した座標系で表したものと考えると，その座標系は回転系であって，回転レートはステーションの公転角速度に等しい。回転系において物体が運動すれば，物体にはコリオリの力（Coriolis force）が働く。物体に直線運動をさせたいのなら，コリオリの力を打ち消さなければならない。推力 $f$ は，その打ち消す働きをしている。もしも慣性系に立って，ステーションと補給船が目の

前を通り過ぎる一瞬をとらえて図 10.5 を描いたのなら，推力 $f$ は前述のように地球の引力を増やしているように見える。

## 10.5　到着の別コース

ステーションへの到着コースとして，10.4 節とは別のコースを考えよう。**図 10.7** において，ステーション S の飛行方向は左側を向き，ステーションの真下に補給船がある。真下とは，地心からステーションへの動径上に補給船があることをいう。いま補給船は，ステーションの真下へ $h$ だけ離れた点に留まっている。ここから補給船はステーションを目指して上昇するのだが，まずは，真下の点に留まるにはどうするか考える。

高さが $h$ だけ低いところに留まるのなら，補給船は円軌道にあって，軌道半径は $R-h$ でなければならない。すると軌道速度は

$$w=\sqrt{\frac{\mu}{R-h}} \tag{10.11}$$

として定められて，$w$ は式 (10.5) から定まる速度 $v$ より大きい。一方，補給船がステーションの真下にあり続けるためには，補給船の速度 $w$ は速度 $v$ に対して

$$w=\frac{R-h}{R}v \tag{10.12}$$

という関係にあることを要する。この関係は**図 10.8** のように，ステーションと補給船の速度を慣性系から見ると明らかであろう。つまり $w$ は $v$ より小さい。

二つの要求条件である式 (10.11) と式 (10.12) は両立しない。ではどうするかというと，補給船についての関係式 (10.11) を

$$w=\sqrt{\frac{\mu-\delta\mu}{R-h}} \tag{10.13}$$

のように変える。右辺にある $\delta\mu$ は，地球の引力を弱くすることを意味するが，それを等価的に模擬するように，補給船は上向きの推力を発生する。$h \ll R$ および $\delta\mu \ll \mu$ を仮定すれば，式 (10.13) はつぎのように近似される。

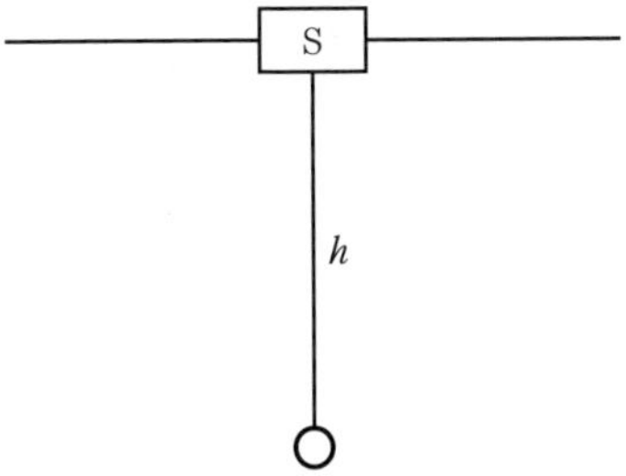


**図 10.7** ステーション真下の待機点

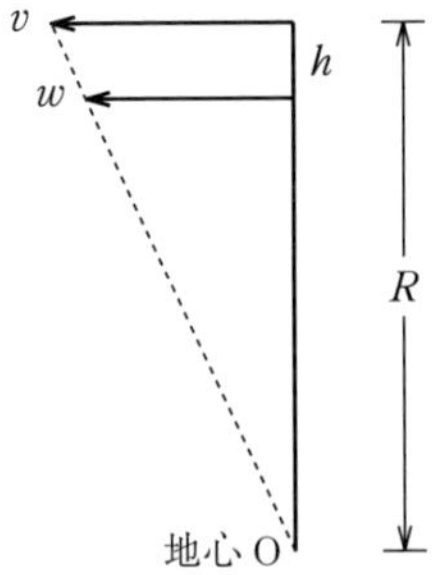


**図 10.8** ステーションと補給船の速度関係

$$w=\sqrt{\frac{\mu}{R}}\left(1-\frac{\delta\mu}{2\mu}\right)\left(1+\frac{h}{2R}\right)=v\left(1-\frac{\delta\mu}{2\mu}+\frac{h}{2R}\right) \tag{10.14}$$

ただし途中で式 (10.5) を用いた。式 (10.12) と式 (10.14) の左辺にある $w$ は等しいと置けば

$$\frac{\delta\mu}{\mu}=\frac{3h}{R} \tag{10.15}$$

を得る。補給船が発生するべき推力を $g$ とすると，それは $\delta\mu$ と

$$g=\frac{\delta\mu}{R^2} \tag{10.16}$$

の関係にある。式 (10.16) の関係と $\mu=v^2R$ を，式 (10.15) に適用すると

$$g=\frac{3v^2}{R^2}h \tag{10.17}$$

を得る。この推力 $g$ を上向きに発生することによって，補給船はステーションの真下 $h$ の点に留まることができる。つまりステーションの真下に相対静止する待機点ができた。ただし待機しているあいだ燃料を使い続けることに注意を要する。

さて**図 10.9** において，真下の待機点 H に留まっていた補給船が，そこを出発してステーションへ向かうときは以下の手順に従う。

出発にあたって補給船は，すでに発生している推力 $g$ に追加して小さいインパルス推力を発生することで，上向きの増速 $\delta v$ を得る。すると補給船は相対

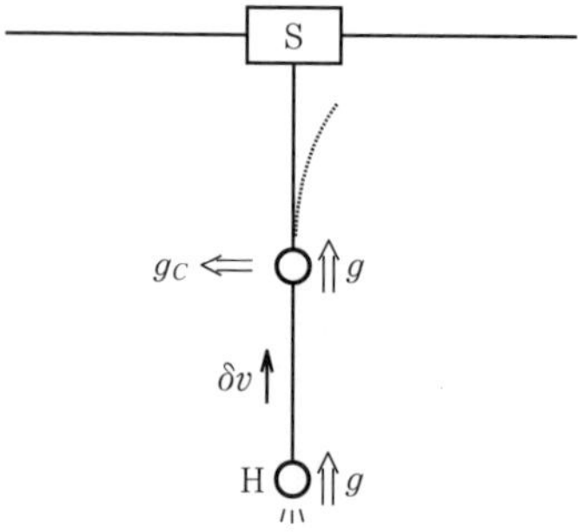


**図 10.9**　動径接近の手順

速度 $\delta v$ で上昇を開始する。上昇すればステーション S までの距離 $h$ が減るので，それに応じて推力 $g$ も減らすようにコントロールして，関係式 (10.17) がつねに成り立つようにする。こうして補給船は一定の相対速度 $\delta v$ でステーションに向かって上昇していく。ではステーションに到達する瞬間が近づいたらどうするか。到達する少し前に推力 $g$ を止めると，上昇の動きは減速される。止めるタイミングを適切に選ぶと，ステーションのわずか手前の位置で相対速度が 0 になる。そうなった瞬間に，ステーションに補給船をつなぎ止めればよい。いい換えると，ステーションに排気ガスを噴きかけるような推力を出さなくても相対速度 0 で到着ができる。

さて図 10.9 は，ステーション S に固定した回転座標系に立って描いている。回転系において補給船が直線運動をするには，コリオリの力を打ち消すように横向きの推力 $g_C$ を加えなければならない。もし推力 $g_C$ を加えないと，上昇コースは図中の点線のように外れるであろう。上昇速度を $\delta v$ とすると，推力 $g_C$ は

$$g_C = \frac{2v}{R}\delta v \tag{10.18}$$

となって，式 (10.9) と同じ形で表される。推力 $g_C$ の助けにより，補給船はステーションへの動径上を進んでいく。

ステーションから見ていると，補給船は真下から直線コースで接近してきて到着する。このような接近の仕方を動径接近（R-bar approach）という。

これで二つの到着コースができたが，燃料の消耗に関して二つを比較しよう。どちらのコースも待機点からステーションまでの距離は $D$ であるとする。コリオリの力を打ち消す推力にともなう消耗は，どちらのコースでも等しい。ゆえに動径接近の方が推力 $g$ を出す分，消耗が多くなる。到着までに費やす時

間を $T$ とすると，そのあいだに推力 $g$ は

$$\bar{g}\,T = \frac{3v^2}{2R^2}DT \tag{10.19}$$

という力積をなす。ただし距離 $h$ が $D$ から 0 まで減るにつれて式 (10.17) により $g$ も減ることから，$g$ を平均した $\bar{g}$ を用いた。時間 $T$ を短くすれば消耗を減らせるが，それは接近の相対速度を大きくすることだから，安全上は好ましくない。結局のところ動径接近のほうが燃料を多く消耗する。

その一方で，動径接近には利点がある。補給船がステーションに向けて上昇接近している途中で，かりに異常が起きたとしよう。補給船がコントロールを失ってステーションに突入するような事態は絶対に避けなければならない。では補給船はどうするかというと，単に推力を停止すればよい。補給船が発生する推力 $g$ は，地球の引力を弱くするためのものであった。その推力が止まれば，補給船は自重の働きで自然に地球のほうへ動き出す。結果として補給船はステーションから離れる動きにすみやかに移行する。もしも異常が起きて対処を急ぐ場合，何かの動作をいまから開始するよりも，いままでしていた動作を止めるほうが確実にできるであろう。この点において動径接近は，異常の際の安全確保に適している。

さて補給船は，真下の待機点に長く留まることができない。最終接近に先立って機能点検に十分な時間をかけたいなら，待機点はステーション S の後方に置きたい（**図 10.10** では H′）。すると補給船は H′ から H への移動を要するが，そのような移動コースのつくり方は次章で明らかになる。

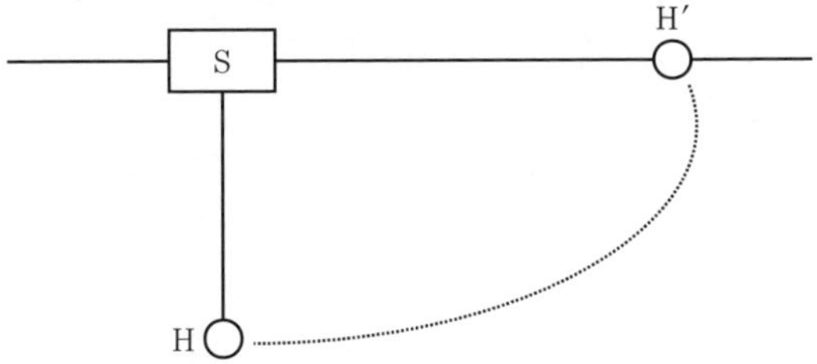


**図 10.10**　待機点 H′ から H への移動

## 打ち上げと安全

射場が海に面しているとすると，打ち上げの飛行コースは安全上，陸地を避けて海側へ向ける。もし陸と海が**図 4**（a）のような配置なら，宇宙ステーションへの飛行コースはⅠとⅠ′が可能で，打ち上げ機会は1日に2回ある。もし図（b）のようならⅠだけ，図（c）ならⅠ′だけで，機会は1日1回になる。同様に，太陽同期軌道への打ち上げについてもコースはSもしくはS′のように定まる。静止軌道へのコースは真東Eに向かう。よって真東を基準として，北または南へ90°少々までのコース方向をカバーする射場なら，代表的な軌道への打ち上げができる。

もしも打ち上げ途中でロケットがコースを外れるとたいへん危ない。ロケットの飛行コースはつねに監視して，万一，コースを外れて回復不能なときは推力を止めて落下させる。推力なしの運動になれば落ちる場所を予測できるから，危害のない場所に選んで落とす。そのために大事なのは，推力を止めるべき瞬間に確実に止めることで，それには指令で爆破して壊す。そういう保安システムを衛星の打ち上げでは装備する。

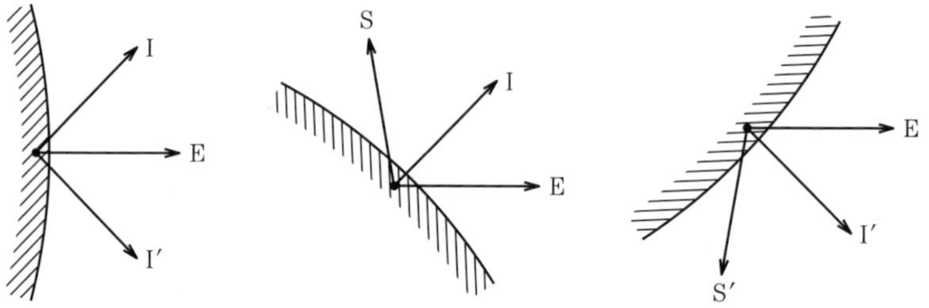


（a）　　（b）　　（c）

**図 4**　射場の配置と飛行方向

# 11.　近円軌道と相対運動

ここでは離心率が小さい軌道，すなわち近円軌道（near-circular orbit）に着目する。近円軌道にある衛星は，動きを見やすく表現できる。その表現を応用して，二つの衛星の相対運動を調べると，ランデヴの問題が一般的かつ簡潔に解かれるであろう。

## 11.1　近円軌道と偏心円

楕円の離心率が0から少しだけ異なるとき，その形はどうなるだろうか。これについては第1章で簡単に取り上げたが，改めて考察したい。

**図 11.1** において，二つの点 F，G は原点 O からそれぞれ $q$ だけ離れている。点 A が位置（$x, y$）にあるとき，A から F への距離 $r$ は

$$r=\sqrt{(x-q)^2+y^2}=\sqrt{x^2+y^2-2qx+q^2} \tag{11.1}$$

のように表される。点 A は半径 $a$ の円（中心は O）にあるとすると，距離 $r$ は

$$r=\sqrt{a^2-2qx+q^2}=a\sqrt{1-2e\frac{x}{a}+e^2} \tag{11.2}$$

のように定まる。ただし $e=q/a$ と置いた。もし $e \ll 1$ であれば，式 (11.2) を $e$ について展開して1次の項までで打ち切る，つまり $e^2$，$e^3$ などの高次項を無視することが許されるから，$r$ は

$$r=a\left(1-2e\frac{x}{a}\right)^{1/2}=a\left(1-e\frac{x}{a}\right)=a-ex \tag{11.3}$$

として表せる。同様に，A から G への距離 $s$ は

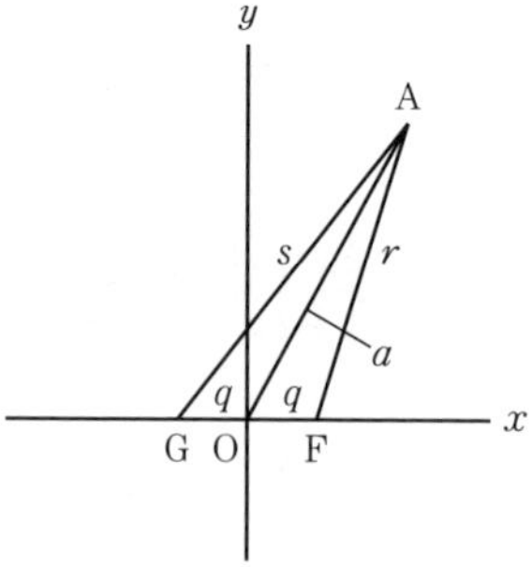


**図 11.1**　点 A から焦点 F，G への距離関係

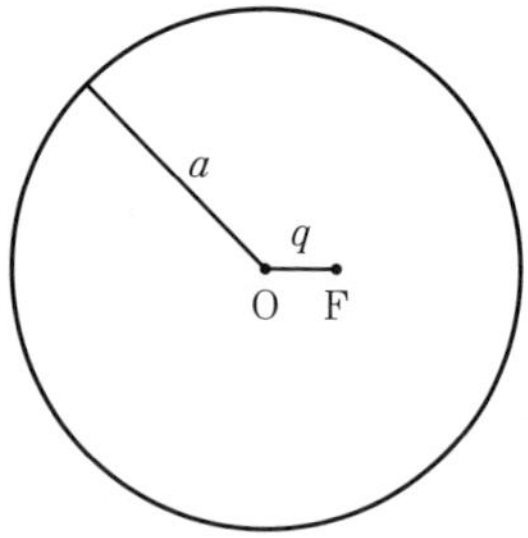


**図 11.2**　軌道を偏心円で表す

$$s=a\left(1+2e\frac{x}{a}\right)^{1/2}=a\left(1+e\frac{x}{a}\right)=a+ex \tag{11.4}$$

として表せる。すると

$$r+s=2a \tag{11.5}$$

が成り立つから，点 A は，F と G を焦点とする楕円上にある。いい換えると，離心率が小さい楕円は，円の形をしている。その円の中心は，焦点 F と G の真ん中にある。

**図 11.2** に即して再確認すると，長半径 $a$ と離心率 $e$ で軌道が与えられて，$e$ が十分に小さいとき，軌道の形は円と見なしてよい。円の半径は $a$ に等しく，円の中心点 O は軌道の焦点 F から $q=ae$ だけ変位している。すなわち軌道は偏心円として表される。本来，軌道の楕円についてはサイズを長半径 $a$ で，形を離心率 $e$ で定めていた。しかるに近円軌道を対象とするなら，円の半径 $a$ と中心点の変位 $q$ を与えることで軌道が定まる。よってここから先の議論では，長半径のかわりに軌道円の半径，もしくは単に軌道の半径という場合がある。また，軌道を表す円の中心点のことを短縮して「軌道の中心点」，さらには単に「中心点」といってすませる場合がある。

軌道を偏心円で表すという近似は，$e^2$ 以下の微小量を無視するという近似と同等であることを注記しておきたい。

## 11.2　時間にともなう動き

近円軌道にある衛星は，時間とともにどう動くだろうか。**図 11.3** では，衛星 A が近円軌道をまわっている。軌道の半径は $a$ で，中心点は小さく $q$ だけ変位している。そして衛星は，近地点 P を通過してから時間 $t$ の後に公転角 $\theta$ に達した。一方の**図 11.4** では，半径 $a$ の円軌道を衛星 B がまわる。円軌道であれば，時間 $t$ のあいだに公転角は $\psi t$ だけ進む。公転の角速度 $\psi$ は

$$\psi = \sqrt{\frac{\mu}{a^3}} \tag{11.6}$$

のように定まっている。

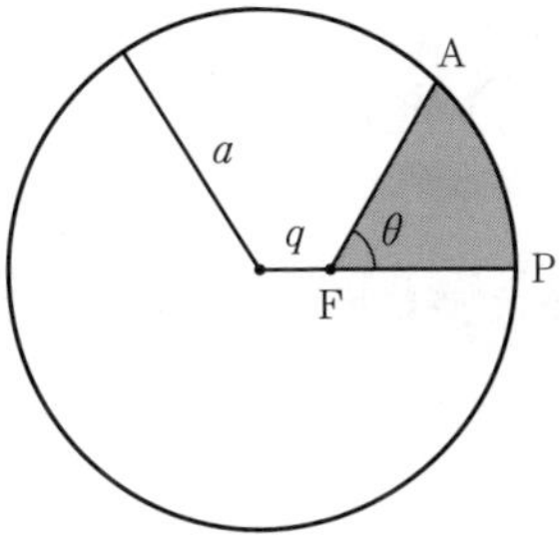


**図 11.3**　近円軌道と衛星 A

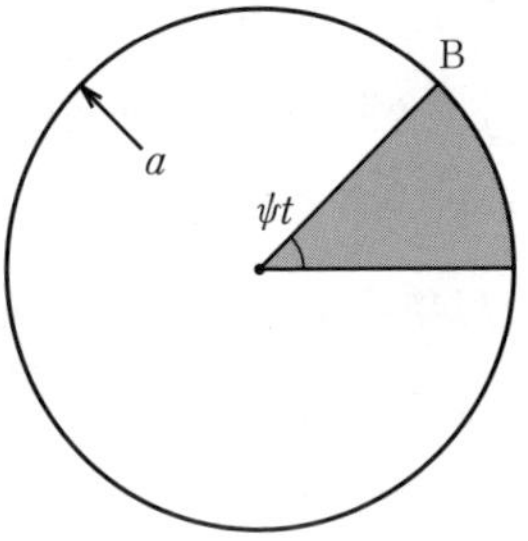


**図 11.4**　円軌道と衛星 B

図 11.3 と図 11.4 に描いた二つの軌道は，同じ周期をもつ。ここでケプラーの第 2 法則を適用すると，二つの軌道において，時間 $t$ のあいだに動径が塗りつぶす面積（アミ掛け部分）は等しい。このことから，角 $\theta$ と $\psi t$ との関係を見出したいのだが，それには二つの図を重ね合わせて**図 11.5** のように描く。すると「面積が等しい」とは，三角形 ABC と三角形 COF の面積が等しい，といい換えられる。ここで左下の三角形 DOF を見ると，その面積は $q^2$ に比例して小さいので無視してよい。すると，直角三角形 ABC と CDF の面積は等しい。これにより AB＝DF，DC＝CB がいえる。さてわれわれは，角度の差 $\theta-\psi t$ を知りたい。それは図中で＊という角だから，長さ AB と CB の比として

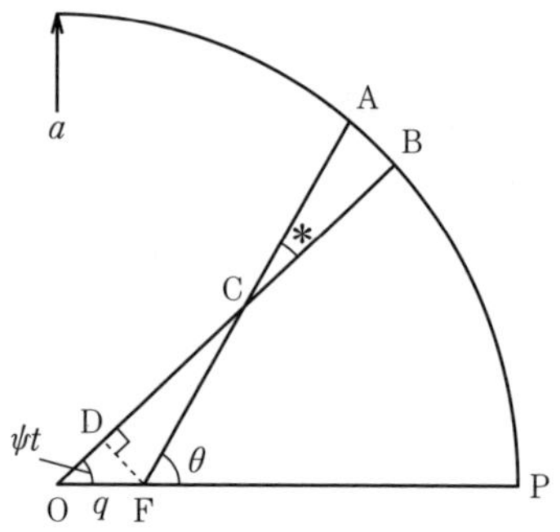


**図 11.5**　近円軌道と円軌道を重ねる

$$\theta-\psi t=\frac{\mathrm{AB}}{\mathrm{CB}} \tag{11.7}$$

のように表せる。長さ AB は $\mathrm{DF}=q\sin\psi t$ に等しい。長さ CB をもし $(a/2)-\varepsilon$ と書くなら，$\varepsilon$ は $q$ と同程度に小さい。すると式 (11.7) はつぎのように近似される。

$$\theta-\psi t=\frac{q\sin\psi t}{\dfrac{a}{2}-\varepsilon}=\frac{2q\sin\psi t}{a}\frac{1}{1-\dfrac{2}{a}\varepsilon}=\frac{2q\sin\psi t}{a}\left(1+\frac{2\varepsilon}{a}\right) \tag{11.8}$$

ここで $q/a$ は離心率 $e$ を表す。$\varepsilon$ を含む項は $e^2$ に比例して小さいので省くと

$$\theta=\psi t+2e\sin\psi t \tag{11.9}$$

を得る。これで，公転角 $\theta$ が時間 $t$ の関数として表された。

楕円軌道の場合には，4.1 節に見たとおり，$\theta$ と $t$ の関係は複雑だった。それに対して近円軌道では，軌道の形が円になることの結果として，$\theta$ と $t$ の関係が式 (11.9) のように見やすいものとなった。

では動径 $r$ についても，時間の関数として表そう。楕円の公式

$$r=\frac{a\left(1-e^2\right)}{1+e\cos\theta} \tag{11.10}$$

において，$e\ll 1$ なら $r$ は

$$r=a-ae\cos\theta \tag{11.11}$$

として近似されるので，式 (11.9) を用いて

$$r=a-ae\cos(\psi t+2e\sin\psi t) \tag{11.12}$$

のように書く。右辺の第 2 項は，$e$ で展開して 1 次で打ち切ると

$$ae\cos(\psi t+2e\sin\psi t)=ae\cos\psi t-ae\sin\psi t\cdot 2e\sin\psi t \tag{11.13}$$

となるが，第2項は $e^2$ に比例するので無視してよい。よって動径 $r$ は

$$r=a-ae\cos\psi t \tag{11.14}$$

として表される。

以上の議論では，近地点を出発した時刻 $t=0$ において公転角は $\theta=0$ と仮定していた。時刻や公転角を測る原点は本来，任意に選んでよい。そのことを反映させるには，任意定数 $\alpha$，$\beta$ を導入して，$r$ と $\theta$ の動きを

$$r=a-ae\cos(\psi t+\alpha) \tag{11.15}$$

$$\theta=\beta+\psi t+2e\sin(\psi t+\alpha) \tag{11.16}$$

として表す。ここで $r=a$ および $\theta=\beta+\psi t$ という部分は，軌道が円であるときの動きを表す。そして小さい離心率があるとき，$r$ と $\theta$ には振動的な増減が現れる。

結論として，近円軌道にある衛星の一般的な動きは式(11.15)と式(11.16)，および式(11.6)によって表された。それは $e^2$ 以下の微小量を無視した近似表現だけれども，衛星の動きを見やすく表している。

## 11.3 相　対　表　示

話題を進めて，二つの衛星を考察の対象にしよう。衛星AとBが，近接して置かれているとする（**図11.6**を参照）。衛星Aは近円軌道にあり，軌道の半径は $R_A$ であるとして，式(11.15)，(11.16)をつぎのように書く。

$$r_A=R_A-q\cos(\psi_A t+\alpha) \tag{11.17}$$

$$\theta_A=\beta+\psi_A t+2e\sin(\psi_A t+\alpha) \tag{11.18}$$

ただし $R_A e=q$ とした。公転角速度 $\psi_A$ は，式(11.6)から

$$\psi_A=\sqrt{\frac{\mu}{R_A^3}} \tag{11.19}$$

として定まっている。衛星Bは，半径 $R_B$ の円軌道にあるとして，動きを

$$r_B=R_B\ ;\ \theta_B=\psi_B t \tag{11.20}$$

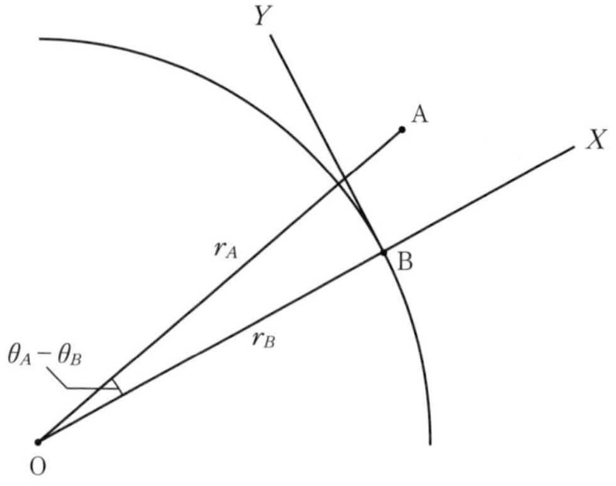


**図 11.6**　近接衛星 A，B と相対座標 $X$–$Y$

と書く。公転角速度 $\psi_B$ は

$$\psi_B=\sqrt{\frac{\mu}{{R_B}^3}} \tag{11.21}$$

として定まっている。

ここで，衛星 B を基準として，相対的に衛星 A の位置を表す。図示のように原点を B に置いて，動径方向に $X$ 軸を，軌道の進行方向に $Y$ 軸をとる。慣性空間から見れば，衛星 B の公転につれて座標系 $X$–$Y$ は回転する。この座標系において，衛星 A の動きはどのように現れるだろうか。

衛星 A，B のあいだの距離は，軌道半径に比べて十分に小さいとする。このとき $X$ は，動径の差として

$$X=r_A-r_B=R_A-R_B-q\cos(\psi_A t+\alpha) \tag{11.22}$$

と表せるが，軌道半径の差 $R_A-R_B$ を $c$ と記して

$$X=c-q\cos(\psi_A t+\alpha) \tag{11.23}$$

と書く。一方の $Y$ については，$r_A$ と $r_B$ の差は小さいことからつぎのような近似が成り立つ。

$$Y=R_B(\theta_A-\theta_B)=R_B\beta+R_B(\psi_A-\psi_B)t+2eR_B\sin(\psi_A t+\alpha) \tag{11.24}$$

ここで式 (11.19) と式 (11.21) を見比べると，半径 $R$ が $R_A$ から $R_B$ へ $\delta R$ だけ変わるとき，角速度 $\psi$ は $\psi_A$ から $\psi_B$ に $\delta\psi$ だけ変わる，という関係を認めることができる。変わり方のあいだには

$$\frac{\delta\psi}{\psi} = -\frac{3}{2}\frac{\delta R}{R} \tag{11.25}$$

という関係があるから，これを

$$\frac{\psi_A - \psi_B}{\psi_A} = -\frac{3}{2}\frac{R_A - R_B}{R_B} = -\frac{3}{2}\frac{c}{R_B} \tag{11.26}$$

のように書くことができる。この関係を式 (11.24) に適用し，あわせて $eR_B$ を近似的に $eR_A = q$ に置き換えると

$$Y = \beta - \frac{3c}{2}\psi_A t + 2q\sin\left(\psi_A t + \alpha\right) \tag{11.27}$$

を得る。ただし任意定数 $R_B\beta$ を，改めて $\beta$ と記した。これで，衛星 B を基準として，衛星 A の相対的な動きを式 (11.23)，(11.27) によって記述できた。

さてここからは，B は基準点の場所を示す目印と見なして，衛星はもっぱら A だけを考えよう。衛星の公転角度は $\psi_A t$ にかわって単に $\psi t$ と記す。すると衛星の動きは，基準点に対して

$$X = c - q\cos(\psi t + \alpha) \tag{11.28}$$

$$Y = \beta - \frac{3c\psi}{2}t + 2q\sin(\psi t + \alpha) \tag{11.29}$$

のように相対表示される。ただし表示が成り立つのは，衛星が基準点の近くにある場合に限ることを改めて注意しておきたい。

基準点に対して相対表示された衛星の動きは，以下のように 3 種類に分けると考えやすい。

① 静止状態：$X = 0$，$Y = \beta$

衛星は $Y$ 軸上の任意の場所 $\beta$ にあって，動かない（**図 11.7** を参照）。

② ドリフト：$X = c$，$Y = -(3c\psi/2)t$

衛星は $Y$ 軸に平行にドリフトする（**図 11.8** を参照）。ドリフトの速さは $Y$ 軸からの隔たり $c$ に比例する。

③ 周期運動：$X = -q\cos(\psi t + \alpha)$，$Y = 2q\sin(\psi t + \alpha)$

衛星は楕円を描いて動く（**図 11.9** を参照）。楕円の軸は $X$ 軸と $Y$ 軸に沿っていて，$Y$ に沿った軸のほうが 2 倍の長さをもつ。楕円を一回りす

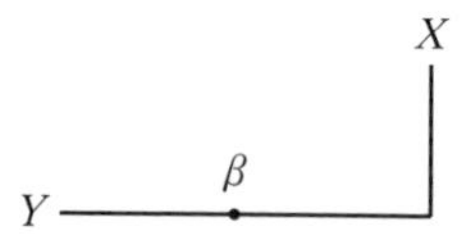


図 11.7　相対運動 ①：静止状態

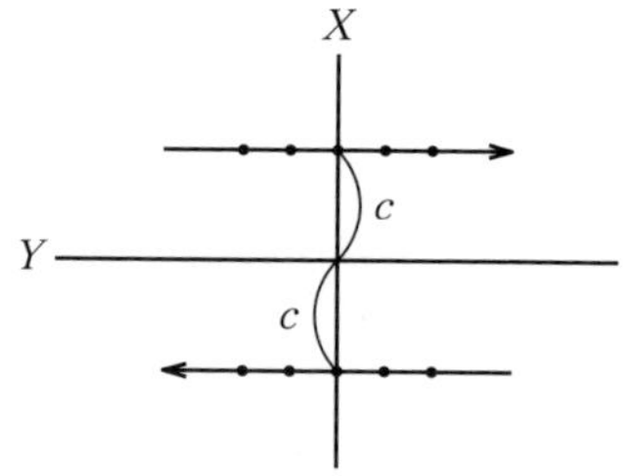


図 11.8　相対運動 ②：ドリフト

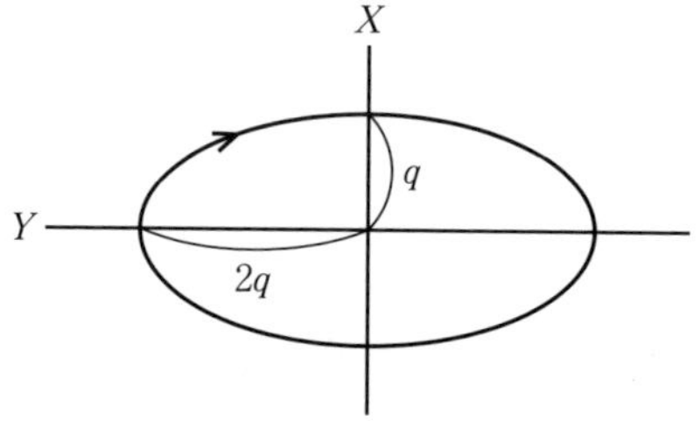


図 11.9　相対運動 ③：周期運動

る周期は，軌道の周期に等しい。

この 3 種類の動きを任意に重ね合わせたものが，一般的な衛星の動きを表す。なお図 11.7 以降では $X$ 軸を上向きに置いているが，それは実際に基準点から見ると $+X$ 軸が上向きに相当することを反映している。

## 11.4　いろいろな相対運動

11.3 節において動きを「重ね合わせる」とは，具体的には以下のことを意味する。

まず①の静止状態については，$\beta$ の値は何でもよい，つまり動きのパターンは $Y$ 軸に沿ってどの場所にあってもよいということを単に意味する。もし③の周期運動があると，**図 11.10** において，衛星は楕円上を矢印の向きに走る。あわせてもし ② のドリフトがあって，ドリフトの速さは右向きに $v$ とすると，楕円は点線のように位置を変えながら移動していく。このとき楕円の中心は $Y$ 軸から $c$ だけ離れていて，$v=3c\psi/2$ という関係を満たす。図形としての楕円

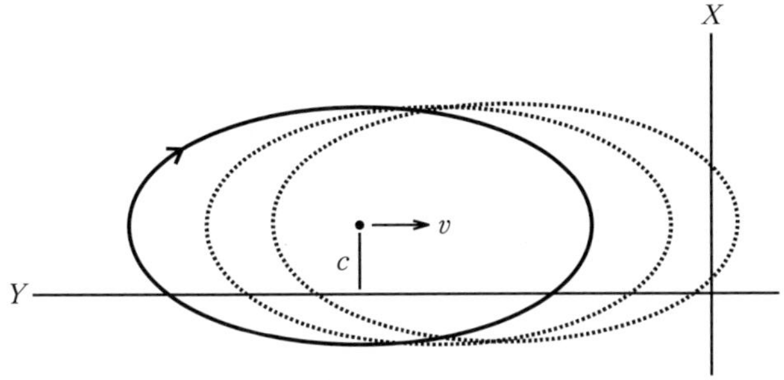


**図 11.10**　周期運動とドリフトを重ね合わせる

は衛星が走る動きを乗せたまま，右向きに速さ $v$ で動く。楕円上を走る動きと，楕円がドリフトする動きは，このように重ね合わせて合成される。

動きを合成する例を**図 11.11** に示す。ケース (1) では，楕円の中心が $Y$ 軸上にあるので楕円は動かない。ケース (2) では，楕円の中心が $Y$ 軸から $+X$ 側へ離れているので，楕円は $-Y$ のほうへドリフトする。周期運動とドリフトを合成した動きを，ここでは周期の 1.5 倍のあいだに限って描いている。曲線上の点は周期の 1/12 ごとの刻みを表す。ケース (3)，(4) では，楕円の中心の離れ方が大きいので，ドリフトが速い。ドリフトがもっと速いケース (5)，(6) になると，ケース (4) までは見えていたループ状の動きが見えなくなる。以上どのケースでも楕円の大きさは同じとした。各ケースにおいて，曲線を $Y$ 軸に沿ってどこに置くかは任意だから，適当に配置してある。各曲線が表す動きのパターンは拡大縮小の任意性をもつ。つまり $X$ 軸と $Y$ 軸に同じ係数を掛けて拡大か縮小してできるパターンは，やはり動きのパターンを表す。

もし楕円の中心が $Y$ 軸の下側へ離れると，ドリフトの向きは反対になって，

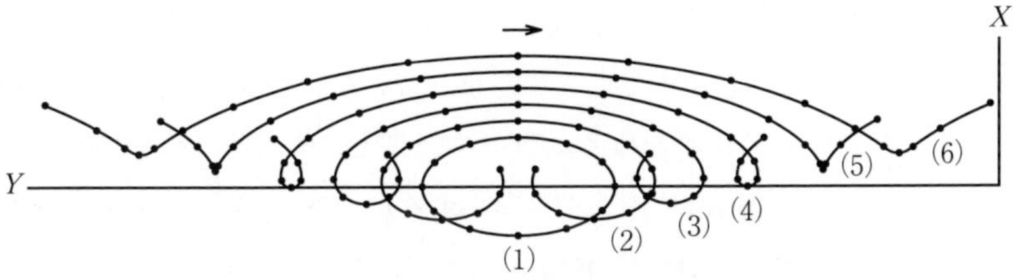


**図 11.11**　周期運動と右ドリフトの重ね合わせ

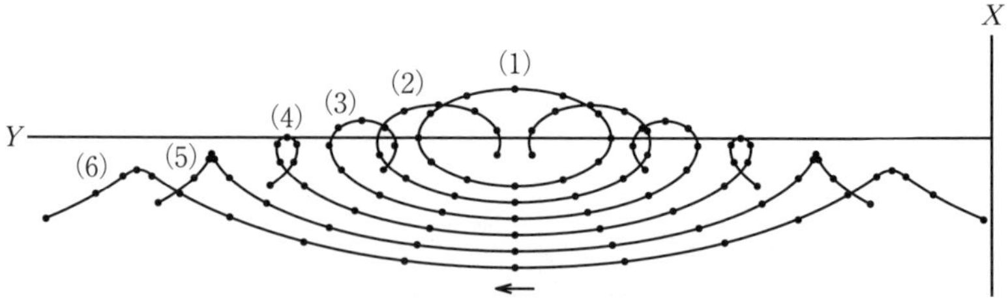


**図 11.12**　周期運動と左ドリフトの重ね合わせ

動きのパターンは**図 11.12** のケース (1)～(6) のように現れる。

さてここで，基準点には宇宙ステーションがあるとしよう。このとき，相対表示された動きは，ランデヴ接近中の補給船に相当する。すると図 11.12 のなかで，ケース (4) は，ステーションの速度線上にある一つの待機点から，前方にある別の待機点へ移動するコースを与えている。その移動コースを，改めて**図 11.13** に描いた。

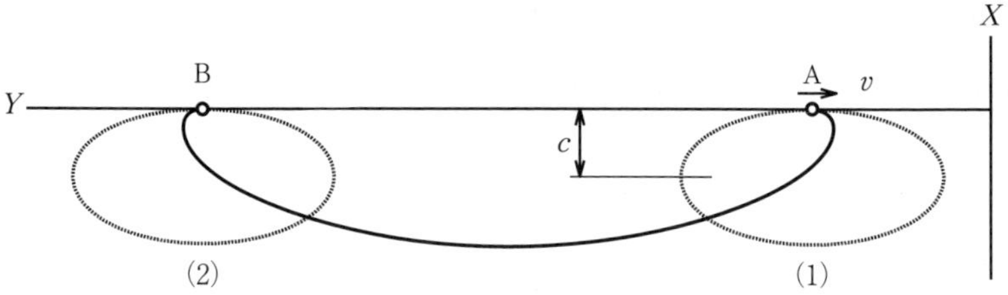


**図 11.13**　待機点 A から B への移動コース

図中で (1) にある楕円は $Y$ 軸に接していて，楕円の中心は $X=-c$ にある。そしていま補給船は，楕円と $Y$ 軸の接点 A にあるとしよう。いまこの瞬間に補給船は，楕円の周に沿って右向きに速度 $2c\psi$ で走る。楕円は左向きに速度 $3c\psi/2$ でドリフトする。よって合成した速度は右向きに $v=c\psi/2$ に等しい。もしも補給船はいまの直前まで点 A に静止していたとすると，右向きの速度 $v$ を与えることによって補給船は移動コースに入る。その後，軌道周期 $P$ に等しい時間が経つと補給船は楕円上を一回りするが，そのあいだに楕円は (2) までドリフトするので，補給船は $Y$ 軸上の B に来る。来た瞬間に，速度 $v$ を増分として左向きに与えると，補給船は点Bに静止する。これで待機点Aから待機点Bへの移動ができた。移動距離を長さABで表すなら，$AB=3c\psi/2\times P$ になるが，$\psi P=2\pi$ だから，移動距離は $AB=3\pi c$ に等しい。

AからBへ移動するコースを途中まで見れば，それは図10.10において，H′からHまで移動するコースを与えている。図11.13において，もしも点Bに静止している補給船に速度 $v$ を左向きに与えたなら，補給船は移動コースをたどって点Aに至る。移動コースは $Y$ 軸の上側にできて，図11.11ではケース(4)に相当する。

以上は，2点間を結んで移動コースをつくる例であった。では，ある1点において衛星に初速度を与えたなら，動きはどのように定まるだろうか。つまり運動の初期値問題はどのように解かれるか。初期値は，ある時刻において $X$, $Y$, $\dot{X}$, $\dot{Y}$ の4パラメータで与えられる。運動を表す式(11.28), (11.29)には四つの任意定数 $c$, $q$, $\alpha$, $\beta$ があるから，初期値に応じて任意定数が決まり，よって運動が定まる。**図11.14**はその一例を示すもので，$Y$ 軸上に静止している衛星に，初速度を同じ大きさでいろいろな方向に与えたとき，4分の1周期のあいだの動きを描いた。ステーションから物を投げ出すとき，投げる向きに応じて動きはどう変わるか，という例を示したことになる。

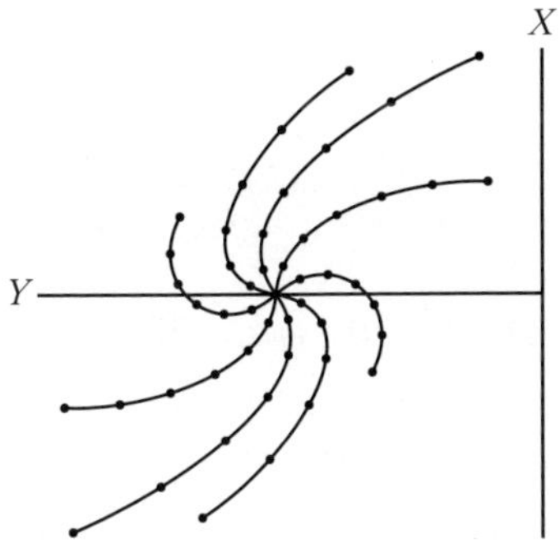


**図11.14**　いろいろな向きに初速度を与える

## 11.5　相対運動の直接導出

本章では，相対運動を式 (11.28), (11.29) で表現するまでに 11.1 ～ 11.3 節を費やした。同じ表現を，もっと直接に運動方程式から導くことができる。**図 11.15** において，基準衛星 B は半径 $R$ の円軌道を角速度 $\psi$ でまわる。衛星 A の位置は相対座標 $X$-$Y$ で表されていて，$X$ と $Y$ は小さいとすると，A の動径 $r$ と公転角 $\theta$ は

$$r = R + X \tag{11.30}$$

$$\theta = \psi t + \frac{Y}{R} \tag{11.31}$$

のように近似される。動径と公転角が従うべき運動方程式は式 (2.6) と式 (2.7) であったが，それを改めて

$$\ddot{r} - r\dot{\theta}^2 + \frac{\mu}{r^2} = F_r \tag{11.32}$$

$$r\ddot{\theta} + 2\dot{r}\dot{\theta} = F_\theta \tag{11.33}$$

という形に書く。右辺にある力 $F_r$ と $F_\theta$ は，ここでは衛星が発生する推力を表す。

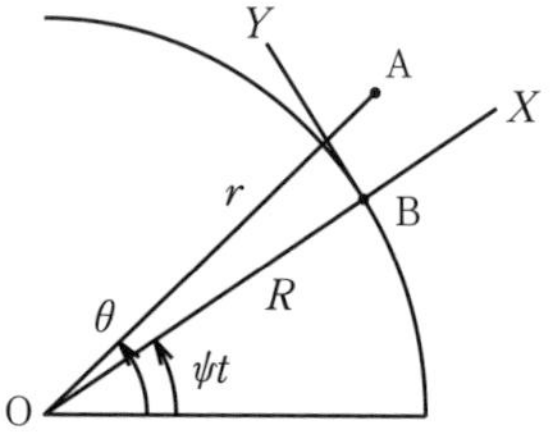


**図 11.15**　相対運動の直接導出

上記の式 (11.30) と式 (11.31) による $r$ と $\theta$ を，方程式 (11.32), (11.33) に代入すると，項がたくさん現れる。その際 $X$ と $Y$ の動きは十分に小さいと仮定して，$X$ や $Y$ がつくる微小量については 1 次の項だけを考慮し，高次項を無視する。あわせて関係式

$$\psi = \sqrt{\frac{\mu}{R^3}} \tag{11.34}$$

を用いて計算を進めると，つぎの関係式を得る（付録 E を参照)。

$$\ddot{X} - 2\psi\dot{Y} - 3\psi^2 X = F_X \tag{11.35}$$

$$\ddot{Y} + 2\psi\dot{X} = F_Y \tag{11.36}$$

ただし力 $F_r$ と $F_\theta$ を，ここでは $F_X$ と $F_Y$ と記した。得られた関係式は，相対座標 $X$-$Y$ において動きを定める運動方程式となっている。

この運動方程式において，右辺にある力 $F_X$ と $F_Y$ を 0 と置けば，一般解は式 (11.28)，(11.29) になることが代入によって確かめられよう。近円軌道の相対表示が，これで直接に導出できた。

さて相対運動方程式 (11.35)，(11.36) において，$X=0$，$\dot{Y}=$ 一定，と置けば

$$2\psi\dot{Y} = -F_X \tag{11.37}$$

という関係を得る。これは，衛星が下向きの推力 $F_X$ を発生しながら，$Y$ 軸上を一定の速さで正方向に動くという状況，つまりランデヴにおける速度線接近を表す。では動径接近はどうかというと，$\dot{X}=$ 一定，$Y=0$，と置けば

$$-3\psi^2 X = F_X\ ;\ 2\psi\dot{X} = F_Y \tag{11.38}$$

という関係を得る。ここに出て来た力 $F_X$，$F_Y$ は，図 10.9 において $g$ および $g_C$ と記した推力にそれぞれ相当する。

相対運動方程式を用いると，このようにランデヴの問題が手短に片づく。しかしながら，相対方程式の解が示す動きについて物理的な意味を探っていくなら，結局は 10 章でのランデヴの考察や本章での近円軌道の考察にいき着くであろう。

相対運動方程式は，線形の微分方程式をなす。線形であれば，解の重ね合わせが許される。前節で行った種々の重ね合わせは，この線形性に基づいていた。重ね合わせは当然ながら，差をとることも含む。いま，近円軌道にある衛星 $A_1$ と $A_2$ の動きが，それぞれ相対方程式の解として表されたとしよう。する

と $A_1$ から $A_2$ を差し引いたものも，方程式の解になる。これは，円軌道の衛星ではない $A_2$ を基準として，$A_1$ を相対表示したことに相当する。いい換えると，相対座標の原点を置く衛星は必ずしも円軌道になくてもよい。任意の二衛星がそれぞれ近円軌道にあって，しかも近接している場合には，方程式 (11.35), (11.36) を用いて相対運動を調べることができる。

**月のまわりでの安全**

月をまわる有人飛行の軌道を，相対表示で考えてみよう。いま，着陸船と母船は一体で月をまわる低高度の円軌道にある。そして着陸船は母船から分離して，逆推進をかけて降下軌道に移る。逆推進をかけるときに母船は一定の距離まで退避していたい。そこで**図 5**（a）において，母船は楕円コースを 1 から 2 へ移動する。母船が 2 まで離れた時点で着陸船は逆推進を行う。このとき万一，着陸船に不調があって推力を出せない事態に陥っても，そのまま待てば母船は再び 1 に来て着陸船に出会う。万一の不調に備える安全策として，過去のアポロ宇宙船に取り入れられた。

似た方策は降下軌道でも考えられる。図（b）のように，着陸船は 1 で楕円コースに移り，2 で月面に近づいたら減速して着陸する。万一，不調で着陸を中止したときは，そのまま慣性飛行すれば 3 で母船に出会う。しかしこの降下軌道に移るには大きい $\Delta v$ を要する。安全策は別途立てて，実際の降下コースにはホーマン型を採用した。

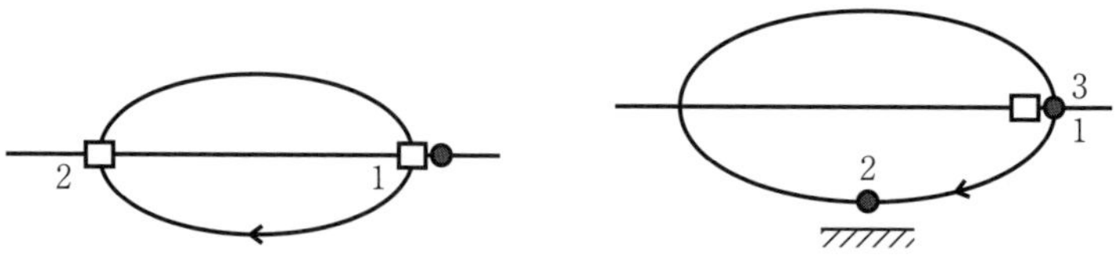


（a） 母船の退避コース
（着陸船●を基準）

（b） 着陸船の降下コース
（母船□を基準）

**図 5**

# 12. 静　止　軌　道

静止軌道は，赤道面に設ける半径 42 164 km の円軌道で，通信や放送，気象観測などの衛星が数多く並ぶ。この軌道にはどういう摂動が生じるだろうか。軌道を乱す力としてはおもに，地球の形による力，太陽の光の圧力，太陽と月の引力がある。乱す力が働くと，軌道はさまざまに変化することを示す。

## 12.1　近円軌道の小変化

摂動を調べるための準備として，衛星が円軌道にあるとき，小さい増速を与えると軌道はどう変わるか考えよう。増速が小さいなら，新しくできる軌道は近円軌道と見なせるから，前章で考えた近似的な扱い方を適用できる。

いま，衛星は半径 $a$ の円軌道を速度 $v$ でまわっているとする（**図 12.1** を参照）。衛星が点 A に来た瞬間に，増速 $\Delta v$ を進行方向に与えたとすると，力学的エネルギーは

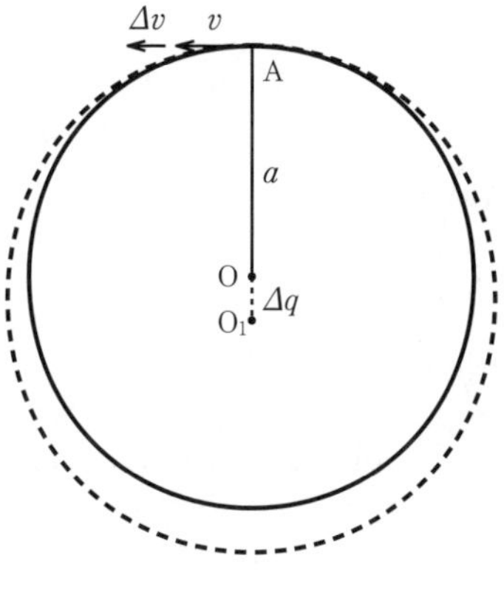


**図 12.1**　進行方向 $\Delta v$ の効果

$$\Delta E = \Delta\left(\frac{v^2}{2}\right) = v\Delta v \tag{12.1}$$

だけ増す。軌道のエネルギー $E$ と軌道半径 $a$ には，$E = -\mu/(2a)$ という関係があったから，もし半径が $\Delta a$ 増すとエネルギーは

$$\Delta E = \frac{\mu}{2a^2}\Delta a \tag{12.2}$$

だけ増す。よって式 (12.1) と式 (12.2) を等しいと置き，関係 $v^2 = \mu/a$ を使えば

$$\Delta a = 2a\frac{\Delta v}{v} \tag{12.3}$$

となって，増速 $\Delta v$ は半径を $\Delta a$ だけ増大させる。新しくできた軌道（図中の点線）は，中心点が O から $O_1$ へ変位していて，$O_1$ は直線 AO の延長にある。その変位の大きさは，半径の増分 $\Delta a$ に等しい。さて図 11.2 においては中心点の変位を $q$ と記していたが，ここでは小さい $\Delta v$ が小さい変位 $\Delta q$ を引き起こしたと考えて，O から $O_1$ への変位を

$$\Delta q = 2a\frac{\Delta v}{v} \tag{12.4}$$

のように表す。

つぎに**図 12.2** では，衛星が点 A に来た瞬間に，動径方向への小さい増速 $\Delta v$ を与えた。このとき衛星の速度は方向だけが変わり，大きさは変わらない。

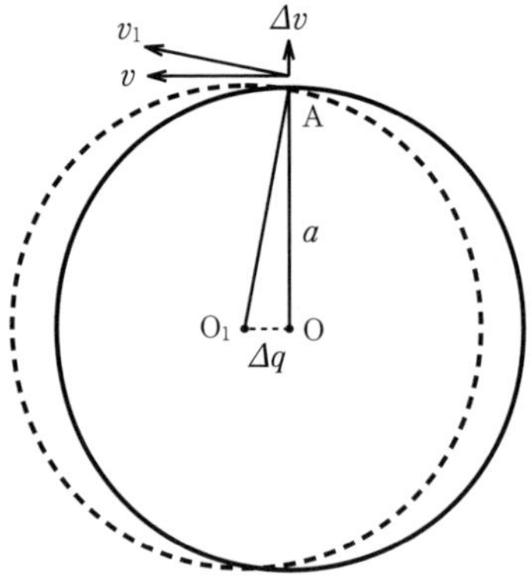


**図 12.2**　動径方向 $\Delta v$ の効果

よって軌道のエネルギーは変わらないから，軌道半径も変わらない。軌道の中心点は $O_1$ に変位して，$OO_1$ は動径 OA に垂直をなす。増速後の速度 $v_1$ の向きは，動径 $O_1A$ に垂直となっているから，この関係により変位 $OO_1$ の大きさ $\Delta q$ は

$$\Delta q = a\frac{\Delta v}{v} \tag{12.5}$$

として定まる。

以上の議論では，増速によって円軌道が近円軌道に変わる場面を見た。同じ議論は，近円軌道が増速によって別の近円軌道に変わる場面でも成り立つ。その場合，式 (12.4) と式 (12.5) が表す $\Delta q$ は，すでに生じていた中心点変位 $q$ に対して増分を加えるものとなる。静止軌道とは，本来は円軌道であったのが摂動によって少しずつ変化していくものだから，その変化を調べるために関係式 (12.3), (12.4), (12.5) を使うことができる。これで必要な準備ができた。

## 12.2　地球の形による力

軌道を乱す力として最初に，地球が理想的な球形から外れることによる力を考えよう。地球を赤道面で二つに切ると，切り口は円形を示すが，詳しく見れば切り口は円から少し外れて楕円形をなしている。外れ方はわずかで，半径の最大と最小の違いは 100 m 少々にすぎない。いま，地球に対して静止衛星を**図 12.3** のように配置したとする（切り口の楕円を誇張した）。地球の A 付近は膨らんでいるので余分な質量があり，反対に B 付近では質量が少ない。すると引力の向きは，本来なら指すはずの地心 O から少し外れて，A の側へ寄る。そのため引力は，衛星の進行方向に小さい成分 $F$ をもつ。

もし衛星が，膨らんだ部分（図中の A または A′）の真上にあれば，対称性によって成分 $F$ は 0 になる。膨らんだ部分から 90° 離れたところ（図中の B または B′）の真上にあるときも，同様に成分 $F$ は 0 になる。世界地図でいえば，B と B′ はインド洋および東太平洋に位置する。成分 $F$ は，衛星の経度 $\lambda$ の関数として定まり，関数 $F(\lambda)$ は**図 12.4** のような形をもつ。ここで衛星の

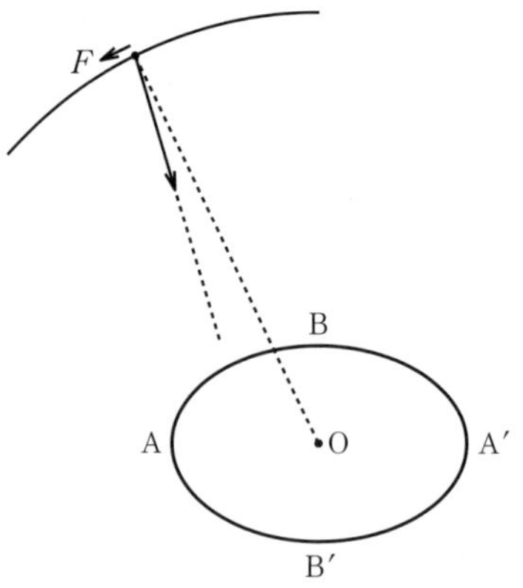


**図 12.3**　地球の形による力 $F$

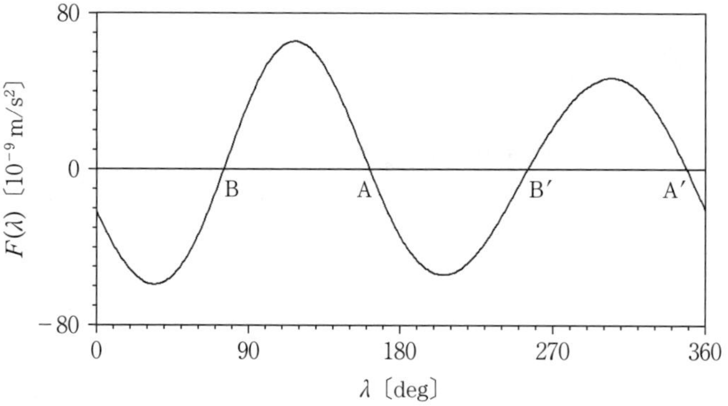


**図 12.4**　力 $F$ と衛星経度 $\lambda$

経度とは，衛星の直下点の経度を世界地図上で測ったものをいう（直下点は赤道にあるから，経度をいえば衛星の位置が決まる）。

さて図 12.3 に描いたように切り口が楕円なら，対称性によって，図 12.4 に掲げる関数の二つの山は同じ高さを，また二つの谷は同じ深さをもつであろう。実際には，高さや深さは同じでなく若干の違いを見せていて，それは以下の事情による。

図 12.3 において，A と A′に余分な質量があり，B と B′には質量が少ないことを，プラス記号とマイナス記号で模式的に表すと**図 12.5**（a）のようにな

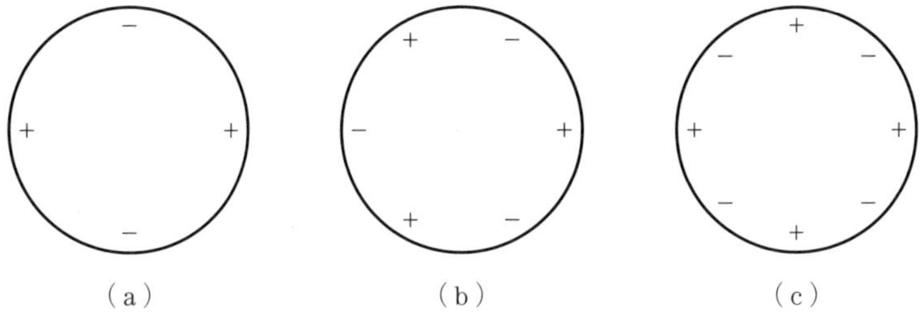


**図 12.5**　赤道に沿った質量分布

る。ここでプラスとマイナスの分布は，（a）のようにプラスが二つという分布だけでなく，プラスが三つある分布（b），四つある分布（c）など，高い次数の分布もありえて，さまざまな次数の分布に重みを掛けて足し合わせたものが，実際上の質量の分布を表す。そのなかで，プラスが二つの分布の重みが大きいことを図 12.3 は概念的に描いている。

このような質量分布にともない，地球の重力場は球対称から外れていて，そういう重力場を表すには球関数展開によるモデルを用いる[15)]。上記の関数 $F(\lambda)$ は重力場のモデルから導出されるものだが，ここでは図 12.4 に掲げる $F(\lambda)$ を，与えられた事実と見なして議論の出発点に置く。

では力の成分 $F$ は，どのように摂動を生じさせるだろうか。ある経度 $\lambda$ に静止衛星を置くと，対応して力 $F$ の大きさが決まる。力 $F$ は小さいので，衛星が 1 周回するあいだに生じる軌道の変化は小さい。よって 1 周回のあいだ，衛星の経度 $\lambda$ に現れる変化は小さく，したがって力 $F$ の大きさは一定と考えてよい。経度 $\lambda$ は，軌道の周回数が増すにつれて少しずつ変化していくのであって，そのような変化をわれわれは知りたい。

力 $F$ が短い時間 $\Delta t$ のあいだ衛星に働くと，速度が $\Delta v = F\Delta t$ だけ変わるから，式 (12.3) によれば，軌道半径 $a$ に

$$\Delta a = \frac{2a}{v}\Delta v = \frac{2a}{v}F\Delta t \tag{12.6}$$

という変化が生じる。するとケプラーの第 3 法則により，公転角速度 $\psi$ には変化

$$\Delta\psi = -\frac{3\psi}{2}\frac{\Delta a}{a} \tag{12.7}$$

が生じる。公転角速度が $\Delta\psi$ だけ変われば，衛星経度 $\lambda$ が時間とともに変化する率 $\dot{\lambda}$ が同じだけ変わる。この事実を

$$\Delta\dot{\lambda} = \Delta\psi \tag{12.8}$$

のように表す。よって式 (12.8) に式 (12.7) と式 (12.6) を適用すると

$$\Delta\dot{\lambda} = -\frac{3\psi}{v}F\Delta t \tag{12.9}$$

となるが，$v = a\psi$ だから

$$\ddot{\lambda} = -\frac{3}{a}F(\lambda) \tag{12.10}$$

という関係が成り立つ。この関係が，経度 $\lambda$ の長期的な変化を定める。

注意として，力 $F$ による離心率への影響は考えなくてよいことを示そう。**図 12.6** において，力 $F$ により，軌道上の位置 A で増速 $\Delta v$ が生じたとすると，軌道の中心点は a のように変位する。位置 B で生じた増速は b のように変位を引き起こし，C での増速は c のように変位を引き起こす。変位をつぎつぎと足し合わせていくと，衛星が軌道を 1 周した時点で 0 になる。衛星が軌道を進むにつれて，中心点の位置は振動的に動くけれども，動きがどんどん成長することはない。つまり離心率に永年的な摂動が生じることはない。

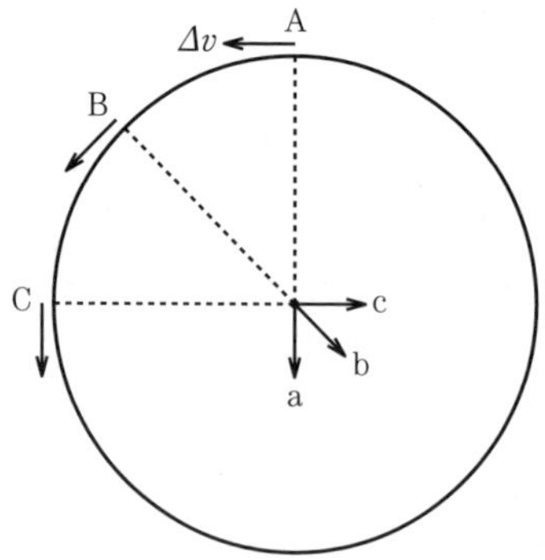


**図 12.6**　軌道の中心点の変位

## 12.3　経度変化のパターン

関係式 (12.10) の右辺を

$$G(\lambda)=-\frac{3}{a}F(\lambda) \tag{12.11}$$

と書き換えると，$\lambda$ の動きは方程式

$$\ddot{\lambda}=G(\lambda) \tag{12.12}$$

に従う。すなわち経度 $\lambda$ は，仮想的な力 $G$ によって動かされている。具体的に $G(\lambda)$ は，**図 12.7** のような形をもつ。力 $G$ は場所 $\lambda$ の関数であるから，ポテンシャル $U$ を用いてつぎのように $G$ を表すことができる。

$$G=-\frac{dU}{d\lambda} \tag{12.13}$$

ポテンシャル $U$ は，**図 12.8** に示すような形をもつ。ポテンシャル曲線には山が二つ，谷が二つある。山と谷の場所は，図 12.3 において同じ記号が示す場所に対応する。もし衛星を，図 12.8 で B に置いたとすると，そこはポテンシャルの谷底だから，衛星は B に留まって動かない。もし衛星を，谷底 B から離れた場所，例えば (1) に置いたなら，衛星は B へ向かって動き出す。衛星は B を越えて (1′) に至り，そこで引き返して (1) に戻り，以下 (1′) と (1)

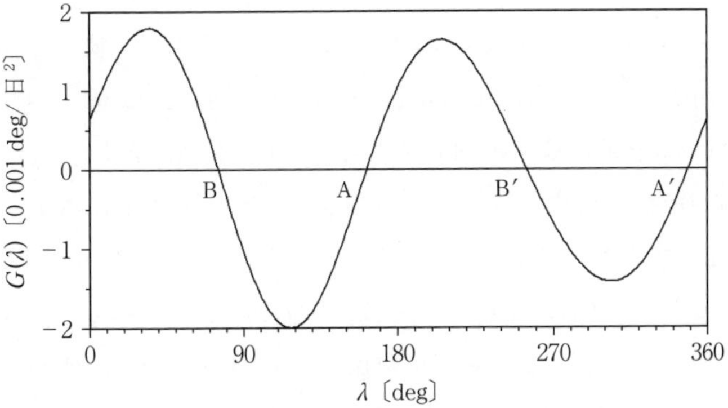


**図 12.7**　仮想的な力 $G$ と衛星経度 $\lambda$

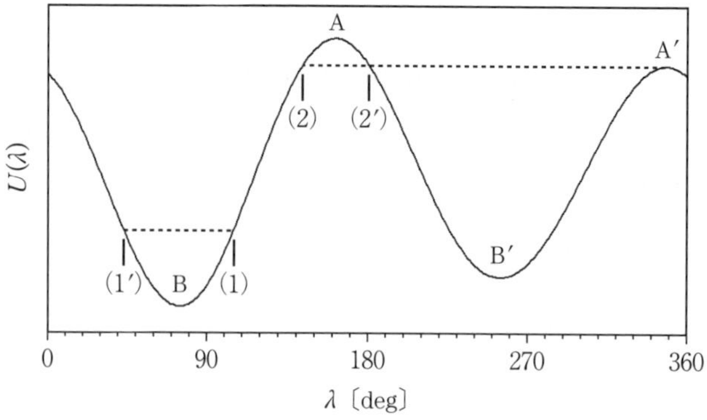


**図 12.8**　ポテンシャル $U$ と衛星経度 $\lambda$

のあいだを振動的に往復する。往復運動は谷底 B′のまわりでも同様に起こりうる。

谷底 B まわりの往復運動で，振幅が小さい場合を考えよう。その場合，図 12.7 において，点 B 付近での $G(\lambda)$ は $\lambda$ に対して直線的に変わるとしてよい。すると $\lambda$ の往復運動は調和振動になる。点 B における $G(\lambda)$ の傾きから，振動の周期は 740 日と算出される。B′付近の小さい振動については，$G(\lambda)$ の傾きが緩いことから振動は長めの周期をもつ。

図 12.8 において，(2) の場所に衛星を置いたとしよう。衛星は谷 B を越えてから山 A′を乗り越え，さらに谷 B′を越えて (2′) に至る。そこから引き返して反対向きに (2) まで戻り，以下，衛星は (2) と (2′) のあいだを大回りに往復する。大回りの往復が起きるためには，はじめに衛星を置いた場所のポテンシャルが山 A′よりも高ければよく，そういう置き場所は (2) から (2′) までの経度範囲，具体的には東経 143° から 180° までの範囲にある。

大回りな往復を，数値積分によって再現した例を**図 12.9** に示す。衛星位置は地球固定系で表し，経度 $\lambda$ は図示のように測る。参照のため図 12.8 のなかで (2), A, (2′) が表す経度位置を，図 12.9 でも同じ記号で示した。衛星の動きが見やすいように，動径については静止半径 42 164.2 km を基準として，基準からの増減分を 50 倍に拡大して表示した。図示の例では，衛星は東経 154° の

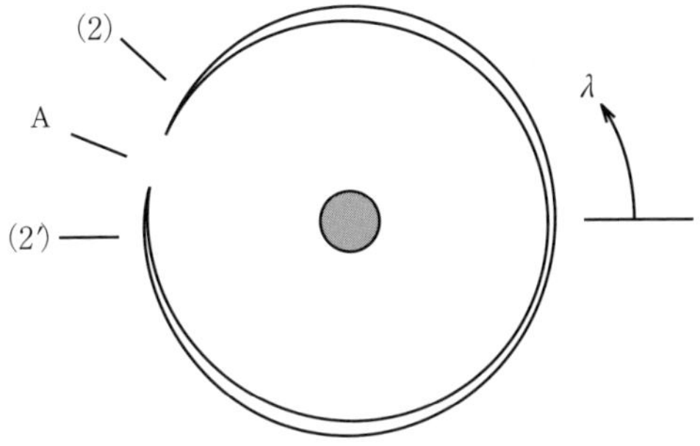


**図 12.9** 衛星経度の大回り往復

経度から出発して，3 100 日で 1 回の往復をする。

さて，ここに見た大回りな往復の動きは，図 7.15 に見られた動きと似ている。この類似性はどこからくるのだろうか。静止衛星は 1 日に 1 回の公転をするが，地球に固定された重力場も同じく 1 日に 1 回転をする。すなわち静止衛星は，地球の重力場と 1：1 の共鳴関係にある。1：1 の共鳴が共通して働くことによって，図 7.15 と図 12.9 には似た動きが現れた。静止衛星が大回りな往復をするのは，図 12.8 において山 A′を乗り越えた場合であった。それとよく似て，小天体が大回りな往復をするのは，図 7.14 において場所 c を通り越えた場合であった。

## 12.4 太陽光の圧力

衛星が円軌道をまわっていて（**図 12.10** を参照），右手の方には太陽があるとする。太陽の光は平行光線として到来して，小さい圧力 $F$ を衛星に及ぼす。すなわち太陽光圧力（solar radiation pressure）が働く。具体的な $F$ の値は後で示すことにして，当面は大きさと向きが一定な圧力 $F$ が衛星に働くものとする。

はじめに，軌道の長半径への摂動は考えなくてよいことを示そう。図 12.10 において，A 付近では圧力 $F$ は衛星を加速するから，軌道のエネルギーを増すように働く。一方，B 付近では減速となるから，軌道のエネルギーを同じだ

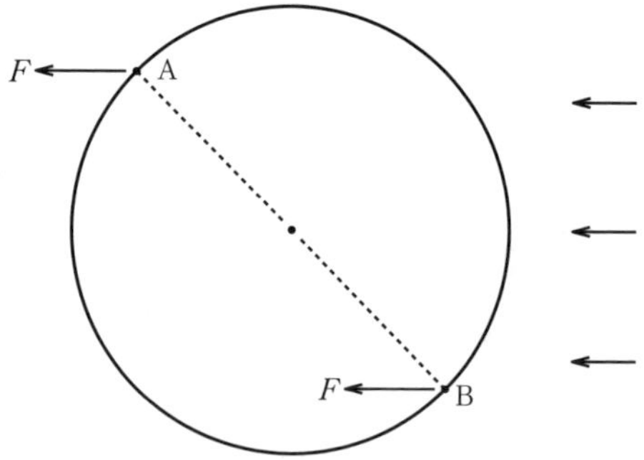


**図 12.10**　太陽光の圧力 $F$

け減らすように働く。この関係は，A と B のように対になった場所すべてに成り立つ。よって衛星が軌道を 1 周するあいだ，軌道のエネルギーには増減があるけれども平均すればエネルギーは変わらない。つまり軌道の長半径に永年的な摂動が生じることはない。よってここでの関心は，軌道の中心点がどう動くかにある。

半径 $a$ の軌道を衛星が速度 $v$ でまわるとする（**図 12.11** を参照）。衛星は一定の圧力 $F$ を受けながら，軌道を A–B–C–D と進む。いま A において，力 $F$ が時間 $\Delta t$ のあいだ働くと $F\Delta t$ という増速を生じるが，その動径方向への成分は

$$\Delta v = F\Delta t\cos\theta \tag{12.14}$$

という値をもつ。ただし公転角 $\theta$ は，力 $F$ が働く方向を基準として測る。この $\Delta v$ にともない軌道の中心点は，図 12.2 に見たメカニズムに従って O から $O_1$ に変位する。その変位 $\Delta q$ は，式 (12.5) によれば

$$\Delta q = a\frac{\Delta v}{v} = \frac{aF}{v}\cos\theta\Delta t \tag{12.15}$$

に等しい。すると変位 $q$ が時間とともに成長する率を

$$\dot{q} = K\cos\theta \tag{12.16}$$

と表すことができる。ただし定数 $K$ を

$$K = \frac{aF}{v} \tag{12.17}$$

と置いた。

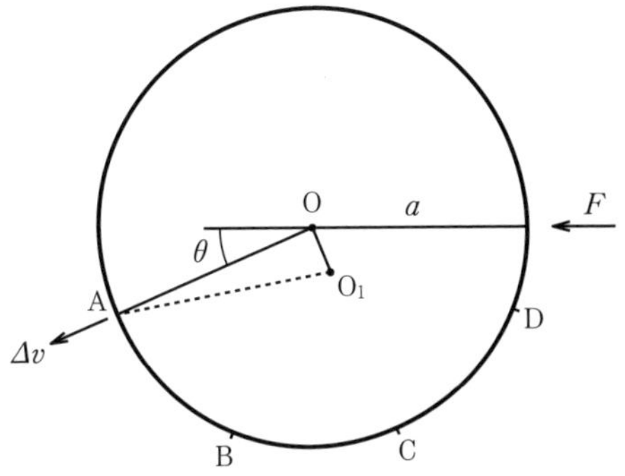


**図 12.11** 太陽光圧力の動径成分の働き

さて変位 $q$ は，大きさと向きをもつベクトル量として表さなければならない。よって上記の成長率 $\dot{q}$ もベクトルとして表すと，それは**図 12.12** での A に相当する。ベクトルの先端は，長さ $K$ の線分 OP を直径とした円の周上にある。図 12.11 にて衛星が B-C-D と進むと，図 12.12 においてベクトルの先端は B-C-D と進む†。衛星が軌道を半周すると，ベクトルの先端は円周上を 1 周する。

図 12.12 に示した成長率ベクトルは，「一定ベクトル」と「旋回ベクトル」に分解して，**図 12.13** のように描くと考えやすい。一定ベクトルは長さ $K/2$

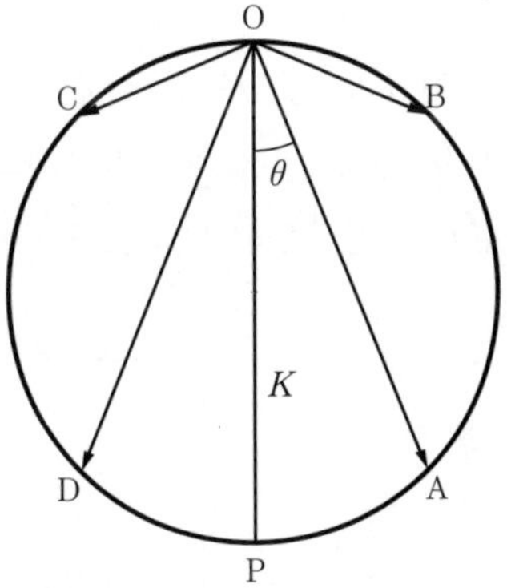


**図 12.12** 中心点変位の成長率ベクトル

† 衛星が B から C へ進む際には $\Delta v$ の符号が変わることにより，成長率ベクトルは図 12.12 で B から C のように変わる。

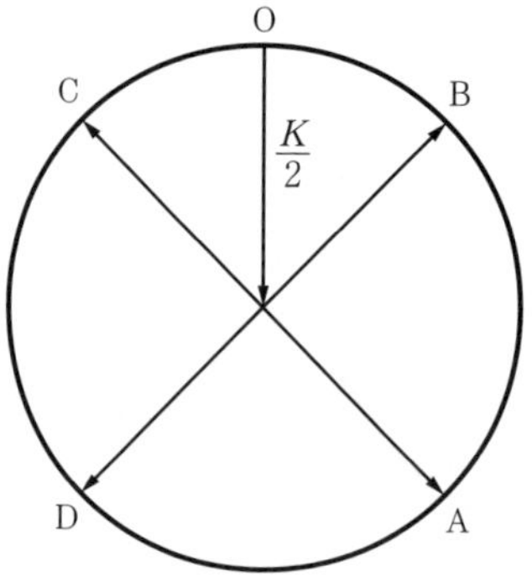


**図 12.13**　成長率ベクトルを分解する

をもち，その先端を起点とする旋回ベクトルは，A–B–C–D のように円周をなぞって動く。一定ベクトルが表す成長率に従って，中心点の変位は時間とともに一様に増していく。これを永年成長と呼ぶことにすれば，永年成長率は $K/2$ に等しい。一方，旋回ベクトルが表す成長率に従って生じる中心点の変位は，円を描いて動く。その動きは，衛星が軌道を半周するごとに，同じ円を繰り返し描く。動きの範囲は一定の限度を超えないから，長期的なふるまいを調べる際には考えなくてよい。

つぎに，力 $F$ による増速の，進行方向への成分について考える。**図 12.14** において，衛星が軌道上の A にあるとすると，時間 $\Delta t$ のあいだに

$$\Delta v = F\Delta t\cos\theta \tag{12.18}$$

という増速が進行方向に生じる。ただし公転角 $\theta$ は，力 $F$ に垂直な方向を基準として測った。この $\Delta v$ にともない軌道の中心点は，図 12.1 のメカニズムに従って O から $O_1$ に変位する。その変位 $\Delta q$ は，式 (12.4) によれば

$$\Delta q = 2a\frac{\Delta v}{v} = \frac{2aF}{v}\cos\theta\Delta t \tag{12.19}$$

に等しい。よって $q$ が時間とともに成長する率を

$$\dot{q} = 2K\cos\theta \tag{12.20}$$

と表せる。この成長率をベクトルで表すと，**図 12.15** での A に相当し，その先端は長さ $2K$ の線分 OP を直径とした円の周上にある。図 12.14 にて衛星が B–C–D と進むと，図 12.15 にてベクトルの先端は B–C–D と進み，衛星が軌道

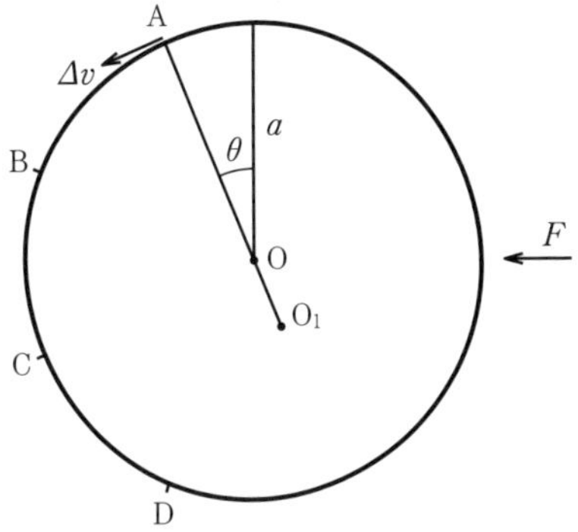


**図 12.14** 太陽光圧力の進行方向成分の働き

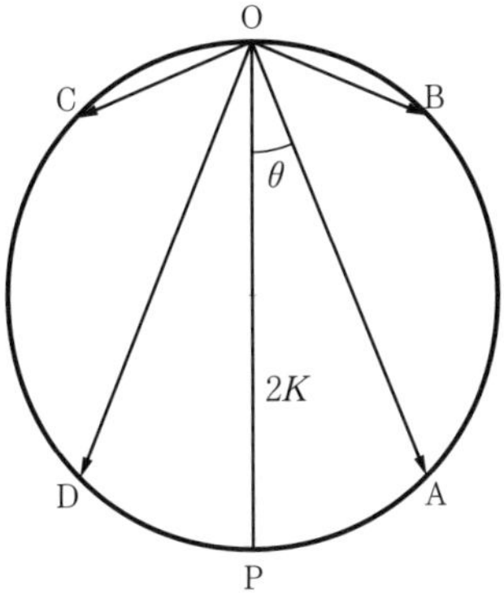


**図 12.15** 中心点変位の成長率ベクトル

を半周するとベクトルの先端は円周上を 1 周する。ここでも成長率ベクトルを，一定ベクトルと旋回ベクトルに分解すると，一定ベクトルは長さ $K$ をもち，したがって永年成長率は $K$ に等しい。

以上，中心点の変位については二つの永年成長率があった。二つを合計すると $(3/2)K$ になるので，それを次式で表す。

$$\dot{q}=\frac{3aF}{2v} \tag{12.21}$$

成長率 $\dot{q}$ の向きは，力 $F$ の向きと垂直にある。

## 12.5 太陽位置と中心点の動き

ここまで，圧力 $F$ は大きさも向きも一定としてきたが，現実の $F$ は太陽の位置に依存する。太陽の位置と動きを，地心慣性系において**図 12.16** のように表す。太陽 S は，原点のまわりに 1 年で円軌道を描くように動く（正しくは楕円軌道だが，ここでは円軌道と近似する）。座標軸 $y'$ を，$y$ 軸から $z$ 軸に向かって角度 $\delta_0=23.5°$ だけ傾けたところに設けると，$x$-$y'$ 面は太陽の軌道面を表す。その軌道面に半径 $R$ の円を描くと，それが太陽の軌道になる（図では 4 分の 1 の弧 AB を描いた）。春分の瞬間に太陽は $x$ 軸上の A にあり，時間 $t$ の後には周回角 $\Psi t$ まで進む。地心つまり原点から見た太陽の方向を，赤道面

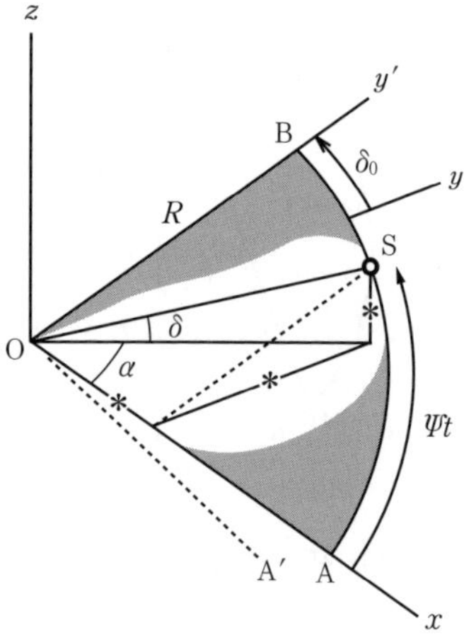


**図 12.16**　地心慣性系 $x$-$y$-$z$ における太陽の位置と動き

$x$-$y$ からの離角 $\delta$（赤緯），および赤道面に沿って $x$ 軸から測る経度 $\alpha$（赤径）で表す。図では見やすいように太陽の軌道面を不透明にしたが，一部を吹き抜けにして $\alpha$ と $\delta$ の測り方が見えるようにした。図中で記号＊をつけた三つの長さに着目すると，以下の関係を書くことができる。

$$\cos\delta\cos\alpha = \cos\Psi t \tag{12.22a}$$

$$\cos\delta\sin\alpha = \sin\Psi t\cos\delta_0 \tag{12.22b}$$

$$\sin\delta = \sin\Psi t\sin\delta_0 \tag{12.22c}$$

太陽の位置を表す $\alpha$ と $\delta$ が，これで周回角 $\Psi t$ に関係づけられた。

太陽の位置に応じて，圧力 $F$ はつぎのように表される。

$$\begin{cases} F = F_0\cos\delta \\ F_0 = C\dfrac{A}{M} \end{cases} \tag{12.23}$$

太陽光の向きに沿って圧力 $F_0$ が発生して，その赤道面に沿う成分 $F$ が中心点を動かす力として働くことを式 (12.23) は意味する。ここで $C=4.56\times10^{-6}$ N/m$^2$ は太陽光の強さから決まる定数，$A$ と $M$ は衛星の断面積と質量を表す。ただし $A$ は，衛星の表面が光を反射することを考慮に入れた等価的な断面積で，幾何学的な断面積より大きい。もし衛星の表面が入射した光をすべて吸収するなら，$A$ は幾何学的な断面積に一致する。表面が光を反射するなら，その度合いに応じて $A$ は大きくなるが 2 倍に達することはない。実際上の $A$ は表面の材質や形状によって決まり，衛星に固有な量として比 $A/M$ が定まる。厳密にいうと等価断面積 $A$ は，衛星に入射する光の方向に依存して変わりうるが，ここでは近似的に $A$ は一定とする。

さて，力 $F$ が式 (12.23) によって定まると，中心点の変位の永年成長率は式 (12.21) に従って

$$\dot{q} = K\cos\delta \tag{12.24}$$

という値をもつ。ただし定数 $K$ を改めて

$$K = \frac{3aF_0}{2v} = \frac{3F_0}{2\psi} \tag{12.25}$$

と置く（$\psi$ は衛星の公転角速度）。永年成長率 $\dot{q}$ の向きは，**図 12.17** に描くように，太陽の赤径 $\alpha$ に依存する。成長率を $x$，$y$ 成分に分けて表してから，式 (12.22) を用いると

$$\dot{q}_x = K\cos\delta\sin\alpha = K\cos\delta_0\sin\Psi t \tag{12.26}$$

$$\dot{q}_y = -K\cos\delta\cos\alpha = -K\cos\Psi t \tag{12.27}$$

となって，これが中心点の動きを定める。春分において中心点は原点にあったとすると，その後の経過時間にともなう動きは

$$q_x = q_0\cos\delta_0(1-\cos\Psi t) \tag{12.28}$$

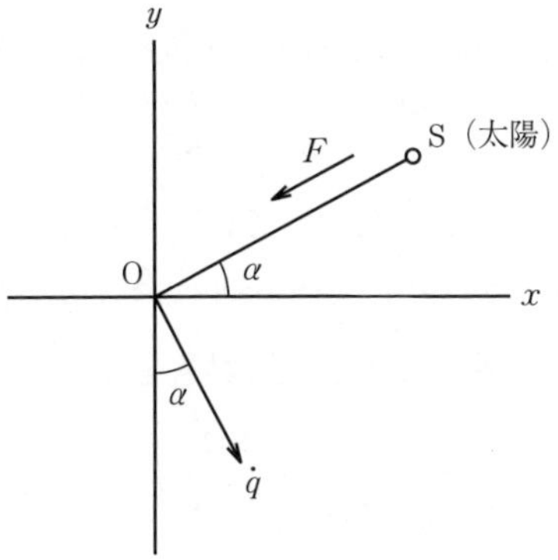


**図 12.17** 中心点変位の永年成長率ベクトル（$x$-$y$ は赤道面）

$$q_y = -q_0 \sin \Psi t \tag{12.29}$$

のように解かれる。ただし $q_0$ はつぎの定数を表す。

$$q_0 = \frac{K}{\Psi} = \frac{3}{2\Psi\psi} C \frac{A}{M} \tag{12.30}$$

こうして解かれた中心点の動きは，1年間で楕円を描く（**図 12.18** を参照）。定数として $\Psi = 1.99\times10^{-7}$ rad/s，$\psi = 7.29\times10^{-5}$ rad/s を与え，衛星の一例としては $A = 100\ \mathrm{m}^2$，$M = 2\,000$ kg，したがって $A/M = 0.05\ \mathrm{m}^2/\mathrm{kg}$ とすると，楕円の長径は $2q_0 = 47$ km となる。長径に比べて短径は $\cos\delta_0 = 0.92$ 倍に縮んでいる。もし簡略のために $\delta_0 = 0$ と置けば，中心点の動きは半径 $q_0$ の円で近似される。この近似表現は，動きをあらまし調べるときに役立つ。

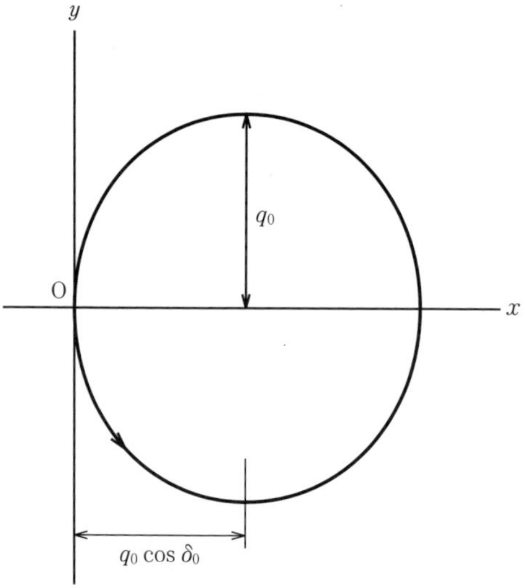


**図 12.18**　中心点の1年間の動き（$x$-$y$ は赤道面）

衛星に固有な量である $A/M$ は，衛星を製造した時点で正しく見積もるのは難しい場合がある。式 (12.28)，(12.29) によれば，中心点の動きは $A/M$ に比例して現れる。衛星が軌道に乗った後，軌道の中心点の動きを調べると，それから逆算して $A/M$ を推定することができる。

## 12.6 太 陽 の 引 力

太陽と月の引力が衛星に働くと，軌道面の向きは時間とともに少しずつ変わっていく。ここではそのような摂動について調べる。

はじめに太陽の引力を考えるために，地心Oから見た太陽Sの位置を**図12.19**のように表す。座標系 $x$-$y$-$z$ は慣性系で，$z$ 軸は地球の北極を指す。注意として，ここでは太陽が $x$-$z$ 面に来るように $x$ 軸を設けた（これは位置表示を見やすくするための暫定措置で，$x$ 軸は春分点を指していない）。さてここでは，衛星の軌道は最初に赤道面にあり，それが摂動のために少しだけ傾く，という場面を考える。よって引力を算出する際に，衛星の位置は近似的に $x$-$y$ 面上の $(x, y, 0)$ にあるものとする。衛星に働く引力の $z$ 成分に着目して，それを $F$ と記す。太陽の位置を $x=X$，$z=Z$ とすると，力 $F$ は次式で求められる。

$$F=\frac{\nu}{(X-x)^2+y^2+Z^2}\frac{Z}{\sqrt{(X-x)^2+y^2+Z^2}} \tag{12.31}$$

ただし $\nu$ は，［万有引力定数］×［太陽質量］を表す。地心Oから太陽Sへの距

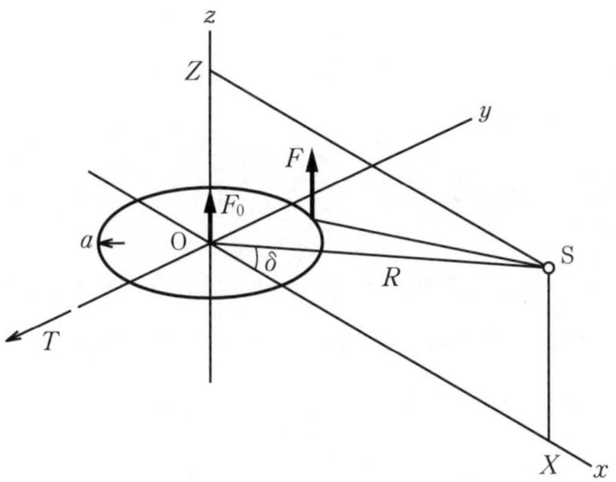


**図 12.19**　太陽引力の働きを見る

離を $R=\sqrt{X^2+Z^2}$ と置いて，式 (12.31) をつぎのように書き直す。

$$F=\frac{\nu Z}{\left(X^2+Z^2-2xX+x^2+y^2\right)^{3/2}}=\frac{\nu Z}{\left(R^2-2xX+x^2+y^2\right)^{3/2}}$$

$$=\frac{\nu Z}{R^3}\frac{1}{\left(1-\frac{2x}{R}\frac{X}{R}+\frac{x^2}{R^2}+\frac{y^2}{R^2}\right)^{3/2}} \tag{12.32}$$

距離 $R$ に比べると $x$ と $y$ は十分に小さいから，$x/R$ と $y/R$ の 1 次の項だけをとれば，式 (12.32) は

$$F=\frac{\nu Z}{R^3}\left(1-\frac{2xX}{R^2}\right)^{-3/2}=\frac{\nu Z}{R^3}\left(1+\frac{3xX}{R^2}\right) \tag{12.33}$$

という近似によって，次式に帰着する。

$$F=\frac{\nu Z}{R^3}+\frac{\nu Z}{R^3}\frac{3Xx}{R^2} \tag{12.34}$$

右辺の第 1 項を $F_0$ と記すと，$F_0$ は地心 O に働いている太陽引力の $z$ 成分を表す。もし $F$ と $F_0$ が等しくないなら，図 12.19 から観察されるように，軌道面をまわそうとするトルクが生じる。

トルクのなかで，特に軌道面を $-y$ 軸回りにまわそうとするトルク（図中の $T$）に着目すると，その大きさは

$$T=(F-F_0)x \tag{12.35}$$

に等しい。衛星は半径 $a$ の円軌道を角速度 $\psi$ でまわるものとして，$x=a\cos\psi t$ と置けば，トルクの大きさは

$$T=\frac{\nu Z}{R^3}\frac{3X}{R^2}a^2\cos^2\psi t \tag{12.36}$$

に等しい。このトルクを，衛星が軌道を 1 周回するあいだにわたって平均すると，$\cos^2\psi t$ の部分は $1/2$ になる。太陽の赤緯を $\delta$ とすると，$Z=R\sin\delta$，$X=R\cos\delta$ だから，平均のトルクは

$$T=\frac{3\nu}{2R^3}a^2\sin\delta\cos\delta \tag{12.37}$$

として表せる。このトルクが，軌道面の向きを変える原因として働く。一方，

軌道面を $x$ 軸回りにまわそうとするトルクについては，軌道1周回にわたり平均すれば対称性によって0になるので，考えに入れなくてよい。

さて式 (12.35) が示すように，摂動は二つの引力の差である $F-F_0$ がもとになって起きる。第7章で惑星の引力による摂動を考えたときは，式 (7.2) が示すように，二つの引力の差である $\boldsymbol{g}_{AP}-\boldsymbol{g}_{SP}$ が摂動を引き起こすもととなった。式 (12.35) の $-F_0$ は，この $-\boldsymbol{g}_{SP}$ に相当して現れたと見ることができる。

## 12.7 軌道面の傾き

衛星が半径 $a$ の円軌道を角速度 $\psi$ でまわると，軌道面は

$$H=a^2\psi \tag{12.38}$$

という角運動量をもつ。その軌道面にトルク $T$ が時間 $\Delta t$ のあいだ働くと，角運動量には $\Delta H=T\Delta t$ という変化が生じるから，軌道面は角度 $\Delta H/H$ だけ傾く（**図 12.20** を参照)。トルク $T$ が働き続けると，傾きの角度は単位時間に $T/H$ の割合で増していく。

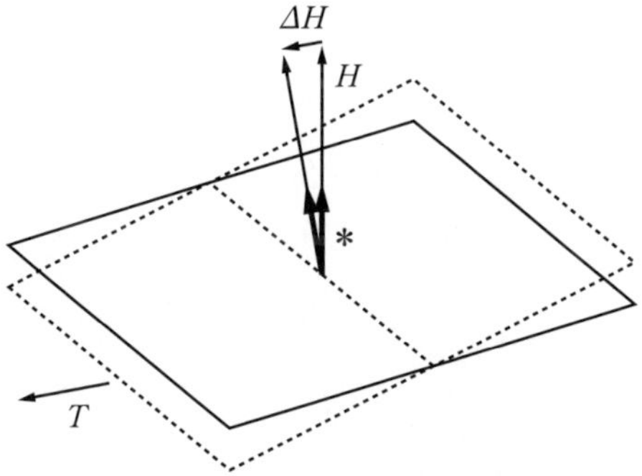


**図 12.20**　トルクによる軌道面の傾き
（*は面の単位法線ベクトル）

さて軌道面は，赤道面に対して小さく傾くと想定しているので，その傾きは以下のように記述するとよい。

軌道面には単位法線ベクトルを設けておいて，そのベクトルの赤道面への射

影を観察すると，**図 12.21** において $u$ のように見える。傾きの角は，射影 $u$ の長さに等しい。軌道面と赤道面がなす交線（図中の点線）は $u$ に垂直で，マイナス記号をつけた側では軌道面が赤道面より下に沈み，プラス記号の側では赤道面より上に出る。

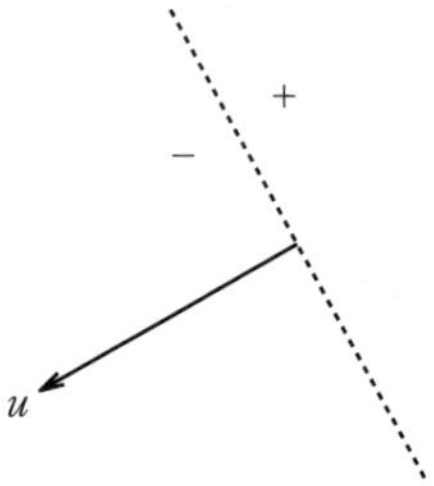


**図 12.21**　単位法線ベクトルの射影 $u$（紙面が赤道面とする）

上記のトルク $T$ によって傾きが増していくと，それは射影 $u$ の長さの成長となって現れる。成長率 $\dot{u}$ は，式 (12.37) と式 (12.38) から

$$\dot{u} = \frac{T}{H} = L\sin\delta\cos\delta \qquad (12.39)$$

という値をもつ。ただし定数 $L$ を

$$L = \frac{3\nu}{2R^3\psi} \qquad (12.40)$$

と置いた。成長率 $\dot{u}$ はベクトル量であって，その向きはトルク $T$ と同じ向きにある。よってベクトル $\dot{u}$ は**図 12.22** のように配置される。ここでは座標軸のとり方を本来の地心慣性系に合わせるように戻したので，$x$ 軸は春分点を指

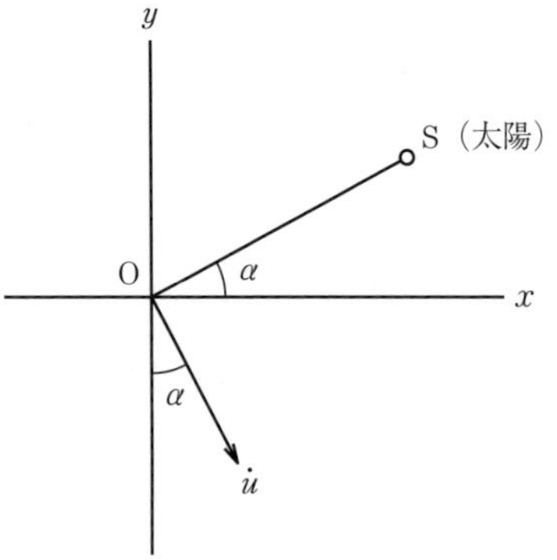


**図 12.22**　傾きの成長率ベクトル（$x$-$y$ は赤道面）

す。太陽Sに対して $\dot{u}$ が垂直を向くことは，図12.19の配置から了解されよう。

図12.22に描かれた配置を参照して，成長率 $\dot{u}$ の $x$，$y$ 成分を

$$\dot{u}_x = L\sin\delta\cos\delta\sin\alpha \tag{12.41}$$

$$\dot{u}_y = -L\sin\delta\cos\delta\cos\alpha \tag{12.42}$$

と表す。ここへ式(12.22)を適用すると

$$\dot{u}_x = L\sin\delta_0\cos\delta_0\left(\frac{1}{2} - \frac{\cos 2\Psi t}{2}\right) \tag{12.43}$$

$$\dot{u}_y = -L\sin\delta_0\frac{\sin 2\Psi t}{2} \tag{12.44}$$

を得る。これから $u_x$ と $u_y$ の動きを解けば，2種類の動きが現れる。一つは式(12.43)の右辺第1項から生じる永年成長

$$u_x = \left(\frac{L}{2}\sin\delta_0\cos\delta_0\right)t \tag{12.45}$$

で，$x$ 軸上を一様に動く（**図12.23**のA)。定数として $\psi = 7.29\times10^{-5}$ rad/s，$\Psi = 1.99\times10^{-7}$ rad/s，$\delta_0 = 23.5$ deg，$R = 1.50\times10^8$ km，$\nu = 1.33\times10^{11}$ km$^3$/s$^2$ を与えると，1年間当りの永年成長は0.27°に等しい。一方，式(12.43)の右辺第2項および式(12.44)からは，半年を周期とする動きが現れる。春分において軌道面の傾きは0であったとすると，その後の動きは

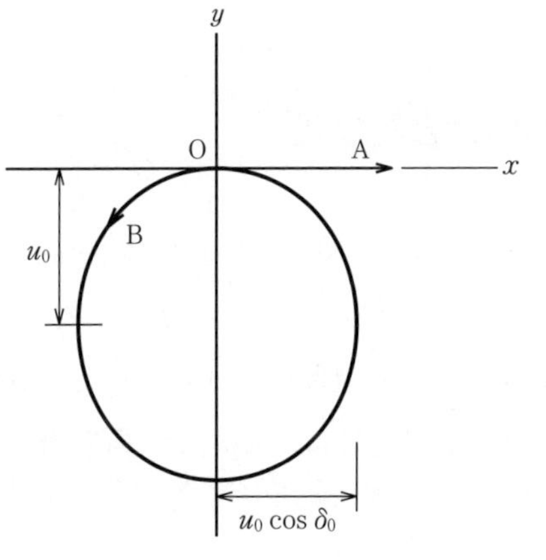


**図12.23**　傾きの成長はAとBの2種類（$x$-$y$ は赤道面）

$$u_x = -u_0 \cos\delta_0 \sin 2\Psi t \tag{12.46}$$

$$u_y = u_0(\cos 2\Psi t - 1) \tag{12.47}$$

のように解かれる。ただし定数 $u_0$ を

$$u_0 = \frac{L}{4\Psi}\sin\delta_0 \tag{12.48}$$

と置いた。この周期的な動きは，半年で楕円を描く（図 12.23 の B）。

図に描いた A と B という動きを重ね合わせると，1 年間で**図 12.24** のような軌跡を描く。年間の永年成長 $u_1$ に対して，横の振れ幅 $2u_0$ がなす比率は，1 年を $Y$ と置いてつぎのように算出される。

$$\frac{2u_0}{u_1} = \frac{2u_0}{\left(\dfrac{L}{2}\sin\delta_0\cos\delta_0\right)Y}$$

$$= \frac{1}{\Psi Y\cos\delta_0} = \frac{1}{2\pi\cos\delta_0} = 0.17 \tag{12.49}$$

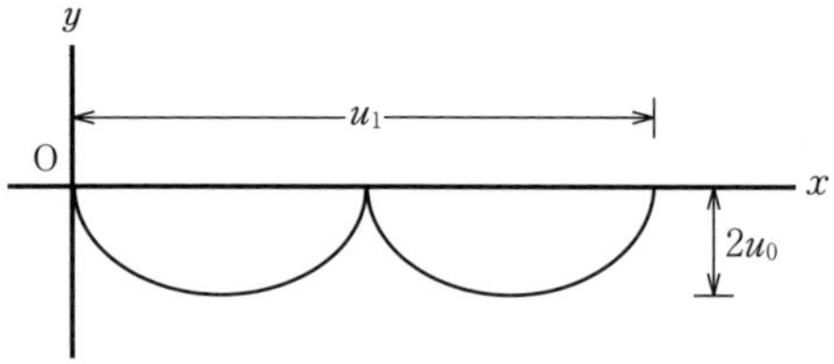


**図 12.24**　太陽引力による 1 年間の傾き成長
（$x$-$y$ は赤道面）

## 12.8　月の引力と合計成長

上記の導出は，月の引力についても適用できる。図 12.19 と図 12.22 において，S を月と見なす。対応して定数には $R = 3.84 \times 10^5$ km，$\Psi = 2.66 \times 10^{-6}$ rad/s を与える。定数 $\nu$ は，ここでは［万有引力定数］×［月質量］となるから，$\nu = 4.90 \times 10^3$ km$^3$/s$^2$ を与える。すると図 12.24 は，月が赤道面を南から北へよぎった後，1 か月のあいだに軌道面が傾く動きに相当する。

ただし月については状況が少し変わることに注意しなければならない。太陽の場合は，軌道面が赤道面となす交線（図 12.16 での OA）がいつでも $x$ 軸に一致した。ところが月の場合，軌道面の交線は，例えば図 12.16 での OA′のように，$x$ 軸から離れる。離れる角度は，±13°の範囲を周期 18.6 年で往き来する。それにともない，摂動のパターンは図 12.24 から修正されて**図 12.25** のようになる。パターンは $x$ 軸から外れるように回転し，その回転角は，上記で交線が $x$ 軸から離れる角度に等しい（したがって±13°を超えない）。18.6 年の周期のなかで，ある時期にはパターンが A のように，別のある時期には B のように現れる。

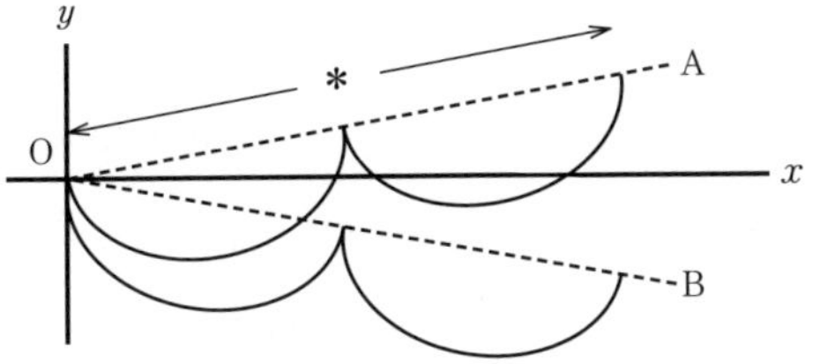


**図 12.25**　月引力による 1 月間の傾き成長
（$x$-$y$ は赤道面）

さらに図 12.16 において，月の軌道面が傾く角度 $\delta_0$ は一定でなく，18.3°と 28.6°のあいだを周期 18.6 年で往き来する（平均では 23.5°に等しい）。ともなって式 (12.45) による永年成長は $\delta_0$ に依存して変わり，1 年間の永年成長は 0.48°と 0.67°のあいだにある（長期平均では 0.58°）。図 12.25 でいえば，記号＊で表すサイズは時期により伸縮をともなう。あわせて式 (12.49) が与える振れ幅の比率も，$\delta_0$ に応じて変化する。

太陽と月の引力による摂動を合わせると，軌道面の傾きの永年成長は 1 年間当り，最小で 0.75°，最大で 0.94°，長期平均では 0.85°となる。

太陽と月の摂動を重ね合わせたときに軌道面が傾いていく動きを，数値積分で算出して**図 12.26** に示した。太陽と月の現実の位置を参照しながら算出したので，図には現実に起きる動きが再現されている。各ケースは，記載年の春分

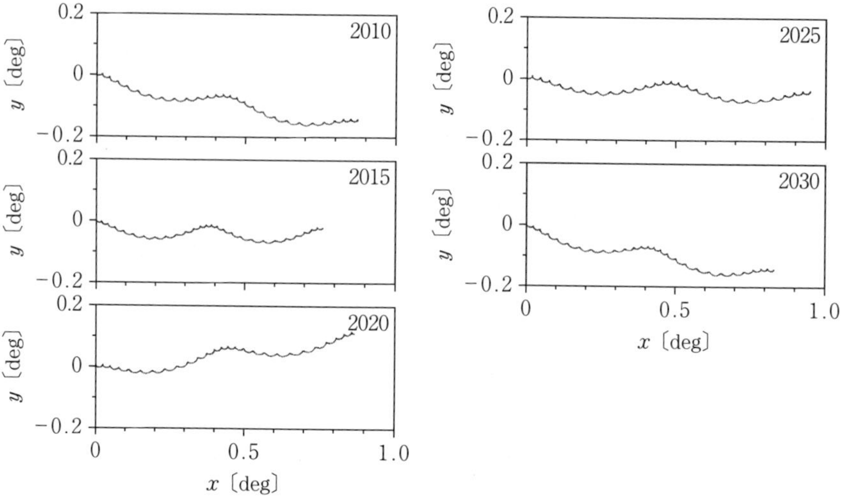


**図 12.26**　太陽・月引力による 1 年間の傾き成長（$x$-$y$ は赤道面）

の日から 1 年間の動きを示す。各ケースに見る大きいうねりは太陽引力の効果で，図 12.24 に相当する。一方，小さい脈動は月の引力の効果で，図 12.25 に相当する。月の引力による成長の方向は図 12.25 にて A や B のように変わることから，月と太陽を重ね合わせた図 12.26 では，年次によって成長する方向が変わる。変わる周期は 18.6 年なので，2010 年と 2030 年では動きが似ている。各ケースから $x$ 方向への永年成長を読み取って平均すると，1 年当り 0.85°になることが了解されよう。

さて以上の議論によれば，軌道面の傾きは長期的にいくらでも増すように見えるが，現実にはそうならない。傾きが増していくと，さらに別の力が衛星に働く。それは地球の形が扁平であることに起因する力で，図 6.2 では $\alpha_H$ と記されていた。傾きが小さいとき，力 $\alpha_H$ は小さいので軌道面を変える働きはない。傾きが大きくなるにつれて，力 $\alpha_H$ の働きは顕著になり，結果として傾きの増大は 15°で止まる。その後は減少に向かい，54 年後には傾きが 0 に戻る。以後この動きは周期的に繰り返す[7)]。12.7 節まで行った導出は，軌道面の傾きが小さい場合に限ることを改めて注意したい。

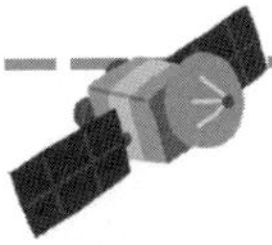

**インド洋**

図 12.8 において，衛星経度はポテンシャルの谷底を中心に往復振動することを見た。この振動が，減衰することはあるだろうか。振り子の振動や電気的な共振回路の振動であれば，小さいながら存在する抵抗によっていずれは減衰する。そういう見慣れたケースから類推して，衛星経度についても振動は減衰して谷底に落ち着くと考えたくなるだろう。図だけを見れば，インド洋の上空あたりに衛星が溜まりそうに思えてくる。しかしながら，経度の振動を減衰させる要因は何も知られていない。経度の往復は，いつまでも止まらないで続く。

もしも静止軌道上で使えなくなった衛星が，さまよった末に谷底に落ち着いてくれるなら，軌道から回収して除去するのが楽であろう。残念ながら，そういう楽は望めない。

# 13. 静止を保つ

静止軌道にある衛星が，目的どおりに静止を保つためには，摂動を受けた軌道を修正してもとに戻さなければならない。そういう軌道修正の行い方を考えるとともに，修正にはどれだけ $\Delta v$ を要するか明らかにする。そして静止を保つ衛星は，どういう軌道に落ち着くか考察する。

## 13.1 衛星経度と軌道半径

静止軌道に置いた衛星は，放置しておくと時間とともに経度がずれ動くことを 12 章で見た。静止衛星とするためには，経度の変化を一定の限度内に抑えたい。抑えるにはつぎのような方針をとる。

衛星の経度には有限な幅の区間を設けて，衛星は区間内で動くことを許すけれども，区間外には出さない。区間の幅が小さければ，そのなかに留まる衛星は事実上，動かないように見える。

区間の幅は，ルールによって 0.2° とされている。ルールとは，静止軌道の使い方を定めるもので，国際電気通信連合（International Telecommunication Union：ITU）によって設けられた。衛星はどれも地球局とのあいだで電波を送受信するから，電波の混信を避けるためには，衛星が使う周波数と衛星を配置する場所を一体で監理するのがよい。そのため無線通信を取りしきる ITU が，軌道の配置も監理するようになった。ルールのもとで，一つの衛星には一つの経度を静止位置として割り当てる。割り当てを受けた衛星は，その位置を基準として ±0.1° の経度範囲，つまり幅 0.2° の経度区間のなかに留まらなければならない。

では，経度を区間内に留めるにはどうするか。静止軌道の一つの経度 $\lambda$ に衛星を置くと，衛星には図 12.4 が示すような力 $F(\lambda)$ が働く。経度 $\lambda$ の動きは狭い区間に限定するわけだから，働く力 $F$ は一定としてよい。ここではかりに $F>0$ としよう。すると軌道の半径 $a$ は，式 (12.6) に従って時間 $t$ とともに一定の割合で増していく（**図 13.1** を参照）。力 $F$ が一定であれば，式 (12.12) において $G$ も一定値をとる。ここでは $G<0$ となるから，経度 $\lambda$ は時間とともに，図 13.1 のような放物線を描いて動く。もしも $F<0$ なら，図 13.1 のグラフは上下が反転する。

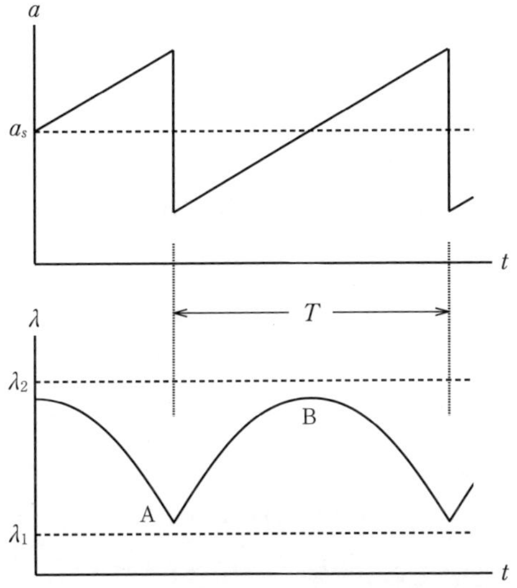


**図 13.1**　軌道半径 $a$ と衛星経度 $\lambda$ の時間変化

さて図 13.1 では，割り当てられた経度区間を $\lambda_1$ から $\lambda_2$ までとした。いま，経度 $\lambda$ の動きは A において，区間の端 $\lambda_1$ を越えようとしている。区間内に留まるためには，ここで軌道を修正して，大きくなりすぎた半径 $a$ を小さくする。半径を小さくするにはホーマン移行を用いればよい。修正の後，経度の動きは B のような放物線になって，区間の端 $\lambda_2$ の手前で折り返す。そして再び

端 $\lambda_1$ に近づいたら次回の軌道修正を行う。このように修正は定期的に行うものであって，修正から修正までの間隔 $T$ は，力 $F$ の大きさと区間の幅によって定まる。軌道半径 $a$ は，下限から上限へ直線的に変化を繰り返しながら，平均すると静止半径 $a_S$ に落ち着く。

修正に必要な $\Delta v$ の分量は，燃料の消耗につながるものだから知っておきたい。1 回の修正に要する $\Delta v$ は，力 $F$ が期間 $T$ のあいだになした力積 $FT$ に等しい。$T$ を 1 年と置けば，1 年間に必要な合計 $\Delta v$ が見積もられる。図 12.4 によれば，経度 $\lambda=117°$ において力は最大の大きさ $F=66\times10^{-9}\ \mathrm{m/s^2}$ をもつ。その経度にもしも衛星を静止させておくなら，年間では

$$\Delta v = FT = 2.1\quad \mathrm{m/s} \tag{13.1}$$

という量を必要とする。これが，軌道半径の修正に要する $\Delta v$ の最大限の見積もりを表す。

## 13.2　衛星経度と離心率

軌道に離心率があると，静止衛星の経度には変動が生じる。衛星の動きを表す式 (11.16) において，$\psi$ を地球の自転角速度と置けば，右辺の第 3 項は，衛星の経度が 1 日周期で振動することを表す。離心率が $e$ なら，振動の振幅は $2e$〔radian〕に等しい。

さて，はじめに衛星を置く軌道が円軌道であったとしても，時間とともに軌道の中心点は図 12.18 にならって動く。衛星の一例として，断面積と質量の比 $A/M$ を $0.05\ \mathrm{m^2/kg}$ とすると，半年後に中心点は原点から 43 km まで離れて，離心率が $e=0.0010$ まで増す。すると経度は振幅 0.11° で振動する。図 13.1 において，経度 $\lambda$ の動きには振動する分が重畳されるから，幅 0.2° の区間内に留めることができなくなる。この例からわかるように，離心率は大きくなりすぎないように抑えることが必要で，それには以下のような軌道修正を行う。

図 12.18 によれば，軌道の中心点は 1 年間で楕円の軌跡を描いた。ここでは近似的に $\delta_0=0$ と置いて，軌跡は半径 $q_0$ の円として扱う。その円を，改めて

図 13.2 に描いた。ただし円は原点 O を取り囲むように配置する。そして考えやすいように，円周を多辺形に置き換えて表す（中心点が円弧を描く動きを，模式的に直線で表したことになる）。さて軌道修正のもとで，中心点は以下のように動く。

中心点は場所 1a を出発して 1b のほうへ動く。1b に達したら，軌道修正により中心点を 2a に移す。すると中心点は 2a から 2b のほうへ動くので，2b に達したら軌道修正により中心点を 3a に移す。以下同様に進めると，1 年間に中心点が動きまわる範囲は，もとの多辺形よりも小さくなる。つまり各辺の配置を原点 O のほうへ寄せることで，離心率を小さく抑えた。

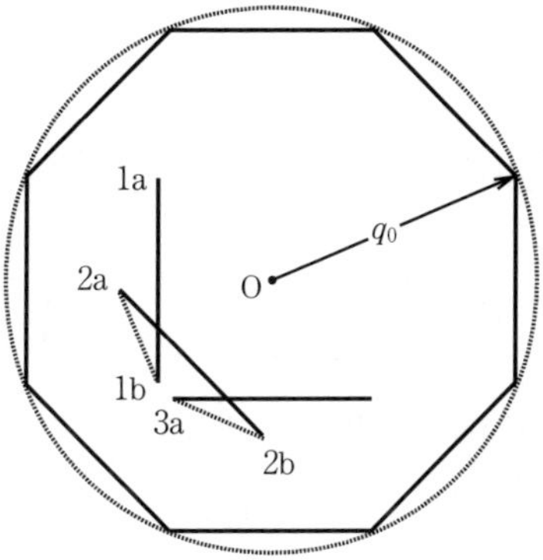


図 13.2　中心点の動きを小さく抑える

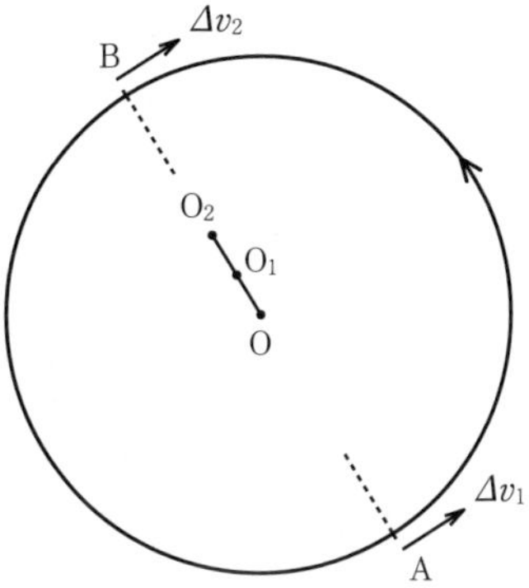


図 13.3　中心点の移し方

いま，中心点を 1b から 2a に移す場面に着目すると，その軌道修正は図 13.3 のように行う。衛星が点 A に来たときに増速 $\Delta v_1$ を与えて，中心点を O から $O_1$ へ移す。半周回の後，同じ大きさの減速 $\Delta v_2$ を与えて，中心点を $O_1$ から $O_2$ へ移す。合わせると中心点は O から $O_2$ へ移るが，軌道の半径は変わらない。修正の実行タイミングを選ぶことで，O から $O_2$ への向きが，1b から 2a への向きに合うようにする。そして $\Delta v$ の大きさを選ぶと，ねらったところへ中心点が移る。1b から 2a への距離を $q$ と置けば，増速と減速を合わせて必要とする $\Delta v$ は，式 (12.4) を参照すると

$$\Delta v=\frac{v}{2a}q \tag{13.2}$$

に等しい（$a$ は軌道の半径）。

離心率をさらに小さく抑えたいなら，図 13.2 において，各辺の長さをもっと小さくして，配置を原点のほうへ寄せる。ただしそうすると軌道修正の回数は増す。このとき，1 年間ではどれだけ $\Delta v$ を必要とするだろうか。中心点を 1b から 2a へ移す距離，2b から 3a へ移す距離，などを足し合わせていくと，1 年間で足し合わせた距離は，円周の長さに比べて少し短いけれども大略では等しくなるであろう。つまり，円周の長さ分の距離だけ中心点を移動するための $\Delta v$ が，1 年間で必要な $\Delta v$ の見積もりを表す。図において円周の長さは $2\pi q_0$ だから，これを式 (13.2) での $q$ に与えて

$$\Delta v=\frac{v}{2a}2\pi q_0 \tag{13.3}$$

と置く。ここで $q_0$ に式 (12.30) を代入すると次式を得る。

$$\Delta v=\frac{3}{4}\frac{2\pi}{\Psi}C\frac{A}{M}=\frac{3}{4}YC\frac{A}{M} \tag{13.4}$$

ただし $v=a\psi$ という関係（$\psi$ は地球自転角速度）を用い，$2\pi/\Psi$ は 1 年に相当するので $Y$ と記した。見積もり式 (13.4) は，比率 $A/M$ を与えたときに最大限に見積もった必要 $\Delta v$ を表す。前記の例にならって $A/M=0.05\ \mathrm{m^2/kg}$ とすると，年間の必要量は

$$\Delta v=5.4\quad \mathrm{m/s} \tag{13.5}$$

となる。

ここまでは，軌道半径の修正と離心率の修正を分けて考えた。もしそれを一括で行うとつぎのような利点がある。

半径の修正を，ホーマン移行によらずに 1 回だけの $\Delta v$ で行うとしよう。すると図 12.1 を参照すれば，中心点は O から $O_1$ へ変位する。その際 $\Delta v$ の実行タイミングを選ぶなら，変位 O-$O_1$ の向きを，例えば図 13.2 において 1b から 2a への向きに合わせることができる。つまり，半径の修正において生じる中心点変位が，離心率修正の一部となって働くようにできる。この関係が成り立

つように半径修正と離心率修正を一括で行えば，必要 $\Delta v$ に若干の節減が得られる。

## 13.3 衛星緯度と軌道面傾斜

静止衛星の軌道面は，時間とともに傾いていくことを 12 章で見た。もしも軌道面が赤道面に対して傾斜角 $i$ をもつなら，衛星が軌道を周回するにつれて直下点の緯度は振幅 $i$ で振動する。その振幅が大きすぎると，衛星は静止していると見なせない。経度の動きは基準から $\pm 0.1°$ 以内に抑えるのだから，緯度についても $\pm 0.1°$ という限度内に抑えるのが合理的で，実際にもそのような方針をとることが多い。

緯度の振動を $\pm 0.1°$ 以内に抑えたいのなら，傾斜角 $i$ を $0.1°$ 以内に保ちたい。それには，傾いていく軌道面を定期的に修正してもとに戻す必要がある。戻すとは軌道面の向きを変えることだから，図 5.12 に描く原理に従って行う。

軌道面の傾きは図 12.26 に見たように，長期的に $+x$ 軸の方向に成長する。1 年間に生じる傾きの成長は，長期平均で $0.85°$ だから，傾きを戻すために必要な $\Delta v$ は 1 年間の合計で

$$\Delta v = v \sin 0.85° = 45.5 \quad \mathrm{m/s} \tag{13.6}$$

という量になる。ただし $v = 3.07\ \mathrm{km/s}$ は衛星の軌道速度を表す。この見積もりは，すべての静止衛星について等しく成り立つ。修正に際しては，$+x$ のほうへ生じた傾きを，$-x$ のほうへもっていくようにすれば，次回に修正を要するまでの期間を長くすることができる。

実際に必要とする $\Delta v$ は，基本的な見積もり式 (13.6) よりも多くなる。傾きの成長は $+x$ 軸方向だけでなく，$y$ 軸方向にも成分をもつから，その分を修正するなら $\Delta v$ が増す。修正のための $\Delta v$ は本来，軌道面に垂直に発生させたい。しかし衛星のつくりによっては，垂直に発生できない場合がある。例えば**図 13.4** のように，太陽電池パネルが南北に伸びていると，ガスジェットが太陽電池パネルに当たることを避けたいので，ジェットの向きを垂直から外す。

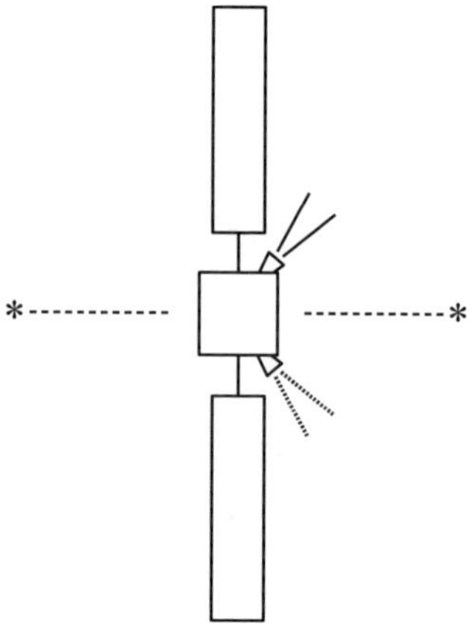


**図 13.4**　ガスジェットの取りつけ（*は軌道面）

すると $\Delta v$ の垂直成分だけが修正に寄与するので，$\Delta v$ を多めに発生しなければならない。

傾きの修正に必要な $\Delta v$ の分量を示す式 (13.6) は，式 (13.1) や式 (13.5) が示す分量を大きく上回る。軌道修正のための $\Delta v$ のうち，大部分は軌道面の傾き修正に費やされるのであって，この事実はどの静止衛星でも変わらない。衛星に積み込む燃料は有限だから，それが尽きると衛星は寿命を迎える。衛星の寿命は実質上，軌道面の傾き修正にともなう燃料の消耗によって定まる。

寿命が尽きた後の衛星は，経度がずれ動くようになるから，放置するとほかの衛星に接触する危険がある。それを防ぐには，寿命を迎える前に衛星を加速して，静止軌道より半径が大きい軌道に移す。衛星は，最後に残しておいた燃料を使って外側の廃棄軌道に移るわけで，その分，稼働できる寿命が縮まる。しかしそれよりも軌道の安全のほうが優先されることから，ITU によるルールでは，どの衛星も寿命前に廃棄軌道に移すことを定めている。廃棄軌道に移った衛星はいつまでも軌道をまわり続けるが，そのあいだ，太陽光の圧力を受けて軌道の中心点は動いていく。その動きは式 (12.26), (12.27) に従う。そうなっても衛星が静止軌道を横切ることがないように，廃棄軌道の半径を十分に大きくとることをルールは求めている。

## 13.4 静止軌道の半径

定期的な軌道修正によって衛星の静止を保つことを，静止保持（station keeping）という。静止保持されている衛星の軌道を長期にわたって観察したなら，軌道の中心点は原点のまわりにおおむね対称に分布するであろう。中心点の位置を長期的に平均すれば，0 に落ち着く。軌道面の傾きについても，ベクトルで表して長期平均すると 0 に落ち着くであろう。一方で軌道の半径については，平均すると静止半径 $a_S$ に落ち着くとしたが（図 13.1 を参照），具体的に $a_S$ はどういう値になるだろうか。もし摂動がなければ，ケプラーの第 3 法則によって静止半径は

$$r_S = 42\,164.17 \quad \text{km} \tag{13.7}$$

に等しい。しかし摂動の存在は，半径に対してなんらかの影響を与えるであろう。

静止軌道の半径が，かりに $r_S$ と異なる値をもったとすると，その状況は以下のように描かれる。

**図 13.5** において，摂動を受けない仮想的な静止衛星が $S_0$ にあるとする。一方，何らかの摂動を受けながら静止している現実の衛星が S にある。$S_0$ を原点として，相対座標 $X$，$Y$ で S の位置を表す。衛星 S が静止していれば $\dot{X}=0$，$\dot{Y}=0$ だから，相対運動の方程式（11.35）によれば，衛星 S には $F_X = -3\psi^2 X$ という一定の力が働いていることになる。現実に，力 $F_X$ のように働く力があるかというと，図 6.7 において $\alpha_V$ と記した力が該当する。その力は，地球の

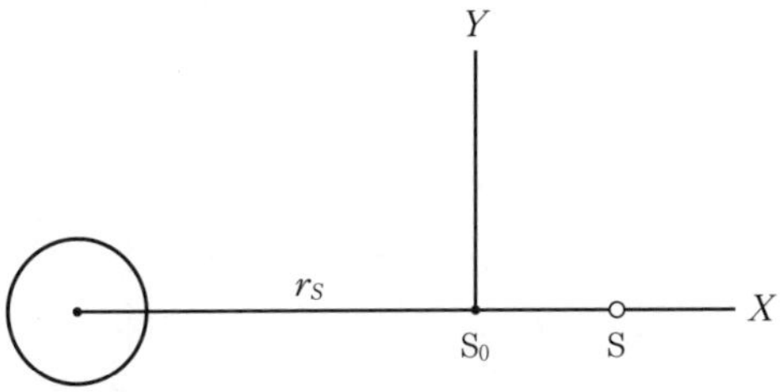


**図 13.5** 静止衛星 S の位置を相対座標 $X$-$Y$ で表す

赤道が膨らんでいるために生じる引力の鉛直成分であった。

力 $\alpha_V$ の強さは式 (6.19) から算出されるが，S のかわりに $S_0$ に働く力を近似的に算出して，それを $F_X$ に

$$F_X = -\frac{3}{2}\mu J_2\left(\frac{a_E}{{r_S}^2}\right)^2 \tag{13.8}$$

として与える。ただし地球の赤道半径を $a_E$ とした。すると衛星 S が静止する位置は

$$X = -\frac{F_X}{3\psi^2} = \frac{J_2{a_E}^2}{2r_S} \tag{13.9}$$

にある（ここで $\mu = {r_S}^3\psi^2$ という関係を使った）。この $X$ が示す値を $\varepsilon^{(J2)}$ と記すことにして，定数 $a_E = 6\,378$ km，$J_2 = 0.00108$ を与えると

$$\varepsilon^{(J2)} = 0.521 \quad \text{km} \tag{13.10}$$

を得る。軌道を乱す力 $\alpha_V$ が衛星に働くことによって，静止軌道の半径は $\varepsilon^{(J2)}$ だけ大きくなることがわかった。

## 13.5　太陽・月引力の効果

上記の力 $\alpha_V$ のほかに，太陽と月の引力もまた軌道半径に影響を与える。太陽の位置を，地心慣性系 $x$-$y$-$z$ を用いて**図 13.6** のように表す。太陽 S は距離 $R$，赤緯 $\delta$ にある。ただしここでは太陽が $z$-$x$ 面に来るように $x$ 軸を設けた。衛星は赤道面上で動径 $r$，公転角 $\theta$ にあるとすると，衛星の軌道を乱す力は，動径成分 $F_r$ と進行方向成分 $F_\theta$ に分けてつぎのように表される（付録 F を参照）。

$$F_r = \frac{\nu}{R^3}r\left(\frac{3}{2}\cos^2\delta - 1 + \frac{3}{2}\cos^2\delta\cos 2\theta\right) \tag{13.11}$$

$$F_\theta = -\frac{\nu}{R^3}r\frac{3}{2}\cos^2\delta\sin 2\theta \tag{13.12}$$

ただし $\nu$ は［万有引力定数］×［太陽質量］を表す。力 $F_r$ には定数項

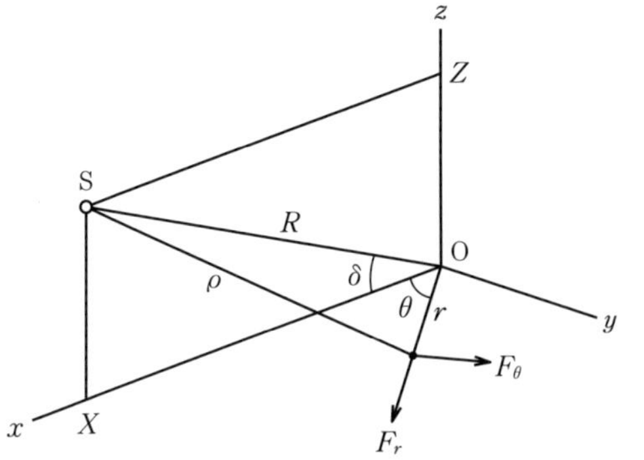


**図 13.6** 太陽の位置を地心慣性系で表す
（$x$ 軸の向きに注意）

$$F_r = \frac{\nu}{R^3} r \left( \frac{3}{2}\cos^2\delta - 1 \right) \tag{13.13}$$

があって，これが，前記の力 $\alpha_V$ と同様に軌道半径に影響を与える。さて式(13.13)による力 $F_r$ は，短期的には一定だけれども，月日が経てば $\cos^2\delta$ の部分がゆっくり変わる。そこで $F_r$ については長期平均をとることで一定値にして扱いたい。関係式(12.22)によれば，$\cos^2\delta$ を

$$\cos^2\delta = \cos^2\Psi t + \sin^2\Psi t \cos^2\delta_0 \tag{13.14}$$

として表せる。よって長期平均のもとでは $\cos^2\delta$ の値を

$$\cos^2\delta = \frac{1}{2} + \frac{1}{2}\cos^2\delta_0 \tag{13.15}$$

のように表せる。すると式(13.13)による $F_r$ は，長期平均において

$$F_r = \frac{\nu}{R^3} r \left( \frac{3}{4}\cos^2\delta_0 - \frac{1}{4} \right) \tag{13.16}$$

という値をもつ。この $F_r$ から，式(13.9)にならって，衛星が静止する位置をつぎのように算出する。

$$X = -\frac{F_r}{3\psi^2} = -\frac{\nu}{\mu}\left(\frac{r}{R}\right)^3 r \frac{3\cos^2\delta_0 - 1}{12} \tag{13.17}$$

ただし $\psi^2 = \mu / r^3$ を用いた。定数として $\nu/\mu = 333\,000$，$R = 1.50 \times 10^8$ km，$\delta_0 = 23.5°$ を与え，衛星の軌道半径は $r = 42\,164$ km と置く。算出した $X$ の値

を $\varepsilon^{(S)}$ と記すと

$$\varepsilon^{(S)} = -0.040 \quad \text{km} \tag{13.18}$$

という結果を得る。これが，太陽引力によって軌道半径が変わる分を表す。

月の引力についても，同じ導出を適用する。ただし定数 $\nu$ は［万有引力定数］×［月質量］になるので，$\nu/\mu = 0.0123$ を与える。距離を $R = 384\,000$ km とすると，軌道半径が変わる分は

$$\varepsilon^{(M)} = -0.087 \quad \text{km} \tag{13.19}$$

と算出される。軌道半径が変わる分は三つあったから，合算して

$$\varepsilon = \varepsilon^{(J2)} + \varepsilon^{(S)} + \varepsilon^{(M)} = 0.394 \quad \text{km} \tag{13.20}$$

と置く。結論として静止軌道の半径は，長期平均のもとで

$$r_S + \varepsilon = 42\,164.56 \quad \text{km} \tag{13.21}$$

という大きさをもつ。

## 13.6　接触軌道要素*

さて軌道の半径については，上記と異なる表し方があって，それは以下の事情に基づく。

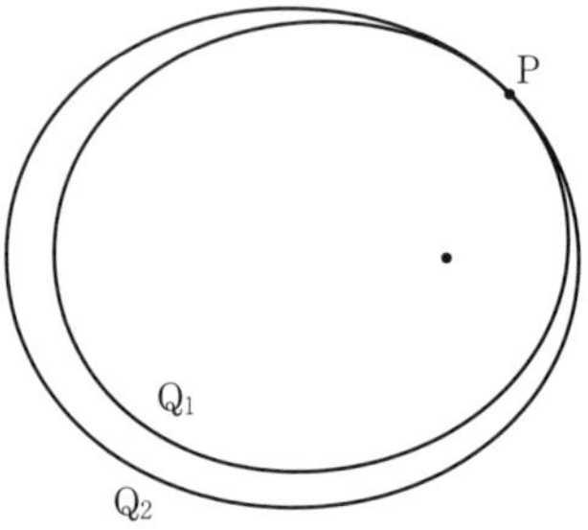


**図 13.7**　接触軌道の概念

いま，何らかの摂動を受けている衛星軌道が，**図 13.7** の $Q_1$ にあるとする。軌道 $Q_1$ を詳しく見ると，1 周回した後には，例えば（図 6.12 に見たように）楕円軸の向きが変わるなどの変化が起きているから，厳密にいえば幾何学的な楕円として $Q_1$ を表すことはできない。いい換えると，軌道 $Q_1$ を表すためにケプラーの軌道要素を本来の定義どおりに用いることはできない。しかしケプラー軌道要素をまったく使えないのは不便だから，以下のように条件をつけたうえで使う方策を考える。

図 13.7 において，$Q_2$ と記す軌道には摂動を受けないとした仮想的な衛星が

ある。そして仮想衛星が点Pにおいて有する位置と速度は，軌道 $Q_1$ の衛星が点Pにて有する位置と速度に一致するとしよう。このような関係が成り立つとき，軌道 $Q_2$ を，軌道 $Q_1$ に対する接触軌道（osculating orbit）という。接触軌道については軌道要素を与えることができて，それを接触軌道要素（osculating orbital elements）という。接触軌道要素は，点Pにおいて衛星の位置と速度を正しく与えることができる。

さて前記のように，摂動を受けることによって半径が $\varepsilon$ だけ大きくなった静止軌道を考え，それを**図 13.8** において $Q_1$ とする。そして $Q_1$ に対する接触軌道を $Q_2$ とする。このとき $Q_2$ の長半径，すなわち接触軌道長半径はどういう値になるだろうか。

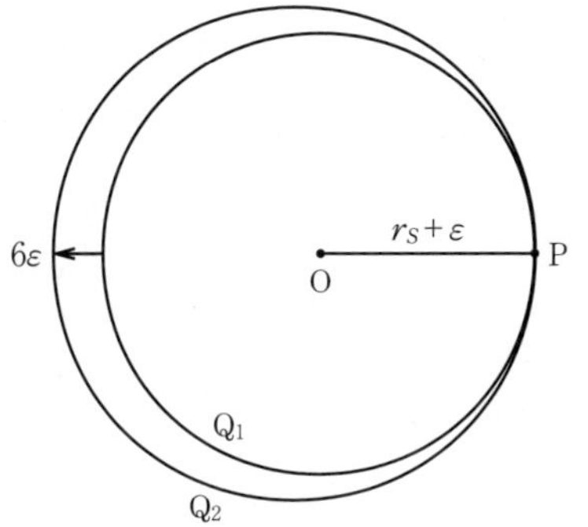


**図 13.8** 静止軌道 $Q_1$ に対する接触軌道 $Q_2$

それを調べるには軌道のエネルギーを考えるとよい。半径 $r$ をもつ円軌道のエネルギー $E$ は次式で表される。

$$E=\frac{v^2}{2}-\frac{\mu}{r}=\frac{r^2\psi^2}{2}-\frac{\mu}{r} \tag{13.22}$$

ただし $\psi$ は公転の角速度で，ここでは静止衛星を考えているから $\psi$ は地球の自転角速度に等しい。軌道を乱す力が働くことで，軌道半径は $r_S$ から $r_S+\varepsilon$ に変わった。するとエネルギーは $\delta E=dE/dr\times\varepsilon$ だけ変わる。注意として，半径が変わっても静止という状態が保たれているので，式 (13.22) において $\psi$ は変わらない。するとエネルギーの変わり高は

$$\delta E = \left( r\dot{\psi}^2 + \frac{\mu}{r^2} \right)\varepsilon = \left( \frac{\mu}{r^2} + \frac{\mu}{r^2} \right)\varepsilon = \frac{2\mu}{r^2}\varepsilon \tag{13.23}$$

に等しい（ここで $\dot{\psi}^2 = \mu/r^3$ を用いた）。軌道のエネルギーが $\delta E$ だけ変わると，$E = -\mu/(2a)$ という関係を通じて，長半径 $a$ は次式が示す $\delta a$ だけ変わる。

$$\delta a = \frac{2a^2}{\mu}\delta E = \frac{2a^2}{\mu}\frac{2\mu}{r^2}\varepsilon \tag{13.24}$$

右辺にある $a$ と $r$ は，ともに $r_S$ としてよいから

$$\delta a = 4\varepsilon \tag{13.25}$$

という関係を得る。摂動がないときは，軌道の長半径は $r_S$ であったから，軌道 $Q_2$ の長半径は

$$a_S = r_S + 4\varepsilon = 42\,165.75 \quad \text{km} \tag{13.26}$$

という大きさになる。これが，長期平均における静止軌道の接触長半径を表す。

軌道 $Q_2$ は，遠地点のところが $Q_1$ よりも $6\varepsilon$ だけ膨らんでいる（図 13.8 を参照）。この膨らみがあることで，点 P における速度が軌道 $Q_1$ に合うように調整されている。軌道 $Q_2$ は仮想的なもので，点 P においてのみ衛星の位置と速度を正しく与えることを改めて注意したい。

正しくいうと，接触長半径は，点 P を軌道 $Q_1$ のどこにとるかに依存する。太陽の引力は，式 (13.12) のように進行方向成分 $F_\theta$ をもっていた。すると衛星は公転が進むにつれて増速や減速を受けるから，軌道のエネルギーが変化する。エネルギーの変化は，衛星の公転角 $\theta$ において

$$\Delta E = \frac{3\nu}{4R^3} r^2 \cos^2\delta \cos 2\theta \tag{13.27}$$

のように表せる（付録 F を参照）。軌道のエネルギーが変化すれば，長半径 $a$ に

$$\Delta a = \frac{2r^2}{\mu}\Delta E = \frac{3}{2}\frac{\nu}{\mu}\left(\frac{r}{R}\right)^3 r\cos^2\delta\cos 2\theta \tag{13.28}$$

のような変化が生じる。つまり長半径は，点 P の場所を表す $\theta$ に依存して変わる。もし $\delta = 0$ なら，変わる範囲は $\pm 0.47$ km に及ぶ。

月の引力についても同じ扱いを適用すると，長半径が変わる範囲は $\pm 1.03$

km に及ぶ。太陽と月を合わせると，変わる範囲は重畳される。さて角 $\theta$ は，太陽または月を基準として測っていたことを思い起こそう。すると，もし太陽と月が地球から見て同じ方向（または反対の方向）にあるなら，重畳して変わる範囲が最も大きくなる。その場合，点 P をとる場所によって長半径には ±1.50 km までの違いが現れる。

ただし，このように現れる違いは，式 (13.28) が示すとおり周期的だから，$\theta$ に関して（つまり時間に関して）平均すれば 0 になる。軌道半径の平均値を考えるのであれば，結局のところ点 P をとる場所は意識しなくてよい。

まとめると，長期平均における静止軌道の半径は，幾何学的な半径をいうのなら式 (13.21) に等しく，接触長半径で表すなら式 (13.26) に等しい。

**静止軌道の利用**

静止衛星は役立つものだから，その数はどうしても増えていく。静止軌道で実働する衛星は 2014 年初頭において約 300 を数え，さらに増え続ける傾向にある。

静止軌道は赤道に沿って一回りするだけだから，衛星を置く場所が無限にあるわけではない。ITU による軌道利用のルールは，衛星の置き場所の有効活用を意図しているが，衛星数がどんどん増すと割り当ては容易でなくなる。別々の国に属する二つの衛星を，一つの経度にやむをえず割り当てるようなケースもあって，0.2° の区間をさらに細分して割り振るなど静止保持には苦心がともなうようにもなった。

それでも静止軌道は，基本的に衛星を経度順に 1 列に並べるので，まだ管理がしやすいといえる。低い軌道では，順に並べるという考えは成り立たないし，使用中と使用済みの衛星は混在させておくしかない。静止軌道では利用ルールが一応は守られていて，軌道の環境は低軌道に比べるとクリーンといえよう。その環境を損なわずに維持していくことが，これからますます大事になるであろう。

# 付　　　録

## 付録A　円　錐　曲　線

### A.1　楕　円

円錐面と平面が交差したところを，**図 A.1** に描く。これは側面図であって，平面はJKという直線状に現れている。あわせて，矢印から見た交差曲線を掲げてある。交差曲線が楕円をなすことを，以下の番号順に示す。

① 円錐面と平面に接するような球を二つ考える。一つは点Fで平面に接し，かつ円aで円錐面に接する。もう一つは点Gで平面に接し，かつ円bで円錐面に接する。

② 交差曲線に任意の点Pをとる。Pを通って円錐の母線を引く。母線が円aと円bに交わる点をそれぞれA，Bとする。

③ 線分PFとPAは，一点から球面に至る接線だから，長さが等しい。

④ 線分PGとPBは，一点から球面に至る接線だから，長さが等しい。

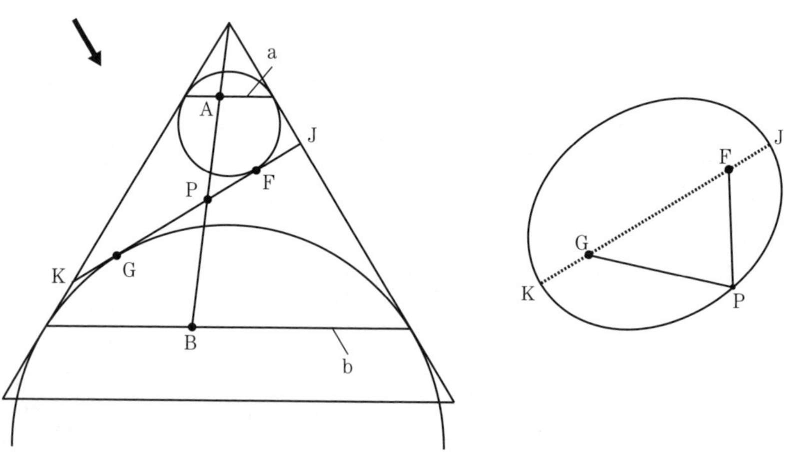


**図 A.1**　交差曲線は楕円

⑤　よって PF＋PG＝PA＋PB＝AB が成り立つ。

⑥　AB は，母線のうち円 a と円 b に挟まれた部分だから，長さは P のとり方によらず一定。

⑦　ゆえに「PF＋PG＝一定」が成り立つから，交差曲線は楕円をなす。

## A.2　双曲線

円錐面と平面が交差したところを，**図 A.2** に描く。これは側面図であって，平面は JK という直線状に現れている。あわせて，矢印から見た交差曲線を掲げてある。交差曲線が双曲線をなすことを，以下の番号順に示す。

①　円錐面と平面に接するような球を二つ考える。一つは点 F で平面に接し，かつ円 a で円錐面に接する。もう一つは点 G で平面に接し，かつ円 b で円錐面に接する。

②　交差曲線に任意の点 P をとる。P を通って円錐の母線を引く。母線が円 a と円 b に交わる点をそれぞれ A，B とする。もし P と A が手前側にあれば，B は奥側にあることに注意する。

③　線分 PF と PA は，一点から球面に至る接線だから，長さが等しい。

④　線分 PG と PB は，一点から球面に至る接線だから，長さが等しい。

⑤　よって PG－PF＝PB－PA＝AB が成り立つ。

⑥　AB は，母線のうち円 a と円 b に挟まれた部分だから，長さは P のとり方によらず一定。

⑦　ゆえに「PG－PF＝一定」が成り立つから，交差曲線は双曲線をなす。

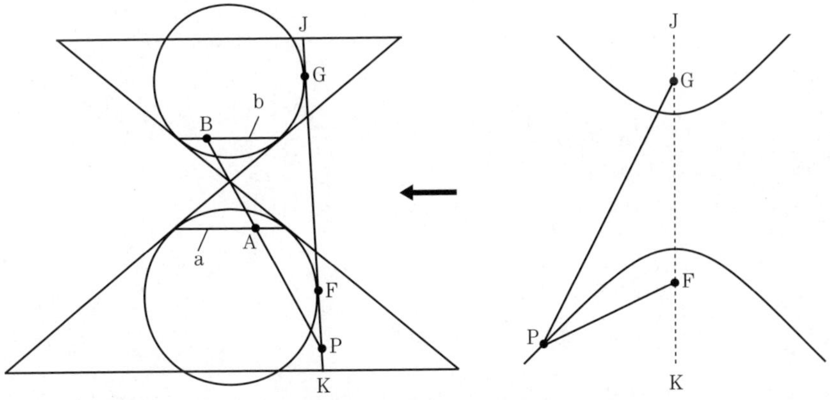


**図 A.2**　交差曲線は双曲線

# 付録B　軌道予測プログラム

参考文献3）が示す演算手順をFortran90コードにした。初期位置・速度を ri, vi, 予測位置・速度を rp, vp で表記するほかは，すべて文献での表記にならう。文献での式番号を（　）内に記す。Fortran90は科学計算用の言語で，ベクトル演算を数式どおり記述できる利点をここでは活用した。もし必要なら，アルゴリズムを読み取ってほかの言語に移すのは容易であろう。

```
subroutine orbit(ri,vi,t,rp,vp)
! input
!   ri : initial radius    [km]
!   vi : initial velocity [km/s]
!   t  : time of flight    [s]
! output
!   rp : predicted radius    [km]
!   vp : predicted velocity [km/s]
! reference
!   Bate,R.R: Fundamentals of Astrodynamics, Dover 1971,
!   Sections 4.3-4.4 & 4.5.3
implicit none
real*8:: ri(3),vi(3),t,rp(3),vp(3)
real*8:: r0,v0,r0v0,ex2,ai,rtmu,x,z,ttry,dtdx,c,s,r,f,g,fdot,gdot
real*8:: mu=398600.45d0       ! earth GM [km^3/s^2]
integer:: i

         !(1) parameters
r0=sqrt(sum(ri*ri))           ! |ri|
v0=sqrt(sum(vi*vi))           ! |vi|
r0v0=sum(ri*vi)               ! ri·vi
ex2=v0*v0-2*mu/r0             ! energy times 2
ai=-ex2/mu                    ! ai=1/a, in case a->0
rtmu=sqrt(mu)                 ! root mu

         !(2) given time of flight t, find universal time of flight x
x=0                           ! initial x
if(ex2<0) x=rtmu*t*ai         ! initial x ; (4.5-10) for elliptic
```

```
do i=1,99
  z=x**2*ai                   ! (4.4-7)
  call zs(z,s)                ! s(z)
  call zc(z,c)                ! c(z)
  ttry=(r0v0*x**2*c/rtmu+(1-r0*ai)*x**3*s+r0*x)/rtmu   ! (4.4-14)
  dtdx=(x**2*c+r0v0*x*(1-z*s)/rtmu+r0*(1-z*c))/rtmu    ! (4.4-17)
  x=x+(t-ttry)/dtdx                                    ! (4.4-15)
  if(abs(t-ttry)<0.0001) exit
  if(i.ge.99)then
    print*, 'iteration not converging'; read*; stop
  endif
enddo

       !(3) prediction using f & g
z=x**2*ai                     ! (4.4-7)
call zs(z,s)                  ! s(z)
call zc(z,c)                  ! c(z)
f=1-x**2*c/r0                 ! (4.4-31)
g=t-x**3*s/rtmu               ! (4.4-34)
rp=f*ri+g*vi                  ! (4.4-18)
r=sqrt(sum(rp*rp))            ! |rp|
fdot=rtmu*x*(z*s-1)/(r0*r)    ! (4.4-36)
gdot=1-x**2*c/r               ! (4.4-35)
vp=fdot*ri+gdot*vi            ! (4.4-19)
end

subroutine zc(z,c)            ! function c(z)
real*8:: z, c
if(z>0.0001) then
  c=(1-cos(sqrt(z)))/z                        ! (4.4-10)
elseif(z<-0.0001) then
  c=(1-cosh(sqrt(-z)))/z                      ! (4.5-12)
else
  c=0.5d0-z/24+z**2/720                       ! (4.5-14)
endif
end

subroutine zs(z,s)            ! function s(z)
real*8:: z, s
if(z>0.0001) then
```

```
  s=(sqrt(z)-sin(sqrt(z)))/sqrt(z**3)          ! (4.4-11)
elseif(z<-0.0001) then
  s=(sinh(sqrt(-z))-sqrt(-z))/sqrt((-z)**3)   ! (4.5-13)
else
  s=1/6.d0-z/120+z**2/5040                     ! (4.5-15)
endif
end
```

コードは楕円軌道と双曲線軌道の両ケースに使用できる。ただし双曲線の場合，飛行時間 $t$ が大きすぎるとエラーを生じることがあり，その場合は短い $t$ に分けて順次予測していけばよい。以下，実行例を示す。

① 楕円軌道

```
real*8:: ri(3),vi(3),rp(3),vp(3),t
ri=(/7000, 2000, 1000/)
vi=(/2, 7, 1/)
t=1000
call orbit(ri,vi,t,rp,vp)
print'(3f12.5,3f12.8)',rp,vp
end

結果
 6547.32448  7711.04078  1584.26281 -2.17530341  4.31109635
 0.23731033
```

② 双曲線軌道

```
real*8:: ri(3),vi(3),rp(3),vp(3),t
ri=(/7000, 2000, 1000/)
vi=(/2, 11, 1/)
t=1000
call orbit(ri,vi,t,rp,vp)
print'(3f12.5,3f12.8)',rp,vp
end

結果
 6974.52015 11739.40624  1663.94127 -1.10628968  8.60457992
 0.45296291
```

# 付録C　数値積分の演算（エンケ法）

衛星に働く力が，理想的な地球の引力

$$\boldsymbol{g}(\boldsymbol{r}) = -\frac{\mu}{r^3}\boldsymbol{r} \tag{C.1}$$

と，乱す力 $\boldsymbol{\alpha}(\boldsymbol{r})$ との和であるなら，運動は

$$\ddot{\boldsymbol{r}} = \boldsymbol{g}(\boldsymbol{r}) + \boldsymbol{\alpha}(\boldsymbol{r}) \tag{C.2}$$

という方程式に従う。いま，式 (C.1) で示された理想的な引力だけを受けるような仮想衛星を考えて，その位置を $\hat{\boldsymbol{r}}$ で表す。仮想衛星の動きは方程式

$$\ddot{\hat{\boldsymbol{r}}} = \boldsymbol{g}(\hat{\boldsymbol{r}}) \tag{C.3}$$

に従い，$\hat{\boldsymbol{r}}$ はケプラーの法則から求められる。現実の衛星は，力 $\boldsymbol{\alpha}(\boldsymbol{r})$ による摂動を受けて $\hat{\boldsymbol{r}}$ から変位するであろう。変位を $\boldsymbol{d}$ と置けば，現実衛星は

$$\boldsymbol{r} = \hat{\boldsymbol{r}} + \boldsymbol{d} \tag{C.4}$$

という位置にある。すると変位 $\boldsymbol{d}$ は，式 (C.2) と式 (C.3) により

$$\ddot{\boldsymbol{d}} = \ddot{\boldsymbol{r}} - \ddot{\hat{\boldsymbol{r}}} = \boldsymbol{g}(\boldsymbol{r}) + \boldsymbol{\alpha}(\boldsymbol{r}) - \boldsymbol{g}(\hat{\boldsymbol{r}}) \tag{C.5}$$

という方程式に従う。最右辺が表す力は，式 (C.4) を用いると

$$\boldsymbol{f}(\hat{\boldsymbol{r}}\,;\,\boldsymbol{d}) = \boldsymbol{g}(\hat{\boldsymbol{r}} + \boldsymbol{d}) - \boldsymbol{g}(\hat{\boldsymbol{r}}) + \boldsymbol{\alpha}(\hat{\boldsymbol{r}} + \boldsymbol{d}) \tag{C.6}$$

の形に表せる。ここで $\boldsymbol{g}(\hat{\boldsymbol{r}} + \boldsymbol{d}) - \boldsymbol{g}(\hat{\boldsymbol{r}})$ は，衛星の受ける引力が変位にともなって変わる分を表していて，それに $\boldsymbol{\alpha}$ を加えた力が変位 $\boldsymbol{d}$ を動かす。つまり変位 $\boldsymbol{d}$ は方程式

$$\ddot{\boldsymbol{d}} = \boldsymbol{f}(\hat{\boldsymbol{r}}\,;\,\boldsymbol{d}) \tag{C.7}$$

に従う。位置 $\hat{\boldsymbol{r}}$ が既知であれば，式 (C.7) は $\boldsymbol{d}$ を定める運動方程式になる。それを解いて $\boldsymbol{d}$ と $\dot{\boldsymbol{d}}$ を求めると，現実衛星の位置は式 (C.4) からわかり，速度は

$$\dot{\boldsymbol{r}} = \dot{\hat{\boldsymbol{r}}} + \dot{\boldsymbol{d}} \tag{C.8}$$

からわかる。結果として現実衛星の軌道がわかる。

以上の扱いによれば，軌道を求める問題は，ケプラーの法則に従う部分を表す式 (C.3) と，摂動の部分を表す式 (C.7) に分かれる。このように分ける扱いはエンケの方法として古くから知られてきた（エンケ，Johann Franz Encke，1791-1865）。

運動方程式 (C.2), (C.7) を比べると，右辺にある力の強さは式 (C.7) のほうがきわめて小さい。よって式 (C.7) を用いれば，数値積分の演算が簡易にすむ。

さてわれわれが解きたい問題はつぎのように表記される。

「時刻 $t_0$ において衛星の位置と速度は $\boldsymbol{r}_0$，$\boldsymbol{v}_0$ であった。短い時間 $h$ を経た時刻 $t_1=t_0+h$ において，位置と速度 $\boldsymbol{r}_1$，$\boldsymbol{v}_1$ はどうなるか」

この問題を，方程式 (C.7) および関連する式 (C.6)，(C.1) を用いて解くには，以下の手順 ①〜⑧ をたどる。

① 付録 B に従い，$\boldsymbol{r}_0$，$\boldsymbol{v}_0$ から時間 $h$ 後の位置と速度 $\hat{\boldsymbol{r}}_1$，$\hat{\boldsymbol{v}}_1$ を求める。

② 時刻 $t_0$ における力を $\boldsymbol{f}(\boldsymbol{r}_0\,;\,0)=\boldsymbol{\alpha}(\boldsymbol{r}_0)$ として求め，それを $\boldsymbol{f}_0$ と置く。

③ 時刻 $t_1$ における $\boldsymbol{d}$ を，$\boldsymbol{d}_1=(h^2/2)\boldsymbol{f}_0$ として予測する。

④ 時刻 $t_1$ における力を $\boldsymbol{f}\left(\hat{\boldsymbol{r}}_1,\ \boldsymbol{d}_1\right)$ として求め，それを $\boldsymbol{f}_1$ と置く。

⑤ 時刻 $t_0$ から $t_1$ までの力の平均値を $(\boldsymbol{f}_0+\boldsymbol{f}_1)/2=\boldsymbol{f}_m$ とする。

⑥ 時刻 $t_1$ における $\boldsymbol{d}$ を，改めて $\boldsymbol{d}_1=(h^2/2)\boldsymbol{f}_m$ として求める。

⑦ 時刻 $t_1$ における $\dot{\boldsymbol{d}}$ を，$\dot{\boldsymbol{d}}_1=h\boldsymbol{f}_m$ として求める。

⑧ 時刻 $t_1$ における位置と速度を，$\boldsymbol{r}_1=\hat{\boldsymbol{r}}_1+\boldsymbol{d}_1$，$\boldsymbol{v}_1=\hat{\boldsymbol{v}}_1+\dot{\boldsymbol{d}}_1$ として算出する。

手順のうち，① ではケプラーの法則に従う部分を求める。② 〜 ⑦ では摂動の部分を求めるが，その際時刻 $t_0$ での初期値を $\boldsymbol{d}=0$, $\dot{\boldsymbol{d}}=0$ と置いて，式 (C.7) から $\boldsymbol{d}$, $\dot{\boldsymbol{d}}$ を予測している。そして ⑧ で，ケプラー部分に摂動部分を足す。

これで時刻 $t_0$ から $t_1$ へ軌道を進めることができる。さらに先へ進めるには，$\boldsymbol{r}_1$ を $\boldsymbol{r}_0$ に，$\boldsymbol{v}_1$ を $\boldsymbol{v}_0$ にそれぞれ代入してから ① に戻り，以下これを繰り返す。繰り返すにつれて力の作用は $\boldsymbol{r}$ と $\boldsymbol{v}$ に積算されていくので，演算は数値積分をなし，$h$ は積分の刻み幅に相当する。上記の手順は，数値積分としては最も簡易な部類に属する。

注意として，乱す力 $\boldsymbol{\alpha}$ は速度に依存する場合がある（例えば空気抵抗）。その場合，式 (C.2) での $\boldsymbol{\alpha}$ は $\boldsymbol{\alpha}(\boldsymbol{r},\dot{\boldsymbol{r}})$ という形になり，式 (C.6)，(C.7) での $\boldsymbol{f}$ は $\boldsymbol{f}\left(\hat{\boldsymbol{r}},\ \dot{\hat{\boldsymbol{r}}}\,;\,\boldsymbol{d},\ \dot{\boldsymbol{d}}\right)$ という形になることを，手順の ② と ④ に反映させる。

数値積分の精度の確認は以下のように行う。

適当な軌道要素から出発して軌道を生成する。その際，乱す力は，仮想的に地球の引力が少し増すことによって生じたとする。つまり地球の引力定数を真の $\mu$ から $\mu+\delta\mu$ に変えたときの引力の差分を，乱す力と置く。乱す力が働くときの軌道を数値積分で生成する。

つぎに同じ軌道の生成を，$\mu+\delta\mu$ が引力定数であると置いて，ケプラーの法則によって行う。これは真の軌道生成を与えるから，比較すれば数値積分による生成の誤差がわかる。衛星位置の誤差を，軌道 1 周にわたり RMS（root mean square）にして，誤差評価とする。

評価用の軌道は近地点高度 1 000 km，離心率 0.5 として，周回数が 1 000 に達したところで誤差評価をした。$\delta\mu$ の大きさは $\mu/1\,000$ と置いたので，乱す力は $J_2$ 項並みの大きさをもつ。誤差評価は**図 C.1** のようになり，刻み幅 $h$ を小さくすると誤差は $h^3$ に比例して減少する。刻み幅を数秒とすれば，第 6 章で摂動を調べるために十分な精度を得る。

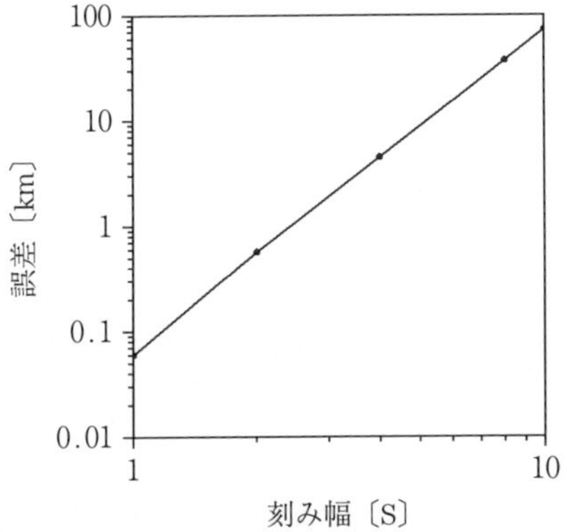


**図 C.1**　数値積分の誤差評価

# 付録 D　数値積分の演算（通常法）

付録 C による数値積分では，衛星に働く力を理想的な地球の引力とそれ以外の力とに分けて扱った。それに対し，力を分けることなく合わせたまま数値積分で処理することももちろん可能で，それは以下のように行われる。

時刻 $t$ において，位置 $\boldsymbol{r}$ にある衛星には力 $\boldsymbol{f}(\boldsymbol{r}, t)$ が働くとする。時刻 $t_0$ にて衛星の位置と速度が $\boldsymbol{r}_0$，$\boldsymbol{v}_0$ であったとき，短い時間 $h$ を経た時刻 $t_1 = t_0 + h$ における位置と速度 $\boldsymbol{r}_1$，$\boldsymbol{v}_1$ を求めるには，以下の手順①〜⑤をたどる。

①　時刻 $t_0$ に衛星に働く力 $\boldsymbol{f}(\boldsymbol{r}_0, t_0)$ を求め，それを $\boldsymbol{f}_0$ と置く。

② 時刻 $t_1$ における $\boldsymbol{r}$ を，$\hat{\boldsymbol{r}}_1=\boldsymbol{r}_0+h\boldsymbol{v}_0+\left(h^2/2\right)\boldsymbol{f}_0$ として予測する。

③ 時刻 $t_1$ に衛星に働く力を $\boldsymbol{f}(\hat{\boldsymbol{r}}_1, t_1)$ として求め，それを $\boldsymbol{f}_1$ と置く。

④ 時刻 $t_0$ から $t_1$ までに働く力の平均値を $(\boldsymbol{f}_0+\boldsymbol{f}_1)/2=\boldsymbol{f}_m$ とする。

⑤ 時刻 $t_1$ における位置と速度を，$\boldsymbol{r}_1=\boldsymbol{r}_0+h\boldsymbol{v}_0+(h^2/2)\boldsymbol{f}_m$，$\boldsymbol{v}_1=\boldsymbol{v}_0+h\boldsymbol{f}_m$ として算出する。

力が速度に依存する場合には，①と③において $\boldsymbol{f}$ は $\boldsymbol{f}(\boldsymbol{r}, \boldsymbol{v}, t)$ という形をとる。上記の積分手順を，摂動部分だけに分けて適用すると付録Cの演算手順になる。

演算の精度を見るためには，理想的な地球の重力下での運動を数値積分で求めて，それをケプラーの法則と比較すればよい。一例として円軌道の場合，刻み幅 $h$ を軌道周期の 1/10 000 に与え，倍精度演算を用いると，100 周回後の衛星位置の誤差は軌道半径に対する比で $1/10^5$ 以内に収まる。

## 付録E　相対運動方程式を導く

相対座標 $X$，$Y$ の動きが「十分に小さい」とは，具体的には以下の三つの仮定が成り立つことをいう。

- 軌道半径 $R$ に比べると，相対的な動きの範囲は十分に小さい：

$$\frac{X}{R},\ \frac{Y}{R}\ll 1$$

- 基準衛星の軌道速度 $\psi R$ に比べると，相対運動の速度は十分に小さい：

$$\frac{\dot{X}}{\psi R},\ \frac{\dot{Y}}{\psi R}\ll 1$$

- 基準衛星に生じている遠心加速度 $\psi^2 R$ に比べると，相対運動の加速度は十分に小さい：

$$\frac{\ddot{X}}{\psi^2 R},\ \frac{\ddot{Y}}{\psi^2 R}\ll 1$$

方程式 (11.32) の左辺に $r=R+X$；$\theta=\psi t+Y/R$ を代入すると

$$\ddot{r}-r\dot{\theta}^2+\frac{\mu}{r^2}=\ddot{X}-(R+X)\left(\psi+\frac{\dot{Y}}{R}\right)^2+\frac{\mu}{(R+X)^2}$$

$$=\ddot{X}-R\left(1+\frac{X}{R}\right)\psi^2\left(1+\frac{\dot{Y}}{\psi R}\right)^2+\frac{\mu}{R^2}\frac{1}{\left(1+\frac{X}{R}\right)^2}$$

$$=\ddot{X}-\psi^2R\left(1+\frac{X}{R}\right)\left(1+2\frac{\dot{Y}}{\psi R}+\left[\frac{\dot{Y}}{\psi R}\right]^2\right)+\psi^2R\frac{1}{\left(1+2\frac{X}{R}+\left[\frac{X}{R}\right]^2\right)}$$

ただし $\psi^2=\mu/R^3$ という関係を用いた。ここで $[\ ]^2$ は，微小量の2次の項だから無視すると

$$=\ddot{X}-\psi^2R\left(1+2\frac{\dot{Y}}{\psi R}+\frac{X}{R}+2\frac{X}{R}\frac{\dot{Y}}{\psi R}\right)+\psi^2R\frac{1}{\left(1+2\frac{X}{R}\right)}$$

一つ目の（　）のなかで，第4項は，微小量の2次の項だから無視すると

$$=\ddot{X}-\psi^2R-2\psi\dot{Y}-\psi^2X+\psi^2R\left(1-2\frac{X}{R}\right)$$

$$=\ddot{X}-2\psi\dot{Y}-3\psi^2X$$

これで式 (11.35) の左辺が導かれた。

方程式 (11.33) の左辺に $r=R+X$；$\theta=\psi t+Y/R$ を代入すると

$$r\ddot{\theta}+2\dot{r}\dot{\theta}=(R+X)\frac{\ddot{Y}}{R}+2\dot{X}\left(\psi+\frac{\dot{Y}}{R}\right)$$

$$=R\left(1+\frac{X}{R}\right)\frac{\ddot{Y}}{R}+2\psi\dot{X}\left(1+\frac{\dot{Y}}{\psi R}\right)$$

$$=\psi^2R\left[\left(1+\frac{X}{R}\right)\frac{\ddot{Y}}{\psi^2R}+2\frac{\dot{X}}{\psi R}\left(1+\frac{\dot{Y}}{\psi R}\right)\right]$$

$$=\psi^2R\left[\frac{\ddot{Y}}{\psi^2R}+\frac{X}{R}\frac{\ddot{Y}}{\psi^2R}+2\frac{\dot{X}}{\psi R}+2\frac{\dot{X}}{\psi R}\frac{\dot{Y}}{\psi R}\right]$$

第2項と第4項は，微小量の2次の項だから無視すると

$$=\ddot{Y}+2\psi\dot{X}$$

これで式 (11.36) の左辺が導かれた。

# 付録F　力の成分 $F_r$ と $F_\theta$ の算出

図13.6において，位置 $(X, 0, Z)$ にある太陽から衛星までの距離を $\rho$ と置けば，次式が成り立つ。

$$\rho^2=(X-r\cos\theta)^2+(r\sin\theta)^2+Z^2$$

この式を，$\sqrt{X^2+Z^2}=R,\ X=R\cos\delta$ を使って

$$\rho^2=R^2-2Rr\cos\delta\cos\theta+r^2$$

の形に書く。太陽の引力は衛星のところに

$$U=-\frac{\nu}{\rho}=-\frac{\nu}{R}\frac{1}{\sqrt{1-2\cos\delta\cos\theta\left(\dfrac{r}{R}\right)+\left(\dfrac{r}{R}\right)^2}}$$

というポテンシャルをつくる。ここで $r\ll R$ としてよいから，展開公式

$$\frac{1}{\sqrt{1-2xt+t^2}}=1+xt+\frac{3x^2-1}{2}t^2+\cdots\ \left(|x|<1,\ |t|<1\right)$$

を適用して，$t$ の2次の項までで打ち切って近似すると，次式を得る。

$$U=-\frac{\nu}{R}-\frac{\nu}{R^2}r\cos\delta\cos\theta-\frac{\nu}{R^3}r^2\frac{3\cos^2\delta\cos^2\theta-1}{2}$$

右辺の第1項は定数だから考えなくてよい。第2項については以下のことがいえる。

太陽引力が働くことによって，地心Oには $f_0=\nu/R^2$ という加速度が太陽を指す向きに生じている。われわれは点Oに立って衛星の運動を見るので，衛星の運動から加速度 $f_0$ を引き去った残りを見ることになる。これは $-f_0$ という力を衛星に加えたことに相当し，$x$-$y$ 面上でいえば $\nu x\cos\delta/R^2$ というポテンシャルを加えたことに相当する。ところが $x=r\cos\theta$ だから，結果として第2項は打ち消される。

よって衛星の運動を図13.6の座標系で記述するとき，軌道を乱す力は

$$U_p=-\frac{\nu}{R^3}r^2\frac{3\cos^2\delta\cos^2\theta-1}{2}$$

というポテンシャルから生じる。

ここで補足すると，上記で $-f_0$ という力を衛星に加えることは，7章で惑星の摂動を考えたとき，式(7.2)において $-\boldsymbol{g}_{SP}$ を加えたことに相当する。

ポテンシャル $U_p$ から，力の動径成分および進行方向成分がそれぞれ以下のように生じる。

$$F_r = -\frac{\partial U_p}{\partial r} = \frac{\nu}{R^3} r\left(3\cos^2\delta\cos^2\theta - 1\right)$$

$$F_\theta = -\frac{1}{r}\frac{\partial U_p}{\partial \theta} = -\frac{3\nu}{R^3} r\cos^2\delta\cos\theta\sin\theta$$

関連事項として，衛星の公転が進むに従い軌道のエネルギーはどう変化するか求めよう。軌道のエネルギーを，公転角 $\theta$ の関数として $E(\theta)$ と書く。ポテンシャル $U_p$ も，公転角 $\theta$ の関数と見なして $U_p(\theta)$ と書く。公転角が0のときと $\theta$ のときを考えると，保存則により

$$E(0) + U_p(0) = E(\theta) + U_p(\theta)$$

が成り立つから

$$E(\theta) - E(0) = U_p(0) - U_p(\theta)$$

がいえる。左辺は，公転が0から $\theta$ まで進むときのエネルギーの変化だから $\Delta E$ と記すと，$\Delta E = U_p(0) - U_p(\theta)$ と書ける。ここで変化 $\Delta E$ は，公転につれて周期的に起きる変化分だけを表すものとすると，$\Delta E = -U_p(\theta)$ と書かれて，さらに $U_p$ のなかにある定数項を除外すると，軌道エネルギーの変化は次式で表される。

$$\Delta E = \frac{3\nu}{4R^3} r^2\cos^2\delta\cos 2\theta$$

# 参　考　文　献


1）渡部潤一，井田　茂，佐々木昌編：太陽系と惑星　第7章 系外惑星系，日本評論社（2008）

2）中村　士，岡村定矩：宇宙観5000年史　A.1 ダークマター，東京大学出版会（2011）

3）Bate, R. R., Mueller, D. D. and White, J. E.：Fundamentals of Astrodynamics, Sections 4.3-4.5, Dover（1971）

4）http://eco.mtk.nao.ac.jp/cgi-bin/koyomi/cande/gst.cgi（2015. 3 現在）

5）http://jjy.nict.go.jp/QandA/data/dut1.html（2015. 3 現在）

6）国立天文台編：理科年表 「気象部」超高層大気（U.S. 標準大気），丸善（2010）

7）木下　宙：天体と軌道の力学　6 人工衛星の運動，東京大学出版会（1998）

8）中村　士，岡村定矩：宇宙観5000年史　海王星の予言と発見，pp. 107-109，東京大学出版会（2011）

9）磯部琇三，佐藤勝彦，岡村定矩，辻　隆，吉澤正則，渡邊鉄哉共編：天文の事典　海王星の予言，pp. 532-533，朝倉書店（2012）

10）中川　徹，小柳義夫：最小二乗法による実験データ解析　第3章 最小二乗法の基礎，東京大学出版会（1982）

11）渡部潤一，井田　茂，佐々木昌編：太陽系と惑星　5.1 小惑星，日本評論社（2008）

12）磯部琇三，佐藤勝彦，岡村定矩，辻　隆，吉澤正則，渡邊鉄哉共編：天文の事典　太陽系天体の運動，pp. 334-342，朝倉書店（2012）

13）木下　宙：天体と軌道の力学　馬蹄形軌道，p. 133，東京大学出版会（1998）

14）Prussing, J. E. and Conway, B. A.：Orbital Mechanics, 4 Lambert's Problem, Oxford University Press（1993）

15）国立天文台編：理科年表 「地学部」地球ポテンシャル係数，丸善（2010）

# 索　　引

―― 著者略歴 ――

1972 年　東京工業大学工学部機械物理工学科卒業
1975 年　東京工業大学大学院修士課程修了（精密機械システム専攻）
1994 年　博士（工学）（東京大学）
1972 ～　宇宙開発事業団勤務
1973 年
1975 ～　郵政省電波研究所（現 情報通信研究機構）勤務，上席研究員，
2010 年　鹿島宇宙技術センター長を歴任
2010 ～　防衛大学校航空宇宙工学科教授
2015 年
2020 年　逝去


**人工衛星の軌道 概論**
Artificial Satellite Orbits



2015 年 5 月 15 日　初版第 1 刷発行
2021 年 7 月 15 日　初版第 2 刷発行　★

検印省略

著　者　川《かわ》　瀬《せ》　成《せい》　一《いち》　郎《ろう》
発 行 者　株式会社　コ ロ ナ 社
　　　　　代 表 者　牛 来 真 也
印 刷 所　新 日 本 印 刷 株 式 会 社
製 本 所　有限会社　愛千製本所

112–0011　東京都文京区千石 4–46–10
**発 行 所**　株式会社　**コ　ロ　ナ　社**
CORONA PUBLISHING CO., LTD.
Tokyo Japan
振替 00140–8–14844・電話（03）3941–3131（代）
ホームページ https://www.coronasha.co.jp

ISBN 978–4–339–04640–3　C3053　Printed in Japan　（新井）